磷酸镁水泥

性能提升与创新应用

李　悦　王子赜　著

中国电力出版社
CHINA ELECTRIC POWER PRESS

内 容 提 要

磷酸镁水泥是一种在室温下通过化学反应形成的新型胶凝材料，在修补加固、建筑制品、油井水泥等应用领域具有很大的优势。同时磷酸镁水泥可以胶结各种工业废弃物如粉煤灰、矿渣等，因此是一种非常有研究价值、节能环保的新型绿色材料。

本书共分 12 章，主要内容包括磷酸镁水泥概述、磷酸镁水泥的基本组成材料、磷酸镁水泥的改性材料、磷酸镁水泥的力学性能、磷酸镁水泥加固砂浆和混凝土的力学性能、液体环境磷酸镁水泥的耐久性、磷酸镁水泥的耐火性能、磷酸镁水泥的抗压细观模拟、六水磷酸钾镁的抗压细观模拟、六水磷酸钾镁在氯化钠溶液中的微观动力学模拟、磷酸镁水泥在轻质混凝土中的应用、磷酸镁水泥黏结碳纤维增强复合材料在混凝土结构及砌体结构中的应用等。

本书可供从事水泥、混凝土结构修补加固相关专业的科研、技术与管理人员使用，也可供一线员工使用。

图书在版编目（CIP）数据

磷酸镁水泥性能提升与创新应用/李悦，王子赓著 . —北京：中国电力出版社，2022.2
ISBN 978 - 7 - 5198 - 6069 - 1

Ⅰ . ①磷… Ⅱ . ①李…②王… Ⅲ . ①特种水泥—研究 Ⅳ . ①TQ172.79

中国版本图书馆 CIP 数据核字（2021）第 206642 号

出版发行：中国电力出版社
地　　址：北京市东城区北京站西街 19 号（邮政编码 100005）
网　　址：http://www.cepp.sgcc.com.cn
责任编辑：未翠霞（010 - 63412611）
责任校对：黄　蓓　马　宁
装帧设计：王红柳
责任印制：杨晓东

印　　刷：三河市百盛印装有限公司
版　　次：2022 年 2 月第一版
印　　次：2022 年 2 月北京第一次印刷
开　　本：787 毫米×1092 毫米　16 开本
印　　张：13
字　　数：305 千字
定　　价：59.00 元

前　　言

磷酸镁水泥（Magnesium Phosphate Cement，MPC）是由磷酸盐、高温煅烧氧化镁及外加剂组成的以酸碱中和反应为实质的一种新型胶凝材料。由于其凝结硬化快、早期强度高、黏结强度高、干缩小、低温环境下可施工、耐磨性好和抗冻性好等优点，磷酸镁水泥常被用于机场跑道、道路桥梁、建筑结构快速修补及加固，已成为新型水泥基功能材料的研究热点。但 MPC 存在凝结硬化迅速、水化过程中放热量大及耐水性差等不足，其水化硬化机理也需进一步研究，因此目前 MPC 的推广应用受到限制。

在国家自然科学基金（51678011）、北京市长城学者培养计划（CIT&TCD20150310）、固废资源化利用与节能建材国家重点实验室开放课题（SWR-2014-008）等的资助下，作者对磷酸镁水泥微结构与性能优化进行了一系列研究，探讨了磷酸镁水泥的水化硬化机理、耐蚀性规律及提高其耐久性方法，并以 MPC 为基础材料，制备出不同用途的轻质保温材料、新型黏结修补加固材料和氯离子萃取复合材料等，这些研究成果在本书中进行了介绍。

本书包括四篇共 12 章：第一篇在综述磷酸镁水泥研究进展的基础上，介绍了磷酸镁水泥的原材料对其性能的影响，包括基本组成材料和改性材料对磷酸镁水泥性能的影响；第二篇介绍了磷酸镁水泥的力学性能及耐久性，力学性能方面除了常规力学性能外，重点介绍了磷酸镁水泥对砂浆和混凝土的黏结性能，耐久性方面介绍了耐水性、耐盐性、耐碱性和耐火性能等；第三篇介绍了磷酸镁水泥的微细观模拟，如磷酸镁水泥及水化产物六水磷酸钾镁受压过程的有限元模拟、六水磷酸钾镁在氯化钠溶液中的动力学特性等；第四篇介绍了磷酸镁水泥的实际应用，提出了轻质磷酸镁水泥混凝土的制备方法、磷酸镁水泥黏结碳纤维增强塑性材料电化学除氯—加固锈蚀钢筋混凝土构件的一体化技术、磷酸镁水泥黏结碳纤维增强塑性材料加固混凝土结构及砌体结构的效果等。

本书对科研工作者和专业技术人员充分认识磷酸镁水泥的反应机理及性能、掌握该材料的生成制备技术以及工程推广应用具有较大帮助。

上海交通大学陈兵教授、北京工业大学林辉博士、刘雄飞博士、朱金才博士、白伟亮博士、李亚强博士、张国胜博士等人在本书的研究和成果整理中进行了大量的工作，在此一并谨向他们表示衷心的感谢！

由于作者水平有限，书中疏漏之处在所难免。如蒙指正，不胜感谢。

作者
2021 年 12 月

目　　录

第一篇 磷酸镁水泥的原材料

第1章 磷酸镁水泥概述

1.1 磷酸镁水泥性能的影响因素

磷酸镁水泥（Magnesium Phosphate Cement，MPC）是由氧化镁、磷酸盐和缓凝剂等按一定比例混合而成，它的水化产物主要是带有结晶水的磷酸钾镁晶体（$MgKPO_4 \cdot nH_2O$，MKP）和凝胶以及反应后剩余的氧化镁（MgO）晶体。水化反应充分时，水化产物为 $MgKPO_4 \cdot 6H_2O$，反应过快、水化反应不充分时，水化产物为 $MgKPO_4 \cdot H_2O$。与普通的硅酸盐水泥相比，磷酸镁水泥具有凝结硬化快、早期强度高、黏结强度高、干缩小、低温环境下可施工、耐磨性好和抗冻性好等优点。因此，无论在民用建筑还是军事设施建设上磷酸镁水泥都有良好的应用前景。

传统磷酸镁水泥一般是通过重烧氧化镁（MgO）和磷酸二氢铵（$NH_4H_2PO_4$）之间的化学反应获得[1-1,1-2,1-3]，但是反应会产生大量氨气，对环境造成污染。Wagh 等[1-4]最早提出使用磷酸二氢钾（KH_2PO_4）代替磷酸二氢铵制备 MPC 来解决这个问题。1970 年，美国布鲁克海文（Brookhaven）国家实验室把 MPC 作为结构材料进行了大量的基础与应用研究。1983 年，Sugama 等对 MPC 的水化机理、显微结构及缓凝机理等进行了大量研究[1-5]。1989 年，Abdelrazig 等对 MPC 的强度、孔结构、水化产物结构等也进行了大量研究[1-6]。20 世纪 90 年代，美国阿贡（Argonne）国家实验室将 MPC 成功应用于固化放射性和有毒废物，随后将其用于固化冻土地区或地热地区的深层油井[1-4,1-7]。

磷酸镁水泥性能主要包括强度、黏结性、工作性和耐久性等方面，已有研究结果表明上述性能与氧化镁颗粒活性与细度、磷酸盐/氧化镁的摩尔比（P/M）、缓凝剂的种类与掺量、掺合料的种类与掺量、水胶比、环境湿度和温度等因素相关，现进行简要介绍，随后本书各章内容将详细介绍上述研究成果。

1.1.1 氧化镁

一般来说，MgO 的粒度越细、比表面积越大，越容易与其他反应物接触，其反应活性也越大，从而 MgO 与磷酸盐反应形成水化产物愈快。另外，对于相同的缓凝剂掺量来说，当 MgO 的比表面积增大时，每个 MgO 颗粒所得到的缓凝剂量就相对减少，相当于缓凝剂掺量降低，从而导致 MPC 的凝结时间缩短[1-8]。同时 MgO 细度越小，将导致达到标准稠度的需水量增多，也会导致初凝和终凝时间缩短[1-9]。

对于 MPC 凝结硬化时间的控制，目前主要通过调控 MgO 在反应中的溶解速度。Eubank[1-10]认为 MgO 在经过 1300℃ 高温煅烧后，能够明显降低颗粒的孔隙率，并且增加粒径，从而使 MgO 在水中的溶解度降低。Wagh 和 Jeong[1-4] 进行了相关试验，发现 MgO 在经过 1300℃ 高温煅烧 3h 后，粉末会结成块，比表面积从 33.73m²/g 减小到 0.34m²/g，比表面积的明显减小成为 MgO 溶解能力降低的主要原因。此外，较高活性的重烧氧化镁也降低了 MPC 浆体中的自由水分，减小 MPC 的干燥收缩应变[1-11]。研究表明[1-12]，随着 MgO 比表面积的增加，MPC 浆体的早期升温速度加快，到达终凝温度和最高温度的时间均缩短，最高温度也有所提高。

MPC 强度随着 MgO 比表面积的增加而增长越快，但 3d 以后，MgO 比表面积的变化对强度几乎没有影响[1-13,1-14]。使用 MgO 含量较高而且颗粒较细的镁砂，制备出的 MPC 往往具有较高的强度，原因是在硬化水泥石中有许多未水化的镁砂，起到了微集料的作用。因此存在最佳 MgO 比表面积范围，使硬化水泥石具有较高抗压强度并能保持稳定增长趋势。

1.1.2 磷酸盐与氧化镁的摩尔比（P/M）

在众多因素中，磷酸盐与氧化镁的摩尔比（P/M）对水泥石抗压强度的影响最大[1-10]。一般来说，P/M 太大，反应剩余的磷酸盐会使基体吸湿并且开裂。随着 P/M 的减小，MPC 的凝结时间将逐渐缩短。而 P/M 过小时，不能生成足够的水化物填充在未参加反应的氧化镁颗粒之间。另外，姜洪义等发现降低磷镁比，会造成 MPC 干燥收缩的加剧。研究表明对于 MPC 净浆，最佳 P/M 比范围是 1/4～1/5，即 MPC 中的水化产物量与未水化的 MgO 量之间的比例最佳[1-3,1-15]。

1.1.3 缓凝剂

磷酸盐水泥目前应用的缓凝剂主要是硼砂或硼酸。有研究显示[1-9]，缓凝剂主要对 MgO 起作用，与磷酸盐的关系不大。随硼砂掺量的增大，MPC 的凝结时间将延长，硼砂掺量从 2.5% 提高到 8%，凝结时间相应从十几分钟延长至半小时左右[1-10]。另外缓凝剂的使用还可以改变基体内反应产物的微观结构，进而影响 MPC 硬化体强度[1-16]。研究显示，最佳硼砂掺量为 5% 时，MPC 各龄期硬化体抗压强度均最高。

在缓凝机理方面，目前普遍认为缓凝剂一方面在 MgO 颗粒表面形成阻碍层，阻碍溶解的磷酸盐离子与 MgO 颗粒接触；另一方面改变反应体系的 pH 值，减缓反应产物的生成速率。

1.1.4 掺合料

掺合料包括矿渣、粉煤灰、填充料等。粉煤灰多为玻璃球体微珠，在 MPC 泥浆中易混合，并且使浆体容易流动和浇筑；另外粉煤灰细微的颗粒尺寸能够填充较大的 MgO 颗粒之间的空隙，起到密实填充作用；再者粉煤灰也能参与水化反应，从而提高材料胶凝性能，起到了化学增强的作用。

汪宏涛[1-17]等研究发现，随着粉煤灰掺量的增加，MPC 凝结时间逐渐增长。当粉煤灰掺量小于水泥总量的 8% 时，粉煤灰对 MPC 凝结时间的影响很小，但当粉煤灰掺量大于水泥总量的 12% 时，MPC 凝结时间会显著延长。李宗津[1-18]等研究发现，加入 30%～50% 的粉煤灰，对于 MPC 早期和长期抗压强度都将提高，掺量为 40% 效果最好。在反应 4h 及 7h 后，掺 40% 粉煤灰的试件强度是未掺试件的 2 倍，而且 28d 抗压强度最高可达 70MPa。

因此，为了降低 MPC 的成本及提高其性能，粉煤灰是一种良好的改性材料。MPC 中不仅可以添加大掺量的粉煤灰，而且通常掺 C 级粉煤灰的 MPC 比掺 F 级粉煤灰的 MPC 凝结快[1-19]，这是因为 C 级粉煤灰中的 CaO 含量比 F 级粉煤灰高。由于 CaO 的溶解度较高，并且 CaO 和酸式磷酸盐在 MPC 的凝结过程中会放出大量的热，导致反应速度更快。

1.1.5　水胶比

在 MPC 中，水化反应用水量很小，水胶比一般不超过 0.2，即在较低的水胶比条件下，MgO 就可以与磷酸盐发生反应生成水化产物。水胶比的增大在一定程度上可以起缓凝的作用，但水胶比过高则会因为水分蒸发形成空隙影响水泥石的耐久性，另外用水量的增大将直接导致 MPC 的干燥收缩加剧[1-13]。

1.1.6　环境温度和湿度

长期浸泡在水中的 MPC 材料强度有一定程度的倒缩[1-20]。李东旭[1-14]等研究发现，在空气养护和密封养护条件下，1d 的 MPC 净浆抗压强度与 28d 净浆抗压强度相差不大，并持续增长。而在标准养护和水养的条件下，与空气养护相比，水养 MPC 净浆 28d 抗压强度分别倒缩了 29.6% 和 44.2%。主要原因是 MPC 浆体表面的磷酸盐先被溶蚀，并在溶液中形成酸性环境，随后部分 $MgKPO_4 \cdot 6H_2O$ 晶体和凝胶被溶解，因此在氧化镁颗粒表面和间隙起胶结作用的水化产物逐渐减少，从而在基体表面和内部形成孔隙和裂纹，致使结构致密度下降、孔隙率增大，最终降低 MPC 强度。

将 MPC 砂浆应用于修补混凝土构件时，混凝土表面湿度对二者间的早期黏结强度影响较大。MPC 砂浆与湿表面普通硅酸盐混凝土的黏结强度小于半干态或干态表面混凝土的黏结强度。修补结束后，湿养护会降低黏结强度[1-21]。因此对 MPC 修补材料来说，在修补前不能在混凝土表面洒水，在修补结束后不能进行湿养护。

1.2　磷酸镁水泥的物理力学性能及耐久性特点

1.2.1　强度性能

MPC 材料的早期强度发展迅速，到 7d 时基本稳定，且其抗压强度可以达到 28d 抗压强度的 95％左右，因此非常适合紧急修补的混凝土工程。另外，在 −18℃的条件下 MPC 仍然可以使用，并能够表现出较高的早期强度[1-22]，在北美地区已经成功地运用到工程中。

1.2.2　收缩性能

MPC 材料的干缩率非常小。试验表明[1-23]，MPC 材料的干缩率为（0.16～2.13）×10^{-4}，远小于普通硅酸盐水泥净浆（30～50）×10^{-4}和环氧树脂材料（7～10）×10^{-4}等传统修补材料。其主要原因是 MPC 材料的水灰比很低，水化产物所占的体积分数很小。

1.2.3　耐久性

李宗津[1-24]等对 MPC 耐久性进行了研究，将 MPC 和硅酸盐水泥试件分别浸泡在浓度为 4％的 $CaCl_2$ 溶液中进行冻融循环。试验结果显示，即使经过 30 次冻融循环，MPC 抗压强度仍未发生明显降低，相反，硅酸盐水泥抗压强度则出现大幅度下降。杨全兵[1-9]发现 MPC 经过冻融循环试验后表面没有出现剥离和损伤现象，因此 MPC 具有比较好的抗冻性。

MPC 材料可以显著提高其内部包裹钢筋的防锈能力。在冶金工业中，常采用可溶性磷酸盐对金属表面进行化学处理，使其表面形成一层致密的保护层[1-25]。因此，当 MPC 材料包裹在钢筋表面时，将在钢筋表面形成保护层，从而提高钢筋的防锈能力。

1.2.4　与普通硅酸盐混凝土的界面黏结性

MPC 可以与普通硅酸盐混凝土的界面保持良好黏结。其主要原因[1-26]是在黏结界面附近，同时存在物理黏结作用和化学黏结作用。MPC 材料中的磷酸盐能与普通硅酸盐混凝土中的水化产物或者未水化的熟料颗粒反应，生成同样具有胶凝性的磷酸钙类产物。另外 MPC 材料与普通硅酸盐混凝土之间的热性能匹配很好，体积稳定性很高。

1.3　磷酸镁水泥研究存在的问题

MPC 是一种在室温下通过化学反应形成的新型胶凝材料。与传统硅酸盐水泥相比，MPC 拥有更好的力学性能、较低的收缩率、良好的耐冻融及防钢筋锈蚀等优点。MPC 在修补加固、建筑制品、油井水泥等应用领域具有很大的优势。同时磷酸镁水泥可以胶结各种工业废弃物如粉煤灰、矿渣等，因此是一种非常有研究价值、节能环保的新型绿色材料。

目前有关磷酸镁水泥的原材料优选与质量控制、原材料性能与最优配合比的相关性、耐久性的影响因素与改善方法、工业制品领域（如作为人造板材的黏结剂）等方面相对研究不足。根据相关文献报道，MPC 在工程应用中还存在一些问题：①凝结时间短，无法正常施工浇筑。②成本较高，是硅酸盐水泥成本的数倍。为了降低 MPC 的成本，经常在 MPC 中加入粉煤灰制备出一种新型的镁磷硅酸盐水泥（MPSC）。先前的研究结果表明，粉煤灰可以以高达 40％的比例添加到 MPC 中，而不会降低力学性能。③耐水性差。

上述研究大多局限于 MPC 的生产，很少有报道将 MPC 作为与硅酸盐水泥相同的市场产品使用。Soudee、Pera[1-27]和 Yang 等人[1-28]研究发现 MgO 是 MPC 的重要组成部分,其细度和活性对硬化 MPC 的抗压强度有很大影响。然而,对于镁粉的煅烧温度和保温时间的影响却鲜有研究。其他研究[1-29]报告说,MPC 的凝固时间太短,无法在施工中浇筑。Hall[1-30]、Sarker[1-31]、朱裕贞等人发现硼酸具有合适的缓凝效果,但硼酸对 MPC 硬化性能的影响尚不清楚。此外,采用 $K_2HPO_4 \cdot 3H_2O$ 替代部分 KH_2PO_4 来达到缓凝效果的研究也相对较少。

　　本书主要介绍了课题组近几年来在 MPC 设计与制备方法、性能评价与提升、微观机理及创新应用等方面的研究成果,具体包括 MPC 的原材料,MPC 的力学性能及耐久性,MPC 的微细观模拟,以及 MPC 的实际应用。由于作者水平有限,难免有不足之处,敬请读者批评指正。我们相信,随着国内外同仁对 MPC 的深入研究,一定能够大大促进该类特种胶凝材料的发展和性能的显著提升,给了 MPC 更广阔的空间。

 参考文献

[1-1] Seehra, S. S. , S. Gupta, S. Kumar. Rapid setting magnesium phosphate cement for quick repair of concrete pavements - characterisation and durability aspects [J] . Cement & Concrete Research, 1993, 23 (2): 254 - 266.

[1-2] 姜洪义,周环,杨慧. 超快硬磷酸盐修补水泥水化硬化机理的研究 [J] . 武汉理工大学学报,2002 (04): 20 - 22.

[1-3] 姜洪义,梁波,张联盟. MPB 超早强混凝土修补材料的研究 [J] . 建筑材料学报,2001 (02): 196 - 198.

[1-4] Wagh, A. , S. - Y. Jeong, D. Singh. High strength phosphate cement using industrial byproduct ashes [J] . Proceedings of First International Conference, 1997.

[1-5] Sugama, T. , L. E. Kukacka. Magnesium monophosphate cements derived from diammonium phosphate solutions [J] . Cement & Concrete Research, 1983, 13 (3): 407 - 416.

[1-6] Abdelrazig, B. E. I. , J. H. Sharp, B. El - Jazairi. The microstructure and mechanical properties of mortars made from magnesia - phosphate cement [J] . Cement & Concrete Research, 1989, 19 (2): 247 - 258.

[1-7] Wagh A. , et al. Method of waste stabilization via chemically bonded phosphate ceramics: USA: US 5830815 [P] . 1998.

[1-8] 杨全兵,吴学礼. 新型超快硬磷酸盐修补材料的研究 [J] . 混凝土与水泥制品,1995 (06): 13 - 30.

[1-9] 赖振宇,钱觉时,卢忠远,等. 原料及配比对磷酸镁水泥性能影响的研究 [J] . 武汉理工大学学报,2011,250 (10): 16 - 20.

[1-10] Eubank, W. R. Calcination Studies of Magnesium Oxides [J] . 1951, 34 (8): 225 - 229.

[1-11] 林玮,孙伟,李宗津. 磷酸镁水泥砂浆的干燥收缩性能 [J] . 工业建筑,2011 (4): 75 - 78.

[1-12] 杨建明,钱春香,张青行,等. 原料粒度对磷酸镁水泥水化硬化特性的影响 [J] . 东南大学学报(自然科学版),2010,40 (2): 373 - 379.

[1-13] 姜洪义,张联盟. 磷酸镁水泥的研究 [J] . 武汉理工大学学报,2001.

[1-14] 李东旭,李鹏晓,冯春花. 磷酸镁水泥耐水性的研究 [J] . 建筑材料学报,2009,12 (05): 505 - 510.

[1-15] Yoshizaki, Y. , K. Ikeda, S. Yoshida, et al. Physicochemical study of magnesium - phosphate cement

[J]．Proceedings of the MRS International Meeting on Advanced Materials，1989，13：27 - 37.

[1 - 16] Ding，Z.，Z. - J. LI, F. Xing. Properties and microstructure of the new phosphate bonded magnesia cement [J]．Key Engineering Materials，2006：543 - 549.

[1 - 17] 汪宏涛，钱觉时，曹巨辉，等．粉煤灰对磷酸盐水泥基修补材料性能的影响 [J]．新型建筑材料，2005（12）：41 - 43.

[1 - 18] Ding，Z.，Z. Li. High early strength magnesium phosphosilicate cement [J]．Cailiao Yanjiu Xuebao/chinese Journal of Materials Research，2006，20（2）：141 - 147.

[1 - 19] 张思宇，施惠生．粉煤灰改性磷酸镁水泥基材料的性能与应用 [J]．粉煤灰综合利用，2009（01）：54 - 56.

[1 - 20] Sarkar，A. Phosphate Cement - Based Fast - Setting Binders [J]．American Ceramic Society Bulletin，1990（69）：234 - 238.

[1 - 21] 杨全兵，张树青，杨学广，等．新型超快硬磷酸盐修补材料的应用与影响因素 [J]．混凝土，2000（12）：49 - 54.

[1 - 22] 雒亚莉，陈兵．磷酸镁水泥的研究与工程应用 [J]．水泥，2009，000（9）：16 - 19.

[1 - 23] 姜洪义，张联盟．超快硬磷酸盐混凝土路面修补材料性能的研究 [J]．公路，2002（3）：87 - 89.

[1 - 24] Li，Z.，Y. Zhang. Development of Sustainable Cementitious Materials [J]．Proceedings of the International Workshop on Sustainable Development and Concrete Technology，2004.

[1 - 25] 黄永昌．金属腐蚀与防护原理 [M]．上海：上海交通大学出版社，1989.

[1 - 26] 杨全兵，张树青，杨学广，等．新型快硬磷酸盐修补材料性能 [J]．混凝土与水泥制品，2000（04）：8 - 11.

[1 - 27] Soudée，E.，J. Péra. Influence of magnesia surface on the setting time of magnesia - phosphate cement [J]．Cement & Concrete Research，2002. 32（1）：153 - 157.

[1 - 28] Yang，J.，C. Qian，Q. Zhang，et al. Effects of particle size of starting materials on hydration and hardening process of magnesia - phosphate cement [J]．Journal of Southeast University，2010. 40（2）：373 - 379.

[1 - 29] Chen，B.，Z. Wu，X. P. Wu. Experimental research on the properties of modified MPC [J]．Wuhan Ligong Daxue Xuebao/Journal of Wuhan University of Technology，2011（33）：29 - 34.

[1 - 30] Hall，D. A.，R. Stevens，B. El - Jazairi. The effect of retarders on the microstructure and mechanical properties of magnesia - phosphate cement mortar [J]．Cement & Concrete Research，2001. 31（3）：455 - 465.

[1 - 31] Sarkar，A. K. Investigation of reaction/bonding mechanisms in regular and retarded magnesium ammonium phosphate cement systems [J]．Ceram. Trans.，1994（40）：281 - 288.

[1 - 32] 朱裕贞，顾达，黑恩成．现代基础化学 [M]．北京：化学工业出版社，2010.

第2章 磷酸镁水泥的基本组成材料

MPC 的基本组成材料为煅烧镁砂、磷酸二氢钾、粉煤灰和缓凝剂。组成材料的性质和比例不同，对 MPC 的性能会产生显著影响。为此本章研究了不同煅烧条件下镁砂的物理化学性质及其对 MPC 抗压强度的影响，评价了粉煤灰和缓凝剂硼酸对 MPC 试件抗压强度的影响，利用用 X 射线衍射（XRD）和扫描电镜（SEM）分析了 MPC 样品的微观特征。从抗压强度、水化硬化机理等方面研究了 $K_2HPO_4 \cdot 3H_2O$ 对于 MPC 性能的影响。

2.1 镁　　砂

2.1.1 镁砂对 MPC 性能影响的试验

1. 原材料

镁砂为淡黄色粉末，由菱镁矿在 900～1100℃ 下直接煅烧而成，密度为 $3.46g/cm^3$，容重为 $1.67g/cm^3$。粉煤灰为 II 级，比表面积为 $4013cm^2/g$，密度为 $2.31g/cm^3$。镁砂和粉煤灰的组成与基本性质见表 2-1。磷酸盐选用两种材料：工业级磷酸二氢钾为白色结晶粉末，KH_2PO_4 含量为 98%；工业级磷酸氢二钾为白色晶体粉末，K_2HPO_4 含量为 96%。缓凝剂同样选用两种材料：白色结晶粉末硼酸，H_3BO_3 含量为 99.5%；白色晶体粉末硼砂主要成分为 $Na_2B_4O_7 \cdot 10H_2O$，含量为 99.5%。

表 2-1　　　　　　　　　　镁砂和粉煤灰的组成与基本性质

材料	MgO /（%）	CaO /（%）	SiO₂ /（%）	Al₂O₃ /（%）	Fe₂O₃ /（%）	烧失量/（%）	煅烧温度 /℃	比表面积 /（m²/kg）
镁砂	91.7	1.6	4	1.4	1.3	—	900～1100	805.9
粉煤灰	1.7	6.2	45.3	25.4	11.4	7.5	—	4013

2. 试件制备

镁砂在箱式电阻炉中煅烧，炉内气体为空气，煅烧工艺见表 2-2。升温速率为 250℃/h，在相应的煅烧温度下样品在炉内按照设定时间保存，然后冷却到室温。

表 2 - 2　　　　　　　　　　　　　　　　镁砂煅烧工艺

编号	煅烧温度/℃	保存时间/h	编号	煅烧温度/℃	保存时间/h
M1	900~1100	—	M4	1200	2
M2	1000	2	M5	1200	4
M3	1000	4			

MPC 样品制备：将 KH_2PO_4、粉煤灰、硼酸和水按一定比例混合，搅拌 1~2min，然后加入镁砂，混合后得到 MPC 浆体。掺粉煤灰 MPC 样品的配合比见表 2 - 3，粉煤灰的添加量为粉煤灰占材料总质量的百分比，硼酸掺量表示为硼酸与镁砂的质量百分比，KH_2PO_4 与镁砂的比（P/M）为摩尔比，W/B 为水胶比。尺寸为 40mm×40mm×160mm 的试件在成型 1h 后脱模，将试件在温度为 20℃±2℃、相对湿度为 50%±5% 的条件下养护。

表 2 - 3　　　　　　　　　　　　掺粉煤灰 MPC 样品的配合比

编号	镁砂	P/M	W/B	粉煤灰/(%)	硼酸/(%)
F1	M2	1/4	0.14	0	0
F2	M3	1/4	0.14	0	0
F3	M4	1/4	0.14	0	0
F4	M4	1/4	0.14	10	0
F5	M4	1/4	0.14	20	0
F6	M4	1/4	0.14	40	0
F7	M5	1/4	0.14	0	0
F8	M5	1/4	0.14	10	0
F9	M5	1/4	0.14	20	0
F10	M5	1/4	0.14	40	0
F11	M4	1/4	0.14	0	1
F12	M4	1/4	0.14	20	1

3. 试验方法

试件强度按《水泥胶砂强度检验方法（ISO 法）》（GB/T 17671）进行试验。

使用自动比表面积测试仪分析比表面积，使用激光粒度分析仪进行粒度分析。使用 X 射线衍射仪对水化产物的物相进行分析。使用扫描电子显微镜观察水化产物形貌。

2.1.2　镁砂对 MPC 性能的影响

1. 不同煅烧条件下 MgO 的比表面积和微观组成

图 2 - 1 显示了不同（M1~M5）MgO 样品的比表面积。在相同的煅烧温度下，比表面

积随煅烧时间的延长而减小，但这一变化并不显著。例如，对于煅烧温度为 1000℃ 的镁砂，M3 的比表面积比 M2 小 7％。在相同的保温时间内，比表面积随煅烧温度的升高而减小。例如，对于保温时间为 4h 的镁砂，M5 的比表面积比 M3 小 60％。因此，煅烧温度对 MgO 的比表面积有很大的影响。这是由于高温煅烧过程中细颗粒间会发生团聚和再结晶，而且这种聚集是非常稳定的。煅烧温度对颗粒的团聚有显著影响，但保温时间对团聚的影响较小。

　　图 2-2 为 MgO 样品（M1～M5）的 XRD 谱图。不同煅烧温度和时间的样品在 XRD 谱图中没有发现新的衍射峰，表明没有新的煅烧产物形成。此外，由于高温煅烧引起的相对含量变化很小，MgO 的衍射峰强度变化不大。表 2-4 中，镁砂的化学成分仅显示出轻微的变化，表明不同煅烧温度镁砂的主要成分为 MgO。同时，不同的煅烧条件对镁砂的化学成分影响不大，表明镁质组分的化学性质非常稳定，没有发生新的化学反应。

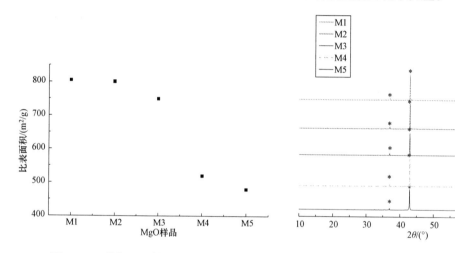

图 2-1　不同 MgO 样品的比表面积　　　　　图 2-2　MgO 样品的 XRD 谱图

表 2-4　　　　　　　　　　　　　自密实镁砂化学成分　　　　　　　　　　　　　（％）

编号	MgO	CaO	SiO$_2$	Al$_2$O$_3$	Fe$_2$O$_3$
M1	91.7	1.6	4.2	1.4	1.3
M2	92.1	1.1	3.4	0.8	0.6
M3	92.8	1.5	3.7	0.4	0.8
M4	91.8	0.9	3.3	0.2	0.3
M5	92.1	1.2	3.1	0.3	0.4

　　图 2-3 显示了表 2-3 中样品 F2（煅烧温度 1000℃，MgO 保温时间 4h）和样品 F7（煅烧温度 1200℃，MgO 保温时间 4h）在 7d 时的扫描电镜结果。可见，高温煅烧 MgO 样品的水化产物结构比低温煅烧 MgO 样品的水化产物结构更为致密，前者在硬化浆体中裂纹、裂缝和不均匀细小颗粒较少，水化产物的微观结构更为完整。因此，含有高温煅烧 MgO 的

MPC 抗压强度高于含有低温煅烧 MgO 的 MPC。

(a)　　　　　　　　　　　　　　　(b)

图 2-3　7d 时含不同镁砂 MPC 的 SEM 图像

(a) 样品 F2；(b) 样品 F7

2. 镁砂煅烧条件对 MPC 抗压强度的影响

图 2-4 显示了未掺粉煤灰 MPC 试件（F1、F2、F3、F7）在不同养护龄期的抗压强度。在相同配合比的样品中，对于相同煅烧温度，MPC 的抗压强度随着镁砂保温时间的增加而增加。例如，在 28d 时，F7 的抗压强度比 F3 高 5%，因为 F7 的煅烧时间比 F3 长 2h。在相同的保温时间内，MPC 的抗压强度随镁砂煅烧温度的升高而提高。例如，在 28d 时，F7 的抗压强度比 F2 高 16%，F7 的煅烧温度比 F3 高 200℃。因此，较高的煅烧温度和较长的保温时间都能提高 MPC 的抗压强度。

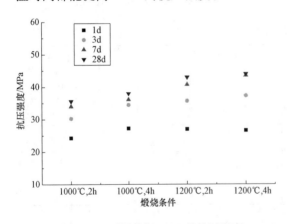

图 2-4　不同龄期 MPC 的抗压强度

产生上述现象的原因是：酸饱和 KH_2PO_4 溶液中煅烧 MgO 的溶解速率和电离速率降低，MgO 变为 $[Mg(H_2O)_6^{2+}]$ 的水解程度也降低，其水化产物 $MgKPO_4 \cdot 6H_2O$（MKP）结构致密。水化产物晶体相互接触，与未水化的 MgO 颗粒核结合，形成良好的网状结构。如果煅烧温度过低或保温时间过短，则 MgO 的水化反应速度过快，水化产物数量多且细小。因此，MPC 微结构中可能存在许多缺陷，导致其稳定性差。晶体在生长过程中会产生较大的内应力，降低晶体的抗压强度。

但是，从经济上讲，保温时间不宜过长。

2.2　粉　煤　灰

2.2.1　粉煤灰对 MPC 性能影响的试验

1. 原材料

用于粉煤灰对 MPC 性能影响试验的原材料同镁砂对 MPC 性能影响试验的原材料。

2. 试件制备

用于粉煤灰对 MPC 性能影响试验的试件制备方法同镁砂对 MPC 性能影响试验的试件制备方法。

3. 试验方法

试件强度按《水泥胶砂强度检验方法（ISO 法）》（GB/T 17671）进行试验。

使用 X 射线衍射仪对水化产物的物相进行分析。使用扫描电子显微镜观察水化产物形貌。

2.2.2　粉煤灰对 MPC 性能影响的试验结果和讨论

1. 粉煤灰掺量对 MPC 抗压强度的影响

图 2-5 为不同养护龄期粉煤灰用量［图 2-5（a）：试件 F3~F6，图 2-5（b）：试件 F7~F10］对 MPC 试件抗压强度的影响规律。结果表明，MPC 试件的抗压强度随养护龄期的延长而提高，1~7d 的抗压强度增长率大于 7~28d 的，说明 MPC 试件具有较高的早期强度。同时，在一定的粉煤灰掺量范围内，MPC 试件的抗压强度随粉煤灰掺量的增加而增大。例如，当粉煤灰掺量从 0 增加到 20%时，MPC 的 28d 抗压强度增加 20%；当粉煤灰掺量从 20%增加到 40%时，MPC 的 28d 抗压强度几乎相同。粉煤灰在 MPC 体系中具有活性效应、微集料效应和形态效应，同时具有吸附作用。因此，一定的粉煤灰掺量可以提高 MPC 的抗压强度。

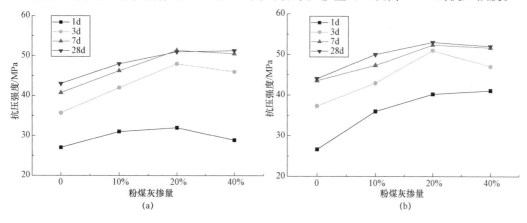

图 2-5　不同粉煤灰掺量的 MPC 抗压强度

（a）试件 F3~F6；（b）试件 F7~F10

2. 含粉煤灰 MPC 的水化产物及其微观结构

（1）水化产物。图 2-6 显示了 7d 时 MPC 样品 [图 2-6（a）：样品 F3；图 2-6（b）：样品 F5；图 2-6（c）：样品 F11；图 2-6（d）：样品 F12] 的 XRD 图谱。结果表明，无论与否掺入粉煤灰和硼酸，MPC 的水化产物主要是六水磷酸钾镁（MKP），未反应的氧化镁和磷酸二氢钾。

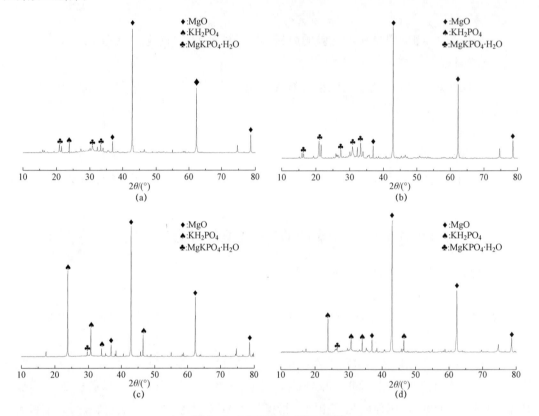

图 2-6　MPC7d 的 XRD 图谱

（a）不含粉煤灰或硼酸；（b）含 20％粉煤灰且不含硼酸；（c）不含粉煤灰且含 1％硼酸；（d）含 20％粉煤灰和 1％硼酸

图 2-6（a）和（b）的比较表明，在不添加硼酸的情况下，样品 F5 中 MKP 的衍射峰强度比样品 F3 更明显，说明 MKP 的生成量增加。另外，KH_2PO_4 的含量显著降低，说明 KH_2PO_4 参与反应的程度增加。因此，粉煤灰的加入可以促进 MKP 的生成，生成的水化产物填充在硬化试件的孔隙中，使其微观结构更加致密，抗压强度更高。

图 2-6（a）和（c）的比较表明，在不添加粉煤灰的情况下，样品 F3 中 MKP 的衍射峰强度大于样品 F11，样品 F3 中 KH_2PO_4 的衍射峰强度小于样品 F11。可以推断，在 MPC 样品中加入硼酸降低了 MKP 晶体的生成，也阻碍了 KH_2PO_4 参与反应。

图 2-6（b）和（d）的比较表明，硼酸对掺粉煤灰样品的水化产物的影响与未掺粉煤灰样品的相同，而样品（d）中 KH_2PO_4 的衍射峰强度远弱于样品（c），说明其剩余量减少。这是因为 20％的粉煤灰替代了部分 MgO 和 KH_2PO_4，同时粉煤灰也通过反应消耗了一部分 KH_2PO_4。此外，由于 MKP 的生成量较小，无法包裹住镁砂，而大量的 KH_2PO_4 具有吸湿

性，导致样品出现大量裂纹，降低其抗压强度。

（2）微观结构。图 2-7 显示了在 7d 时加入粉煤灰或硼酸［图 2-7（a）：样品 F3，图 2-7（b）：样品 F5，图 2-7（c）：样品 F11，图 2-7（d）：样品 F12］的 MPC 样品的微观结构。对于不添加粉煤灰的样品［图 2-7（a）和（c）］，在加入硼酸的样品［图 2-7（c）］中存在较大孔和细小颗粒的"凸块"形状，其致密性比未添加硼酸的样品［图 2-7（a）］差，后者具有致密的"块状"微观结构。这是由于硼酸的加入降低了液相 pH 值，提高了 MgO 的溶解度，导致水化反应速率高，但结晶度差的产物存在较多的晶核和缺陷。此外，生成的结合水含量低的水化产物能逐渐吸收空气中的水分，并转化为 MKP。这两个过程都导致了硬化 MPC 样品的表面出现大量的裂纹和缺陷、孔结构劣化。

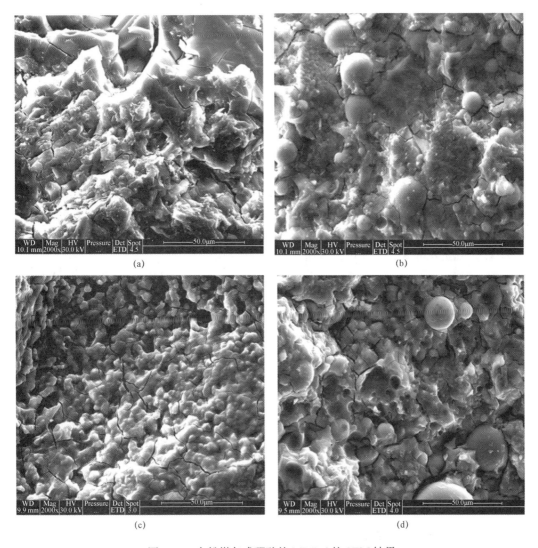

图 2-7　含粉煤灰或硼酸的 MPC7d 的 SEM 结果

（a）不含粉煤灰或硼酸；（b）含 20%粉煤灰且不含硼酸；（c）不含粉煤灰但含 1%硼酸；（d）含 20%粉煤灰和 1%硼酸

未添加硼酸样品［图 2-7（a）和（b）］的 SEM 图表明，加入粉煤灰的样品［图 2-7（b）］，粉煤灰球形颗粒紧密地黏附在基体上，颗粒表面覆盖着水化产物，说明 MPC 与粉煤灰之间存在着相互作用。同时，粉煤灰小颗粒能起到一定的填充效果和骨架作用，使掺粉煤灰的 MPC 试件抗压强度和密实度提高。比较掺粉煤灰但不一定添加硼酸的样品［图 2-7（b）和（d）］的 SEM 图表明，由于加入硼酸［图 2-7（d）］，粉煤灰颗粒不能紧密附着在基体上，粉煤灰的球形颗粒与基体出现分离，基体的水化产物主要以细颗粒的形式存在，意味着硼酸的加入导致 MPC 试件的块状结构劣化，抗压强度降低。

2.3　硼　　　酸

2.3.1　硼酸对 MPC 性能影响的试验

1. 原材料

用于硼酸对 MPC 性能影响测试的原材料同镁砂对 MPC 性能影响试验的原材料。

2. 试件制备

用于硼酸对 MPC 性能影响测试的试件制备方法同镁砂对 MPC 性能影响试验的试件制备方法。

3. 试验方法

根据《水泥标准稠度用水量、凝结时间、安定性检验方法》（GB/T 1346），对 MPC 的凝结时间进行了测试。试件强度按《水泥胶砂强度检验方法》（GB/T 17671）进行试验。

2.3.2　硼酸对 MPC 性能影响的试验结果和讨论

1. 硼酸对 MPC 凝结时间的影响

表 2-5 显示了掺粉煤灰 MPC 样品的凝结时间。不掺加硼酸的 MPC 样品凝固时间短，约为 12min。1% 硼酸用量可使凝结时间延长至 20min 左右，增加比例大于 60%。另外，加入 20% 的粉煤灰，使所有加缓凝剂或不加缓凝剂的 MPC 样品的凝结时间略有延长。

表 2-5　　　　　　　　　　　掺粉煤灰 MPC 样品的凝结时间

编号	镁砂	P/M	W/B	粉煤灰/（%）	硼酸/（%）	凝结时间
F3	M4	1/4	0.14	0	0	11min10s
F5	M4	1/4	0.14	20	0	12min17s
F11	M4	1/4	0.14	0	1	18min28s
F12	M4	1/4	0.14	20	1	19min55s

2. 硼酸对 MPC 抗压强度的影响

图 2-8 给出了相同配合比但硼酸含量不同的 MPC 样品［图 2-8（a）：样品 F3 和 F11，图 2-8（b）：样品 F5 和 F12］的抗压强度。从图 2-8 可以看出，无论是添加硼酸还是不添加硼酸，MPC 试件的抗压强度都随着养护时间的增加而增加。但在相同的养护龄期，加入

硼酸的 MPC 试件的抗压强度比未加入硼酸的 MPC 试件低 30% 左右。因此，掺加 1% 的硼酸会降低 MPC 的抗压强度，这是因为硼酸降低了液相反应的 pH 值，从而提高了 MgO 的溶解度。然后，大量水化产物包裹 MgO 颗粒，阻碍 MgO 颗粒表面镁离子向 $[Mg(H_2O)_6^{2+}]$ 扩散，因此试件的抗压强度降低，凝结时间延长。

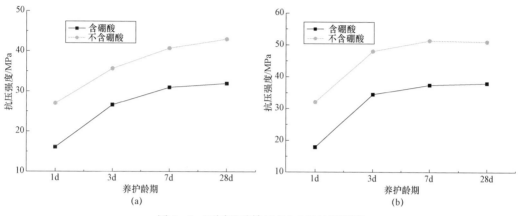

图 2-8　不同硼酸掺量的 MPC 抗压强度

(a) 不含粉煤灰；(b) 含 20% 粉煤灰

2.4　磷酸氢二钾与磷酸二氢钾

2.4.1　K_2HPO_4 与 KH_2PO_4 对 MPC 性能影响的试验

1. 原材料

用于 K_2HPO_4 与 KH_2PO_4 对 MPC 性能影响测试的原材料同镁砂对 MPC 性能影响试验的原材料。

2. 试件制备

K_2HPO_4 与 KH_2PO_4 混掺的 MPC 的配合比设计见表 2-6，其中的 P/M 为 PO_4^{3-} 与镁砂的摩尔比，K_2HPO_4/KH_2PO_4 为 K_2HPO_4 与 KH_2PO_4 的质量比，缓凝剂掺量为硼砂与镁砂质量百分比，W/B 为水胶比。

表 2-6　　　　　　　　　　K_2HPO_4 与 KH_2PO_4 混掺的 MPC 样品配合比

编号	P/M	K_2HPO_4/KH_2PO_4	缓凝剂/(%)	W/B
H1	1/4	0/10	0	0.14
H2	1/4	2/8	0	0.14
H3	1/4	5/5	0	0.14
H4	1/4	8/2	0	0.14
H5	1/4	10/0	0	0.14
H6	1/4	0/10	5	0.14
H7	1/4	0/10	10	0.14

K_2HPO_4 与 KH_2PO_4 混掺的 MPC 样品制备：按设计比例将 KH_2PO_4、K_2HPO_4、硼砂、水先混合慢速搅拌 60s，然后倒入镁砂，慢速搅拌 30s，之后快速搅拌 60s，得到 MPC 浆体。养护条件：温度 20℃±2℃，相对湿度 50%±5%。尺寸为 40mm×40mm×160mm 的试件在成型 1h 后脱模，将试件在温度为 20℃±2℃、相对湿度为 50%±5% 的条件下养护。

3. 试验方法

根据《水泥标准稠度用水量、凝结时间、安定性检验方法》（GB/T 1346），对 MPC 的凝结时间进行了测试。试件强度按《水泥胶砂强度检验方法（ISO）》（GB/T 17671）进行试验。

使用扫描电子显微镜观察水化产物形貌。使用 X 射线衍射仪对水化产物的物相进行分析。

2.4.2　K_2HPO_4 与 KH_2PO_4 对 MPC 性能影响的试验结果和讨论

1. 凝结时间及温度变化

由于 MPC 的凝结速度很快，初凝时间和终凝时间间隔很短，试验中只测定了初凝时间。凝结时间的结果见表 2-7。温度变化选取具有代表性的样品 H1、H3、H5、H6，测试样品从浇筑到凝结这段时间 K_2HPO_4 与 KH_2PO_4 混掺的 MPC 内部温度的变化，结果如图 2-9 所示。

表 2-7　　　　　　　　　K_2HPO_4 与 KH_2PO_4 混掺的 MPC 凝结时间　　　　　　　　　（min）

编号	H1	H2	H3	H4	H5	H6	H7
凝结时间	5	10	20	60	180	15	25

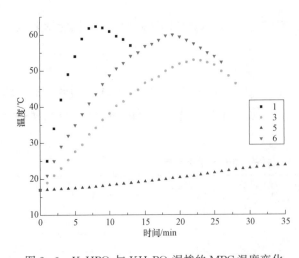

图 2-9　K_2HPO_4 与 KH_2PO_4 混掺的 MPC 温度变化

由表 2-7 可知：①MPC 凝结时间较短，随着 K_2HPO_4 掺入量的增加，K_2HPO_4 与 KH_2PO_4 混掺的 MPC 的凝结时间逐渐延长。当 K_2HPO_4/KH_2PO_4 为 8/2 时，MPC 的凝结时间显著延长，当 K_2HPO_4/KH_2PO_4 为 10/0 时，MPC 的凝结时间可以延长到 3h。说明 K_2HPO_4 掺量对于 MPC 凝结时间影响显著。②掺入硼砂后，延长了 K_2HPO_4 与 KH_2PO_4 混掺的 MPC 的凝结时间，随着硼砂的掺入量增加，凝结时间随之延长，但 K_2HPO_4 延长时间的效果优于硼砂。

由图 2-9 可知：K_2HPO_4 与 KH_2PO_4 混掺的 MPC 随着硬化反应的进行，内部温度逐渐升高，在 MPC 初凝后内部温度继续升高，达到峰值。由于内部温度高于环境温度，之后温度缓慢降低。例如：样品 H6 显示在 15min 试件到达初凝，温度为 55.3℃，之后温度到达峰值 60℃。试件 H5 凝结时间较长温度变化较小，曲线较平缓。

2. 抗压强度

对龄期分别为 3h，3d，7d，14d，28d 的 K_2HPO_4 与 KH_2PO_4 混掺的 MPC 进行抗压试验，结果如图 2-10 所示。

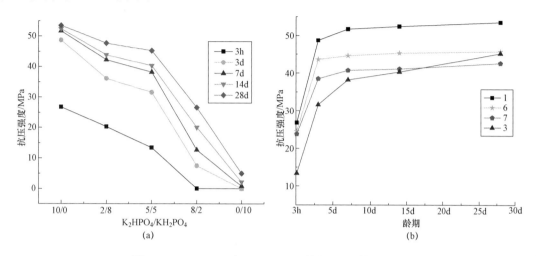

图 2-10　K_2HPO_4 与 KH_2PO_4 混掺的 MPC 抗压强度
(a) K_2HPO_4/KH_2PO_4；(b) 龄期

由图 2-10（a）可知：①同一龄期下各组 MPC 随着 K_2HPO_4 掺量的增加，其强度都随之降低。当 K_2HPO_4/KH_2PO_4 大于或等于 8/2 时（试件 H4，H5），强度降低明显。例如：试件 H4 的 14d 强度为试件 H3 强度的 49.9%。②各组 MPC 随着龄期的增长，其抗压强度都增加。当 K_2HPO_4/KH_2PO_4 小于或等于 5/5 时（试件 H1，H2，H3），早期强度发展很快，龄期大于 7d 后，抗压强度增长变缓。例如：试件 H2 养护 3h 时强度达到 20MPa，养护 7d 时已达到 28d 强度的 82.6%。当 K_2HPO_4/KH_2PO_4 为 8/2 时（试件 H4），强度发展较缓，养护 7d 时才达到 28d 强度的 47.7%。当 K_2HPO_4 完全替代 KH_2PO_4 时（试件 H5），龄期为 7d 的 MPC 才形成较低的抗压强度。

由图 2-10（b）可知：①掺入硼砂的 MPC 龄期小于 7d 时，强度发展很快，龄期大于 7d 后强度增长变缓，K_2HPO_4 与 KH_2PO_4 混掺的 MPC 的强度随着硼砂掺入量的增加而逐渐降低。例如：试件 H7 的 28d 强度为试件 H6 的 93.2%。②龄期小于 7d 时，掺入硼砂的 MPC 强度大于掺入 K_2HPO_4 的样品；而掺入 5% 硼砂的 MPC（试件 H6）28d 强度与 K_2HPO_4/KH_2PO_4 为 5/5 的 MPC（试件 H3）强度相同。③当 $K_2HPO_4/KH_2PO_4 \leqslant 5/5$ 时（试件 H1，H2，H3），K_2HPO_4 对于 K_2HPO_4 与 KH_2PO_4 混掺的 MPC 强度影响与硼砂的影响相同，都使得 MPC 的强度随着 K_2HPO_4 和硼砂掺量的增加而等比例降低。

3. 水化硬化机理分析

（1）水化产物的 XRD 分析。取龄期为 28d 的样品进行水化产物分析（图 2-11 和表 2-8）。由 XRD 测试结果可知，当反应物磷酸盐为 K_2HPO_4 或 KH_2PO_4 时，样品水化产物中主要存在晶体物质都为 MgO、六水磷酸钾镁（$MgKPO_4 \cdot 6H_2O$）及不定形胶体[2-1]。

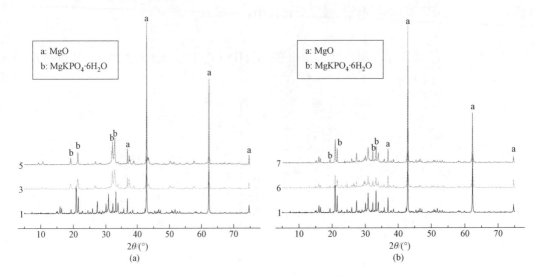

图 2-11　K_2HPO_4 与 KH_2PO_4 混掺的 XRD 分析图

(a) H1；(b) H5

表 2-8　　　　　　　　　　　　　　物质组分质量比　　　　　　　　　　　　　　（%）

编号	H1	H3	H5	H6	H7
MgO	48.86	53.76	62.08	47.14	49.93
$MgKPO_4 \cdot 6H_2O$	39.14	27.45	12.42	35.01	33.08

可知：①各样品中存在大量的 $MgKPO_4 \cdot 6H_2O$ 和未参加反应的 MgO 等物质。K_2HPO_4 与硼砂的掺入都未改变 MPC 主要生成产物。②随着 K_2HPO_4 掺量的增加，$MgKPO_4 \cdot 6H_2O$ 的量逐渐减少，而未反应的 MgO 的量逐渐增加。样品 H5 中 MgO 的量比样品 H3 高 14.5%，见表 2-6。由于 MgO 未能完全被 $MgKPO_4 \cdot 6H_2O$ 包裹，所以 MPC 的强度随着 K_2HPO_4 掺入量的增加而逐渐降低。当 K_2HPO_4/KH_2PO_4 为 10/0 时，$MgKPO_4 \cdot 6H_2O$ 的生成量显著降低，使得 MPC 的强度较低。③硼砂对于 MPC 产物的影响与 K_2HPO_4 相同，但影响不显著。

（2）缓凝机理分析。根据电离原理，K_2HPO_4、KH_2PO_4 及 MgO 融入水后，$H_2PO_4^-$ 发生电离见式（2-1），HPO_4^{2-} 电离见式（2-2），MgO 水解过程见式（2-3）。HPO_4^{2-} 二级电离能力弱于 $H_2PO_4^-$ 一级电离能力，使得生成的 H^+ 量较少。随着 K_2HPO_4 掺量的增加，生成的 H^+ 量减少，使得 MPC 酸碱中和反应速率下降，从而延长了 MPC 的凝结时间。例如：当 K_2HPO_4/KH_2PO_4 大于或等于 8/2 时，结合电离反应式（2-2）、式（2-4）可知，由于 K_2HPO_4 电离能力弱，MPC 酸碱中和反应缓慢，MPC 的凝结时间延长，生成 $MgKPO_4 \cdot 6H_2O$ 的量较少，从而影响 MPC 的强度。

$$H_2PO_4^- \rightleftharpoons H^+ + HPO_4^{2-} \tag{2-1}$$

$$HPO_4^{2-} \rightleftharpoons H^+ + PO_4^{3-} \tag{2-2}$$

$$MgO + H_2O \longrightarrow Mg^2 + 2OH^- \tag{2-3}$$

$$Mg^{2+} + K^+ + PO_4^{3-} + 6OH^- + 6H^+ \longrightarrow MgKPO_4 \cdot 6H_2O \tag{2-4}$$

（3）SEM 分析。采用 SEM 研究了龄期为 28d 的 K_2HPO_4 与 KH_2PO_4 混掺 MPC 的水化产物形貌，如图 2-12 所示。可以看出：①未掺入 K_2HPO_4 的 MPC（样品 H1）结构紧密，大量块状结构相互交织连成一体。随着 K_2HPO_4 掺量增加，MPC 的结构变得疏松。当 K_2HPO_4/KH_2PO_4 为 5/5 时（样品 H3），MPC 结构松散，大量片状结构相互连接，中间形成大量未被填充的空隙；当 K_2HPO_4/KH_2PO_4 为 10/0 时（样品 H5），MPC 的结构呈现膏状，未形成棱角，强度较低。因此随着 K_2HPO_4 掺量增加，MPC 的强度逐渐降低。②掺入硼砂的 MPC（样品 H6、H7）结构中存在大量块状结构相互交织连成一体，但存在未能形成整体的块状结构黏附在大块结构上。随着硼砂掺量增加，松散块状结构增多，结构变得疏松。因此随着硼砂掺量增加，MPC 的强度逐渐降低。

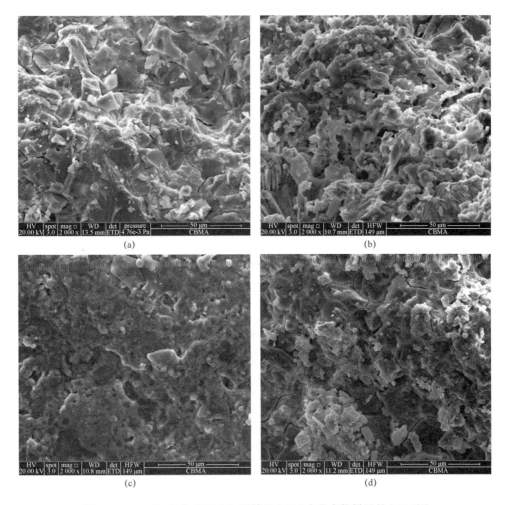

图 2-12　K_2HPO_4 与 KH_2PO_4 混掺的 MPC 水化产物样品的 SEM 图

（a）样品 H1；（b）样品 H3；（c）样品 H5；（d）样品 H6

(e)

图 2 - 12　K_2HPO_4 与 KH_2PO_4 混掺的 MPC 水化产物样品的 SEM 图（续）

（e）样品 H7

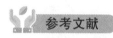

参考文献

[2-1] Wagh, A., S. Y. Jeong, D. Singh. High strength phosphate cement using industrial byproduct ashes [J]. Proceedings of First International Conference, 1997.

第 3 章　磷酸镁水泥的改性材料

如前所述，影响 MPC 性能的主要因素有磷酸盐与氧化镁的摩尔比（P/M）、水胶比（W/B）和外加剂，P/M 为 $1/4\sim1/5$、W/B 为 $0.14\sim0.16$ 时 MPC 性能较好[3-1,3-2]。近年来，粉煤灰、硅灰、矿渣等矿物掺合料被用于改善 MPC 的性能。然而，钢渣及纤维对 MPC 性能的影响却鲜有报道。

目前，对 MPC 的许多研究集中在不影响力学性能的前提下延长凝结时间。硼砂、硼酸、磷酸盐等缓凝剂是调节 MPC 凝结时间的常用材料。在小掺量的情况下，凝结时间只能延长 5～15min。否则，凝结时间的增加会造成强度的严重损失[3-3,3-4]。传统的缓凝剂很难显著减缓水化硬化速率，也很难平衡凝结时间延长和力学性能降低的反向效应。$CaCl_2 \cdot 6H_2O$ 是一种非常常见的相变材料（PCM），主要用于潜热储存[3-5]。$CaCl_2 \cdot 6H_2O$ 的相变温度为 29℃，焓为 190kJ/kg[3-6]。与其他水合盐 PCMs 相比，尽管 $CaCl_2 \cdot 6H_2O$ 的潜热和热导率相对较低，但由于其具有离析小、易稳定等优点，已在供热储能、节能建筑等领域得到了较为成熟的应用。

纳米二氧化硅、氧化石墨烯、碳纳米管等新型纳米材料对 MPC 性能的影响鲜有报道。与其他纳米材料相比，碳纳米管（Carbon Nanotube，CNT）的碳原子具备 sp^2 键合和 sp^3 键合的混合杂化状态，具有优异的力学性能、良好的导热和导电性能等特点，碳纳米管对硅酸盐水泥基材料性能影响的研究已成为国内外研究的热点。Makar 等人[3-7,3-8]发现碳纳米管可以作为 C_3S 的成核点，从而加快 C-S-H 的水化速率，提高其硬度。Makar 和 Beaudoin[3-9]观察到 CNT 在水泥基材料中的桥连效应。Shah 等人[3-10,3-11,3-12]报告称，掺加 $0.02\%\sim0.1\%$ 的 CNT 会增加水泥的弯曲强度 $8\%\sim40\%$、增加弹性模量 $11\%\sim55\%$。Konsta Gdoutos 等人[3-10]研究了多壁碳纳米管（MWCNT）的长度对水泥基材料力学性能的影响，发现当增强效果相同时，短 MWCNT 的掺量高于长 MWCNT，效果增强主要是由于 MWCNT 提高了 C-S-H 硬度和降低了基体孔隙率。Konsta—Gdoutos[3-12]报道称，当不使用表面活性剂进行分散时，CNT 在水泥基体中的分散性较差。用于 CNT 分散的常用表面活性剂主要有十六烷基三甲基溴化铵（CTBA）、十二烷基苯磺酸钠（SDBS）、十二烷基硫酸钠（SDS），它们可以通过静电和空间位阻效应来改善 CNT 的分散性[3-13]。一些研究表明，0.3%CNT（占水泥的质量百分比）可以改善水泥的力学性能[3-14,3-15]。

针对上述问题，本章 3.1 节采用钢渣对 MPC 进行改性，主要研究钢渣对 MPC 凝结时间、抗压强度、耐碱性和孔结构的影响。此外，聚丙烯腈纤维与聚丙烯纤维被掺加到了 MPC 中，在 3.2 节对纤维复合磷酸镁水泥的流动性、强度和微观形貌进行了研究。本章

3.3 节在掺加硼砂缓凝剂的基础上，根据 MPC 的高水化放热特性，选用 $CaCl_2 \cdot 6H_2O$ 低温 PCM 对 MPC 进行制备工艺调整，研究其延长 MPC 凝结时间的效果。本章 3.4 节研究了超声处理对 SDS 表面活性剂分散 CNT 的影响，重点研究 CNT 分散度。此外，系统研究了不同分散度的 CNT 对 MPC 的流动性、力学性能、水化程度、孔结构的影响以及 CNT 与 MPC 之间的化学作用。

3.1　钢　　渣

3.1.1　钢渣改性 MPC 试验

1. 原材料

本章采用 1600℃煅烧镁砂，其化学成分和物理性能见表 3-1。所用钢渣为超细钢渣，化学成分及物理性能见表 3-2。所用试剂如 KH_2PO_4、$Na_2B_4O_7 \cdot 10H_2O$（硼砂）和 $Ca(OH)_2$ 为分析纯。使用的水是去离子水。

表 3-1　　　　　　　　　　煅烧镁砂的化学成分和物理性能

样品	MgO /(%)	CaO /(%)	SiO₂ /(%)	Al₂O₃ /(%)	Fe₂O₃ /(%)	密度 /(g/cm³)	堆积密度 /(g/cm³)	比表面积 /(m²/kg)
镁砂	91.7	1.4	1.6	4	1.3	3.46	1.67	805.9

表 3-2　　　　　　　　　　钢渣的化学成分和物理性质

样品	CaO /(%)	Fe₂O₃ /(%)	SiO₂ /(%)	Al₂O₃ /(%)	MgO /(%)	MnO /(%)	P₂O₅ /(%)	烧失量 /(%)	比表面积 /(m²/kg)	密度 /(g/cm³)
钢渣	38.2	24.9	18.3	6.8	5.1	2.5	1.4	2.8	657	3.62

2. 钢渣改性 MPC 样品制备

钢渣改性 MPC 的配合比见表 3-3，其中硼砂和钢渣掺量为其占 MgO 的质量分数，KH_2PO_4 与镁砂的比（P/M）为摩尔比，水胶比（W/B）为 0.14。

表 3-3　　　　　　　　　　钢渣 MPC 的配合比

样品编号	P/M	W/B	硼砂/(%)	钢渣/(%)
对照品	1/4.5	0.14	5	0
M1	1/4.5	0.14	5	5
M2	1/4.5	0.14	5	10
M3	1/4.5	0.14	5	15
M4	1/4.5	0.14	5	20

3. 试验方法

根据 ASTM C807-05 标准，用改性维卡针测定凝结时间。水泥净浆流动性参考《混凝土外加剂匀质性试验方法》（GB/T 8077）进行测定。试件强度检测参照《水泥胶砂强度检验方法（ISO 法）》（GB/T 17671）进行，试件采用 40mm×40mm×160mm 尺寸模具，试件成型后 1h 脱模，放置在温度为 20℃±2℃，相对湿度为 50％±5％的试验室环境中养护至测试龄期。

采用扫描电子显微镜观察了钢渣改性 MPC 水化产物的形貌，采用压汞仪在 0.2～60000psi（1psi＝0.00689MPa）压力范围内分析了钢渣改性 MPC 的孔隙率和孔径分布。

3.1.2　钢渣改性 MPC 试验结果和讨论

1. 钢渣对 MPC 凝结时间的影响

钢渣改性 MPC 的凝结时间的影响如图 3-1 所示。结果表明，随着钢渣掺量的增加，MPC 的凝结时间缩短。对于不掺加钢渣的对照品，其缓蚀机理主要是 MgO 表面吸附硼砂中的硼离子，阻止 MgO 水解，导致凝结时间延长。加入钢渣后，钢渣中 CaO 提供的 Ca^{2+} 能与 $B_4O_7^{2-}$ 结合，削弱硼砂的缓凝作用。因此，MPC 的凝结时间随钢渣掺量的增加而缩短。

2. 钢渣对 MPC 抗压强度的影响

图 3-2 所示为钢渣改性 MPC 抗压强度。随着钢渣掺量的增加，MPC 的抗压强度先增大后减小。当钢渣含量为 15％时，MPC 的抗压强度达到最大。当钢渣掺量超过 15％以后，抗压强度降低。造成这种现象的主要原因是：钢渣作为一种超细惰性材料，可以作为填料，使 MPC 基体更加致密。此外钢渣超细粉的成核效应可以降低 MPC 在反应过程中的成核屏障。但当钢渣过多时，MPC 生成的水化产物减少，有限的水化产物不足以将钢渣颗粒紧密结合在一起，导致 MPC 基体疏松，抗压强度降低。此外，游离 CaO 含量随钢渣掺量的增加而增加，与水反应生成膨胀性 $Ca(OH)_2$，导致 MPC 基体开裂。因此，随着钢渣掺量的持续增加，MPC 的抗压强度降低。

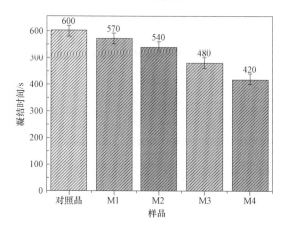

图 3-1　钢渣改性 MPC 的凝结时间

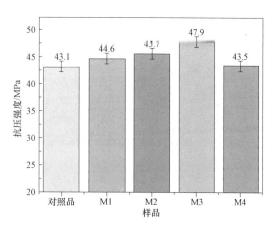

图 3-2　钢渣改性 MPC 抗压强度

3. 钢渣改性 MPC 的耐蚀性

含 15％钢渣的 MPC 试件（M3）的抗压强度最高。因此，选择了对照品和含 15％钢渣的试件来评价钢渣对 MPC 耐腐蚀性能的影响。在 pH 值为 9、11、13 的 $Ca(OH)_2$ 溶液和水中浸泡 MPC 试件 30d、60d、90d 后，进行抗压强度试验，结果见表 3-4。

表 3 - 4　　　　　　　　　　　　　不同浸泡时间下 MPC 的抗压强度

样品	浸泡时间/d	抗压强度/MPa			
		水	pH＝9	pH＝11	pH＝13
对照品	0	43.1	43.1	43.1	43.1
	30	42.7	41.9	39.4	27.1
	60	42.1	40.6	34.6	—
	90	41.5	39.1	28.8	—
M3	0	47.9	47.9	47.9	47.9
	30	47.7	47.1	44.4	33.4
	60	47.2	45.5	39.6	—
	90	46.8	44.2	34.4	—

　　表 3 - 4 的结果表明，随着浸泡时间的增加，试件在水中的抗压强度略有下降。浸泡 90d 后，对照品和 M3 的强度损失分别为 3.7％和 2.3％。结果表明，钢渣改性 MPC 的耐水性较好。在 Ca(OH)$_2$ 溶液中浸泡时，MPC 的抗压强度随 pH 值和浸泡时间的增加而降低。对照品和 M3 试件浸泡 90d 后，当 pH 值为 9 时，强度损失分别为 9.3％和 7.7％；当 pH 值为 11 时，强度损失分别为 33.2％和 28.2％，上述试验结果说明 MPC 在低浓度 Ca(OH)$_2$ 溶液中耐碱性较好，随着碱性溶液浓度的增加，MPC 的耐碱性变差，其中钢渣改性 MPC 的耐碱性优于对照品。随着溶液碱度进一步增加，MPC 的耐碱性显著降低，当 pH 值为 13 时，浸泡 30d 后试件腐蚀严重，强度无法测定。

　　4. 钢渣改性 MPC 的微观结构

　　对浸泡 30d 后钢渣 MPC 样品的微观结构进行 SEM 测试，如图 3 - 3 所示。MPC 的微观

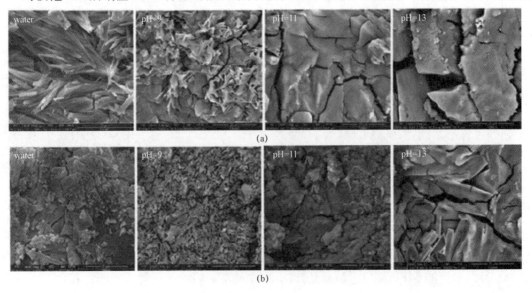

图 3 - 3　浸泡后 MPC 的微观结构

（a）对照品；（b）M3 样品

结构表明，在相同的 pH 值下，浸泡后 M3 样品的基体致密性优于对照样品，说明钢渣的加入提高了 MPC 的耐蚀性。随着 pH 值的升高，MPC 产物的形貌发生变化，裂纹尺寸增大。已有研究表明，MPC 的水化产物 MgKPO$_4$ 在碱性环境中分解为膨胀性 Mg(OH)$_2$ 和可溶性磷酸盐[3-16]。离子反应如式（3-1）所示：

$$MgKPO_4 + OH^- \longrightarrow K^+ + PO_4^{3-} + Mg(OH)_2 \downarrow \qquad (3-1)$$

随着 pH 值的升高，MgKPO$_4$ 的分解量增加，导致 MgKPO$_4$ 结构疏松，强度降低。此外，反应产物 Mg(OH)$_2$ 的膨胀作用会导致基体开裂。受上述因素影响，MPC 对照品的性能下降。但钢渣本身是一种碱激发型胶凝材料，在碱性环境中有一定的活性，钢渣的水化作用提高了 MPC 的致密性，所以钢渣改性 MPC 的力学性能和耐腐蚀性能均优于对照品。

5. 钢渣改性 MPC 的孔隙结构

以上结果表明，在高浓度的碱性溶液中，MPC 的耐久性较差。在这一部分内容中，对 pH 值为 13 的 Ca(OH)$_2$ 溶液中浸泡 30d 的对照品样品和 M3 样品的孔结构进行了测试。结果如图 3-4 和表 3-5 所示。

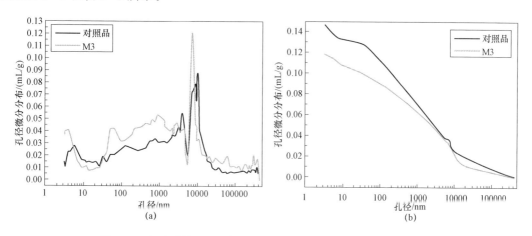

图 3-4　钢渣改性 MPC 在 Ca(OH)$_2$ 溶液中浸泡 30d 后的孔结构

（a）差分分布；（b）累积分布

表 3-5　　　　　　　　　　　钢渣改性 MPC 的孔分布

样品	总孔隙率 /(%)	最可几孔径 /μm	孔隙含量/(mg/L×10^{-2})			
			孔径大小/nm			
			<20	20~100	100~200	>200
对照品	14.67	12.54	1.67	1.77	1.76	9.45
M3	11.83	10.74	1.53	1.31	1.22	7.80

根据孔径对水泥基材料性能的影响，认为 20nm 以下为无害孔，20~100nm 为少害孔，100~200nm 为有害孔，200nm 以上为更有害孔。浸泡后的 MPC 孔隙结构结果表明，钢渣

的加入使 MPC 的总孔隙率和最可几孔隙率由 14.67％和 12.54％降低到 11.83％和 10.74％，说明钢渣可以细化 MPC 的孔隙，降低 MPC 的总孔隙率。钢渣的加入虽然略微降低了 M3 样品无害孔的含量，但其有害孔的含量明显降低。因此，在 $Ca(OH)_2$ 溶液中浸泡 30d 后，M3 试件的抗压强度高于对照品。

3.2 纤 维

3.2.1 纤维改性 MPC 试验

1. 原材料

本节采用的煅烧镁砂，其化学成分和物理性能见表 3-1。所用试剂如 KH_2PO_4、$Na_2B_4O_7 \cdot 10H_2O$（硼砂）和 $Ca(OH)_2$ 为分析纯。聚丙烯纤维和聚丙烯腈纤维产品物理力学性能见表 3-6。使用的水是去离子水。

表 3-6 纤维物理力学性能

纤维品种	长度 /mm	直径 /μm	密度 /(g/cm³)	抗拉强度 /MPa	弹性模量 /GPa	断裂伸长率 /(％)
聚丙烯	6	35	0.91	350	8.5	7.6
聚丙烯腈	6	12	1.18	310~440	7.1~9.6	15~25

2. 样品制备

纤维改性 MPC 样品的制备：按设计比例将各种原材料先混合搅拌 1~2min，然后加入纤维，继续搅拌，得到纤维改性 MPC 试件。试件中硼砂掺量为 MgO 质量的 5％；P/M 取 1/4；No.1~No.5 试件中掺加的纤维为聚丙烯腈，掺量分别为 MgO 质量的 0.33％、0.66％、0.99％、1.3％、1.6％；No.6~No.10 试件中掺加的纤维为聚丙烯，其掺量分别为 MgO 质量的 0.33％、0.66％、0.99％、1.3％、1.6％，No.0 试件中不含改性纤维，为对照品。

3. 试验方法

针对纤维改性 MPC 的试验方法同 3.1 节。

3.2.2 纤维改性 MPC 的结果和讨论

1. 纤维对 MPC 流动性的影响

图 3-5 为聚丙烯纤维和聚丙烯腈纤维两种纤维在不同的掺量下 MPC 浆体的流动性测试结果。可以看出，随着纤维掺量的增加，MPC 浆体的流动性逐渐降低。掺加聚丙烯的 MPC 浆体扩展度降低平缓。而掺加聚丙烯腈的 MPC 浆体，其扩展度降低幅度较大，当掺量大于 0.33％时，扩展度急剧下降，聚丙烯腈掺量为 0.99％比掺量为 0.33％的扩展度降低 44％。因此，聚丙烯腈纤维对 MPC 浆体的流动性影响要大于聚丙烯纤维。

2. 纤维对 MPC 抗压强度的影响

图 3-6 为聚丙烯纤维和聚丙烯腈纤维在不同的掺量下 MPC 试件抗压强度试验结果。可以看出，掺加和不掺加纤维的试件，其抗压强度都随着龄期的增加而提高，水化龄期从 1d 增加到 3d 时抗压强度增加显著，而在 3d 后增加幅度不明显，接近 28d 抗压强度。另外，随着纤维掺量的增加，试件抗压强度并没有明显变化，因此在一定范围内掺加聚丙烯纤维和聚丙烯腈纤维对 MPC 试件的抗压强度都没有明显影响。

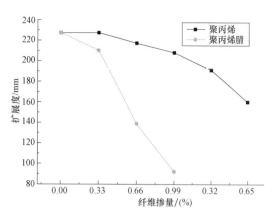

图 3-5　两种纤维不同掺量下的 MPC 浆体流动性

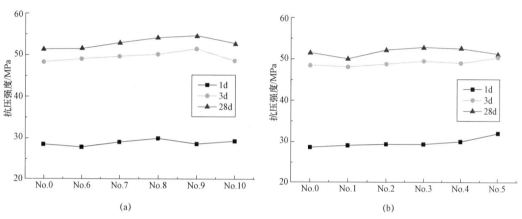

(a)　　　　　　　　　　　　　　　(b)

图 3-6　两种纤维不同掺量下的 MPC 试件抗压强度

(a) 掺加聚丙烯纤维；(b) 掺加聚丙烯腈纤维

3. 纤维对 MPC 抗折强度的影响

图 3-7 为聚丙烯纤维和聚丙烯腈纤维在不同的掺量下 MPC 试件抗折强度结果。可以看出，随着纤维掺量的增加，MPC 试件抗折强度先增加然后趋于稳定。由图 3-7 (a) 可以看出，掺加聚丙烯腈纤维对 MPC 试件的抗折强度有较大的影响，1d 龄期时，纤维掺量超过 0.33％时，MPC 试件抗折强度急速增加，当掺量超过 0.99％时候，抗折强度不再增加。因此，掺加适量的聚丙烯腈纤维对 MPC 抗折强度有很好的提高作用；由图 3-7 (b) 可以看出，掺加聚丙烯纤维对 MPC 试件的抗折强度影响不是很明显。整体来看，纤维掺加对试件早期强度影响较大，随着龄期的增加，MPC 试件的本身抗折强度逐渐增加，纤维对试件抗折强度的提高作用有限。

4. 掺加不同纤维的 MPC 微观结构特征

图 3-8 为掺加两种纤维的 MPC 试件 SEM 测试结果。由图 3-8 (a) 和 (c) 可以看出，掺加聚丙烯腈纤维的试件，纤维呈现集束状；由图 3-8 (b) 和 (d) 可以看出，掺加聚丙烯纤维试件中纤维丝分散良好，较均匀分布于基体中。因此，对于 MPC 试件来说，聚丙烯纤维的分散性好于聚丙烯腈纤维。另外，由图 3-8 (c) 和 (d) 放大倍数较高的 SEM 图可以

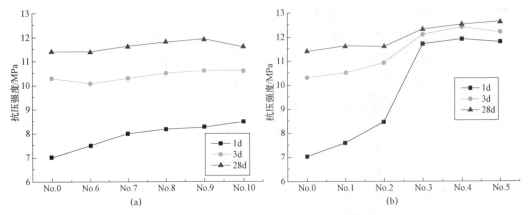

图 3-7　两种纤维不同掺量下的 MPC 试件抗折强度

（a）掺加聚丙烯纤维；（b）掺加聚丙烯腈纤维

看出，MPC 试件中的纤维并没有产生腐蚀的痕迹，因此，纤维不会与 MPC 发生化学反应，在 MPC 基体中能够保持其原有的理化性能。

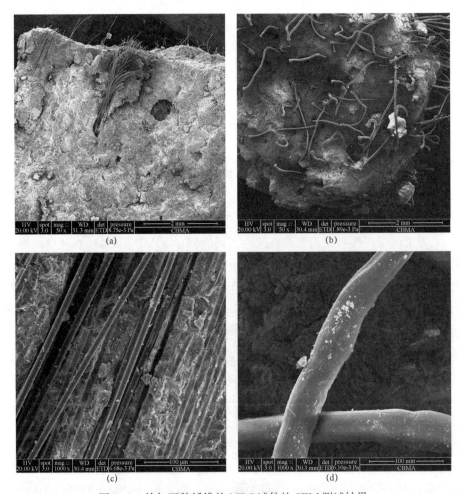

图 3-8　掺加两种纤维的 MPC 试件的 SEM 测试结果

（a）掺加聚丙烯腈纤维的 MPC；（b）掺加聚丙烯纤维的 MPC；（c）聚丙烯腈纤维；（d）聚丙烯纤维

3.3　水合盐低温相变材料

3.3.1　水合盐低温 PCM 改性 MPC 试验

1. 原材料

本章研究以镁砂为原料，在 1600℃下直接煅烧，其化学成分和物理性能见表 3 - 1。所用 KH_2PO_4、$Na_2B_4O_7 \cdot 10H_2O$ 和 $CaCl_2 \cdot 6H_2O$ 为分析纯，其中 $Na_2B_4O_7 \cdot 10H_2O$ 为缓凝剂，$CaCl_2 \cdot 6H_2O$ 为相变材料。

2. 样品制备

将镁砂、可溶性 KH_2PO_4、硼砂、去离子水和 PCM 混合制备 MPC 浆体，其中 P/M 为 1/4.5，硼砂为镁砂质量的 5%，水胶比为 0.14，PCM 的含量为镁砂质量的 0、0.5%、1%、1.5%、2% 和 2.5%。

3. 试验方法

根据 ASTM 标准 C807 - 05，使用改良的维卡针测定凝结时间。流动性按 UNE—EN1015—3 标准测定。试件在 40mm×40mm×160mm 的模具中浇筑成型，并在 20℃ 的空气中养护，测试了 1d、3d 和 28d 的抗压强度。

采用差示扫描量热仪对 $CaCl_2 \cdot 6H_2O$ 进行了热分析。样品在氮气气氛下以 5℃/min 的升温速率从 −40℃ 加热到 80℃，样品质量为 5～10mg。用自动记录仪实时记录 MPC 浆体的温度。将样品浇筑在 64cm³ 的立方体钢容器中，然后在每组样品的中心预埋温度探针，以监测内部水化温度。所有的样品在相同的环境中测试 0.5h。在 8 通道恒温量热计上测量 MPC 样品的水化热，该量热计在 30℃ 下工作，记录有和没有 PCM 时样品的水化速率和总水化热。每个样品测试时长为 3h，分析 PCM 对 MPC 水化的影响。用 X 射线衍射仪，CuKα 辐射（$\lambda = 0.154nm$），对晶体相进行测试；以连续模式采集 5°～70° 的数据，用 JADE 软件进行定量分析。利用型压汞仪在 0.2～60000psi 范围内，对 MPC 孔隙率和孔径分布进行了分析，测试 5nm 至 400μm 范围内的孔结构特征。

3.3.2　水合盐低温 PCM 改性 MPC 试验的结果和讨论

1. $CaCl_2 \cdot 6H_2O$ 的 DSC 分析

图 3 - 9 显示了 $CaCl_2 \cdot 6H_2O$ 在 −40～80℃ 温度范围内加热时的 DSC 曲线。$CaCl_2 \cdot 6H_2O$ 的熔点为 27℃，在 34℃ 时产生第一吸热峰。随着温度的升高，相变峰出现在 39℃ 左右，峰值温度在 52℃ 左右。在此过程中，$CaCl_2 \cdot 6H_2O$ 的焓约为 186kJ/kg。

2. PCM 对 MPC 凝结时间和流动性的影响

PCM 掺量对 MPC 凝结时间和流动性的影响如图 3 - 10 所示。对于不加 PCM 的样品，其凝结时间仅为 7min，并随着 PCM 掺量的增加而延长。但当 PCM 掺量大于 1.5% 时，凝结时间的增加速率变缓。通过拟合，得到了 PCM 掺量（x）与凝结时间（y）的关系为 $y =$

$-3.1x^2+16.1x+7.5$（$R^2=0.988$）。此外，随着 PCM 掺量的增加，MPC 的流动性降低。当 PCM 掺量小于 1.5% 时，MPC 的流动性损失较小，随着 PCM 掺量的不断增加，流动性明显降低。通过拟合得到流动性（y）与 PCM 掺量（x）的关系为 $y=-14.0x^2+15.2x+207.3$（$R^2=0.954$）。结果表明，PCM 掺量对 MPC 的凝结时间和流动性能有较大影响。因此，考虑到上述两个因素，PCM 的最佳掺量是两条拟合曲线交点的横坐标值，如图 3 - 10 所示。两条曲线在 PCM 掺量为 1.5% 左右时出现相交，MPC 的凝结时间为 25min，流动度为 202mm。在此掺量下，MPC 的性能相对较好。

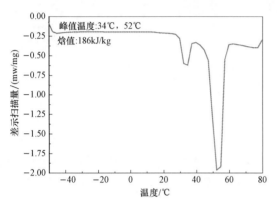

图 3 - 9　$CaCl_2 \cdot 6H_2O$ 的 DSC 曲线

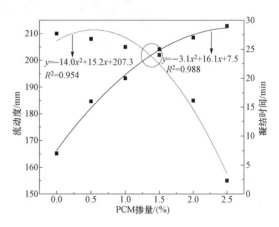

图 3 - 10　PCM 掺量对 MPC 凝结时间和流动性的影响

凝结时间延长的主要原因是 MPC 在水化过程中释放出大量的热量。随着温度的升高，相变材料 $CaCl_2 \cdot 6H_2O$ 熔化、相变、失去结晶水。该过程为吸热反应，消耗 MPC 的水化热，降低系统的升温速度，延长反应过程和凝结时间，如图 3 - 11 所示。另一方面，流动性的降低与酸碱反应生成的水和 Ca^{2+} 有关。当 PCM 掺量大于 1.5% 时，Ca^{2+} 与 Mg^{2+} 争夺 PO_4^{3-}，阻碍 MgO 颗粒溶解，降低了 OH^- 的含量和酸碱反应生成的水量。因此，MPC 的流动能力急剧下降。同时，随着 PCM 掺量的进一步增加，Ca^{2+}/PO_4^{3-} 比值的增加，MPC 的水化产物明显减少[3-17]。当 Ca^{2+}/Mg^{2+} 的比值大于 0.5 时，Ca^{2+} 与 PO_4^{3-} 反应生成细小颗粒沉淀[3-18,3-19]，导致 MPC 的流动能力下降。反应的离子方程见式（3-2）。

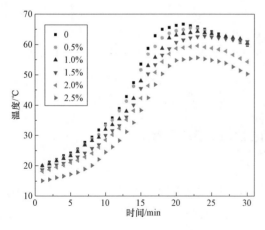

图 3 - 11　PCM 对 MPC 体系温度的影响

$$3Ca^{2+} + 2PO_4^{3-} \longrightarrow Ca_3(PO_4)_2 \downarrow \qquad (3-2)$$

3. PCM 对 MPC 抗压强度的影响

PCM 对 MPC 抗压强度的影响如图 3 - 12 所示。结果表明，随着 PCM 掺量的增加，

MPC 的抗压强度先增大后减小。当 PCM 掺量为 1.5％时，MPC 的抗压强度达到最佳。与对照试件相比，1d、3d 和 28d 时，MPC 的强度分别提高 43.3％、48.6％和 25％。随着 PCM 掺量的继续增加，MPC 的强度有不同程度的降低。

4. PCM 对 MPC 水化过程的影响

PCM 对 MPC 水化速率的影响如图 3-13 所示。结果表明，随着 PCM 掺量的增加，MPC 的最大水化速率逐渐降低。与对照样品相比，当 PCM 掺量从 0.5％提高到 2.5％时，MPC 的最大水化率分别降低了 15.2％、18.2％、19.3％、37.6％和 40.3％。水化约 0.15h 后，MPC 的水化速率开始下降（衰减阶段）。在此阶段，对照样品的水化速率下降更迅速，甚至低于不同 PCM 掺量的样品。水化 2h 后，反应进入稳定阶段，MPC 的水化速率趋于稳定。

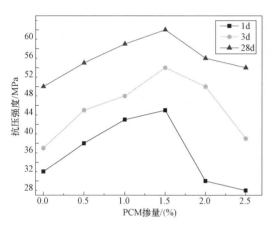

图 3-12　PCM 对 MPC 抗压强度的影响　　　　图 3-13　PCM 对 MPC 水化速率的影响

图 3-14 显示了 MPC 的水化热，说明在进入稳定期前，MPC 的水化热随 PCM 的增加而降低。进入稳定阶段后，含 1.5％PCM 样品的总水化热逐渐增大。在此反应过程中，所有样品的总放热量为 $Q_0 > Q_{1.5\%} > Q_{0.5\%} > Q_{1.0\%} > Q_{2.0\%} > Q_{2.5\%}$。其原因是 PCM 吸收热量，降低 MPC 体系的水化速率和总放热。随着 PCM 掺量的增加，部分热量被 PCM 吸收，水化速率和总放热量降低。PCM 掺量为 1.5％的样品与 PCM 掺量为 0.5％和 1.0％的样品相比，水化率相对较小。此时，水化产物的量相对减少，未被覆盖水化产物的 MgO 相对较多。随着反应的进行，MgO 继续溶解，反应进一步发展，反应时间增加。因此，MPC 的总放热率为：$Q_0 > Q_{1.5\%} > Q_{0.5\%} > Q_{1.0\%}$。当 PCM 大于 1.5％时，

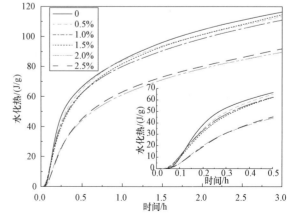

图 3-14　PCM 对 MPC 水化热的影响

Ca^{2+} 与 Mg^{2+} 争夺 PO_4^{3-}，阻碍 MgO 颗粒的溶解。因此，MPC 的水化速率和总放热量急剧下降。

图 3-13 和图 3-14 表明，PCM 可以降低 MPC 的水化速率和总水化热。当 PCM 掺量小于 1.5% 时，虽然 MPC 的水化速率明显降低，但对总水化热的影响不大。当 PCM 大于 1.5% 时，水化率和总水化热显著降低。

以 C_3A 的水化过程为参照，MPC 的反应可分为诱导期、加速期、衰变期和稳定期，其水化过程反应示意图如图 3-15 所示。

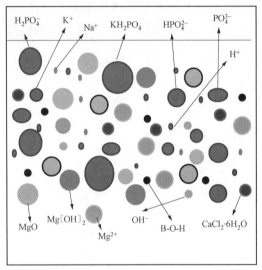 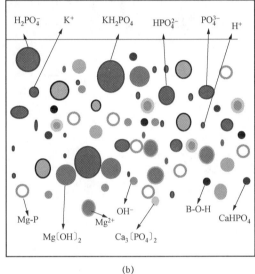

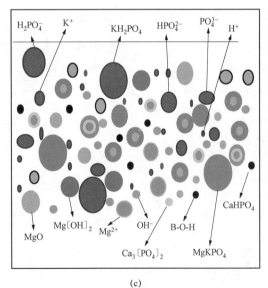 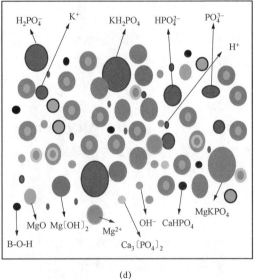

图 3-15　MPC 的水化过程反应示意图

（a）诱导阶段；（b）加速阶段；（c）衰变阶段；（d）稳定阶段

[B-O-H 表示 $B(OH)_3$ 或 $B(OH)_4^-$，Mg-P 表示镁磷石]

（1）诱导期。在此期间，所有成分开始溶解和电离，此时新混合的 MPC 浆体呈酸性。硼砂生成的 $B_4O_7^{2-}$ 将与 H^+ 反应，生成 $B(OH)_3$ 或 $B(OH)_4^-$，它们被吸附到 MgO 颗粒的表面，溶解进一步减少，反应速率降低[3-20]。

（2）加速阶段。在这一阶段，MgO 溶解产生的 $Mg(OH)_2$ 离子化并生成 OH^-，与 KH_2PO_4 产生的 H^+ 反应并释放大量热，加速 MgO 的溶解和 KH_2PO_4 的电离。实际上，在整个反应过程中，首先形成了镁磷石，随着 pH 值的升高，镁磷石被溶解，这些条件增强了 $MgKPO_4$ 的结晶[3-21]。随着反应的进行，体系温度升高，导致相变材料 $CaCl_2 \cdot 6H_2O$ 失去结晶水，降低了 OH^- 和 H^+ 的迁移速度，减缓了 MPC 的反应过程。同时，$CaCl_2 \cdot 6H_2O$ 可以电离生成 Ca^{2+}，与 PO_4^{3-} 反应生成 $Ca_3(PO_4)_2$ 沉淀，当 Ca^{2+} 足够多时，$Ca_3(PO_4)_2$ 优先在 MgO 表面沉淀。

（3）衰变阶段。水化产物 $MgKPO_4$ 从溶液中分离出来，被吸附在 MgO 表面。MgO 的溶解受阻，水化速率降低。

（4）稳定阶段。$MgKPO_4$ 的水化产物被吸附在 MgO 表面形成覆盖膜。离子在体系中的迁移受扩散控制。水化速率保持稳定且相对较小。

PCM 改善 MPC 水化过程的机理是，随着体系温度的升高，PCM 相变吸收了 MPC 释放的热量，减缓了体系的温升，降低了 OH^- 和 H^+ 的传递速度，从而降低了 MPC 的水化硬化速率，延长凝结时间。但当 PCM 含量过高时，Ca^{2+} 与 Mg^{2+} 争夺生成 PO_4^{3-}，生成 $Ca_3(PO_4)_2$ 沉淀，影响 MgO 的溶解，降低 OH^-，从而降低 MPC 的水化速率，使 MPC 反应相对平缓，未反应的 MgO 颗粒吸附水化产物，严重影响 MPC 的总水化热。

5. PCM 改性 MPC 的 XRD 分析

MgO 含量对不同龄期的 MPC 水化产物有一定的影响。水化产物的含量与 MPC 中 MgO 的含量成反比。当 MgO 含量较高或较低时，生成的水化产物相对较少或较多。图 3-16 展示了不同龄期 MPC 的 XRD 图谱和 MgO 含量。可以看出，PCM 对 MgO 衍射峰强度的影响是相似的。当 PCM 掺量小于 1.5% 时，随着 PCM 掺量的增加，MgO 衍射峰强度逐渐减弱；当 PCM 掺量大于 1.5% 后，随着 PCM 掺量的不断增加，MgO 的衍射峰强度并没有继续减弱，而是逐渐增强。此外，从图谱中检测出 $Ca_3(PO_4)_2$ 的衍射峰。根据 MgO 峰面积，不同龄期 MPC 的 P_{MgO}/B_{MgO} 比值，P_{MgO} 表示含 PCM 的 MPC 中 MgO 含量，B_{MgO} 表示对照样品中 MgO 含量。结果表明，当 PCM 掺量小于 1.5% 时，参与反应的不同龄期 MPC 中 MgO 含量随 PCM 含量的增加而不同程度增加。1d 龄期时，随着 PCM 掺量的进一步增加，MPC 中 MgO 的含量增加，水化产物含量相对较少。当龄期为 3d 和 28d 时，随着反应时间的增加，MPC 中 MgO 的含量虽有所增加，但仍明显低于 PCM 为 1.5% 的样品。结果表明，PCM 含量过高会抑制 MPC 的反应，同时也验证了图 3-15 所示的反应机理。

6. PCM 对 MPC 孔结构的影响

根据不同孔径对水泥基材料性能的影响，将混凝土孔隙分为四大类：凝胶孔（直径＜10nm）、过渡孔（直径 10～100nm）、毛细孔（直径 100～1000nm）和大孔（直径＞

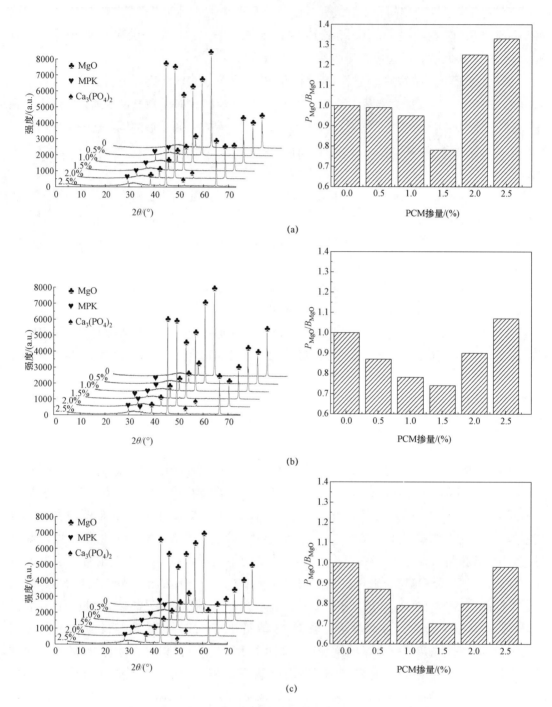

图 3-16 不同 PCM 掺量的 MPC 的 XRD 图谱和 MgO 含量

(a) 1d 龄期；(b) 3d 龄期；(c) 28d 龄期

$1000nm)^{[3-22]}$。根据该分类，28d 龄期 MPC 的孔隙分布见表 3-7，PCM 对 28d 龄期 MPC 孔结构的影响如图 3-17 所示。

表 3 - 7　　　　　　　　　　　　　28d 龄期 MPC 的孔隙分布

孔径大小 /nm	孔含量/(mg/L×10⁻²)					
	对照品	0.5％PCM	1.0％PCM	1.5％PCM	2.0％PCM	2.5％PCM
<10	0.49	0.18	0.65	1.08	0.23	0.24
10~100	0.64	0.55	0.81	0.58	1.15	1.24
100~1000	1.64	2.74	3.05	1.74	1.52	1.49
>1000	9.36	5.91	5.76	3.96	3.64	3.41

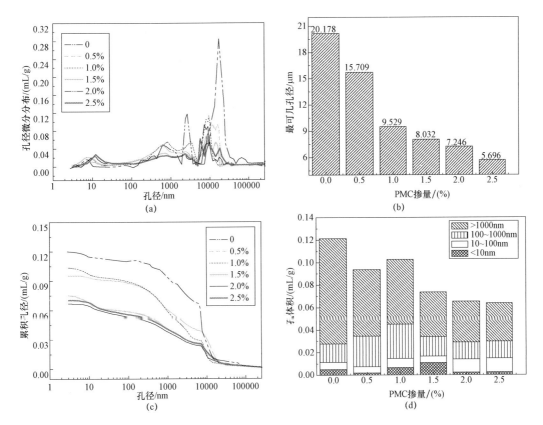

图 3 - 17　PCM 对 28d 龄期 MPC 孔结构的影响

（a）差分分布；（b）最可几孔径；（c）累积分布；（d）孔隙含量

图 3 - 17（a）和（b）是 28d 龄期 MPC 孔结构的差分分布和最可几孔径测试结果。可以看出，PCM 可以减小最可几孔径，有效地改善 MPC 的孔分布。图 3 - 17（c）、（d）和表 3 - 7 显示了每个掺加 PCM 样品的累积孔径分布和孔体积含量。与对照样品相比，PCM 掺量从 0.5％增加到 2.5％的样品总孔体积分别降低了 22.6％、17.6％、39.3％、46％和 47.4％，并且随着 PCM 掺量的增加，MPC 的总孔体积减小。一般认为凝胶孔对混凝土的耐久性有很大的影响，直径大于 10nm 的孔对混凝土的抗压强度有很大的影响[3-23]。根据

表 3-7，与对照样品相比，当 PCM 的掺量为 1.5% 时，凝胶孔的比例显著增加，直径大于 10nm 的孔体积减少了 46%。随着 PCM 掺量的增加，2.5%PCM 掺量的 MPC 中 10nm 以上的孔体积减少了 47.3%。但当 PCM 掺量大于 1.5% 时，MPC 的抗压强度明显降低。结合本节其他试验结果分析，认为 MPC 的抗压强度并没有随着总孔体积的减小而增加，原因是 PCM 与磷酸盐反应生成了 $Ca_3(PO_4)_2$ 沉淀，一定程度上可以提高 MPC 的密度。但同时 PCM 的增加使 MPC 的水化速率和总水化热降低，同时也使参与反应的 MgO 量相对减小，导致 $MgKPO_4$ 的水化产物量减少。因此，二者综合作用导致 MPC 的抗压强度降低。

3.4　碳　纳　米　管

3.4.1　碳纳米管改性 MPC 试验

1. 原材料

使用的 MgO 是由镁砂在 1600℃ 下直接煅烧而成。所用碳纳米管（CNT）的物理性能见表 3-1。所用十二烷基硫酸钠（SDS）表面活性剂、KH_2PO_4、$Na_2B_4O_7 \cdot 10H_2O$ 等试剂均为分析纯。所用水是去离子水。

表 3-8　CNT 的物理性能

外径/nm	长度/mm	密度/(g/cm³)	热导率/(s/cm)	比表面积/(m²/kg)	纯度/(%)
10～20	10～30	2.1	>100	>200	98

2. 样品制备

磷酸镁水泥样品制备：根据文献［3-2，3-24，3-25］的研究，MPC 的配合比设计见表 3-9。

表 3-9　MPC 配合比　(g)

MgO	KH_2PO_4	水	硼砂
1140	860	280	57

CNT 悬浮液制备：SDS 溶液的浓度为 0.15%，CNT 掺量为 MgO 质量的 0.3%。制备过程的第一步：在去离子水中加入 0.42gSDS，搅拌至完全溶解。其中，按照 MPC 配合比设计要求，加水量为 280g。第二步：在制备的 SDS 溶液中加入 3.42gCNT，手工搅拌 5min。最后，将 CNT 悬浮液置于超声波细胞破碎机中，分别设定分散时间为 5min、10min、15min、20min 和 25min，得到不同分散度的 CNT 悬浮液。

CNT 改性 MPC 样品制备：将所得的 CNT 悬浮液用以改性 MPC，配合比见表 3-10。其中 M0 为仅含 SDS 的样品，M5-M25 为同时含 SDS 和 CNT 的样品，CNT 的分散时间分别为 5min、10min、15min、20min 和 25min。

表 3 - 10　　　　　　　　　　　CNT 改性 MPC 的配合比

样品编号	MgO /g	KH_2PO_4 /g	硼砂 /g	水 /g	SDS /g	CNT 悬浮液 /g	CNT 分散时间 /min
对照品	1140	860	57	280	—	—	—
M0	1140	860	57	—	280.42	—	—
M5	1140	860	57	—	—	283.84	5
M10	1140	860	57	—	—	283.84	10
M15	1140	860	57	—	—	283.84	15
M20	1140	860	57	—	—	283.84	20
M25	1140	860	57	—	—	283.84	25

3. 试验方法

（1）MgO 粉末性能测试。用 X 射线荧光法测定 MgO 粉末的化学成分。试验前，将 MgO 粉末压入圆盘中，用标准样品对测量仪器进行校准，然后对样品进行测试。

根据 ASTM C188 - 17 水硬性水泥密度标准试验方法测定 MgO 粉末密度：在李氏烧瓶中注入煤油，使其高度位于 0mL 和 1mL 标记之间；称取装有液体的烧瓶的质量，并记录质量 M_a，精确至 0.05g；记录液体高度 V_a 的第一个读数，然后在与液体相同的温度下，加入少量的 MgO 粉末使液体高度达到烧瓶刻度中的某一点；在加入所有 MgO 粉末后，再次称重烧瓶，精确至 0.05g，并记录质量 M_t 和液体高度 V_t。MgO 粉末密度由式（3 - 3）计算。

$$\rho = \frac{M_t - M_a}{V_t - V_a} \tag{3 - 3}$$

MgO 粉末堆积密度测试装置如图 3 - 18 所示。测试前，测量容量瓶的质量（M_0）和体积（V_0），然后用 MgO 粉末填充漏斗，并将容量瓶直接放在漏斗下方。随后，打开漏斗阀，让粉末慢慢流入容量瓶直到堆积在容量瓶上方形成锥形。沿容量瓶中心线刮取粉末，记录含有 MgO 粉末的容量瓶的质量（M_1）。用式（3 - 4）计算 MgO 粉末的堆积密度。

$$\rho_b = \frac{M_1 - M_0}{V_0} \tag{3 - 4}$$

图 3 - 18　堆积密度测试装置

用自动水泥比表面积测量仪（FBT - 9）测定 MgO 粉末的比表面积。试验前，用式（3 - 5）计算样品质量。

$$W = \rho V (1 - \varepsilon) \tag{3 - 5}$$

式中　W——样品所需质量，kg；

　　ρ——样品的密度，kg/m^3；

　　V——样品体积，m^3；

　　ε——样品的孔隙率，%。

在试验过程中，将穿孔板放入透气筒中，并在穿孔板上放一张滤纸。然后将样品倒入可渗透的圆筒中，再放入另一张滤纸。用打夯机将样品均匀夯实，旋转两次后取出。随后，将凡士林涂抹在透气筒壁上，放入仪器的 U 形管内。最后，打开仪器测量并记录数据。

（2）CNT 的分散。用频率为 22kHz±1kHz、功率为 10～1000W 的 BILON-1000Y 型超声破碎机对 CNT 进行分散，用计算机控制的分光光度计对 CNT 悬浮液的分散性进行 UV-VIS-NIR 表征。试验方法设为吸收模式，狭缝宽度设为 1.0nm，时间常数设为 0.1s，数据采集间隔为 0.5nm，波长范围 200～500nm，采用中速扫描。试验重复次数设为 3 次，峰值检测阈值设为 0.001。在测量之前，用去离子水将 CNT 悬浮液样品稀释至浓度 $2.26 \times 10^{-5}\,g/mL$。采用纳米粒径电位分析仪制备 CNT 悬浮液，选择尺寸模式。试验温度设定为 25℃，测量次数为 3 次，选择水为分散剂。计算结果通过粒度计算模型获得。

（3）CNT 改性 MPC 性能测试。采用 UNE-EN 1015-3 标准测定 MPC 浆体的流动性[3-26]，将样品浇筑在 40mm×40mm×160mm 的模具中，并在 20℃的温度下在空气中养护，测量 3d、7d 和 28d 的抗压和抗折强度。

使用 8 通道恒温量热计测量 MPC 样品的水化热，记录加入和不加入 CNT 时的水化速率和总水化热。每个样品测量 3h，分析 CNT 对 MPC 水化过程的影响。

采用同步热分析仪进行样品热分析，温度测量范围为 30～500℃，加热速率 10℃/min，试验气氛为氮气。

采用压汞仪分析了孔隙率和孔径分布。试验过程中，低压设定为 0.50psia，平衡时间为 10s；高压设定为 0.20～60000.0psia，平衡时间为 10s。试验前将样品置于无水乙醇中暂停水化，然后在 60℃下烘干，直至样品质量稳定。

用傅里叶变换红外光谱仪（FTIR）研究了 MPC 与 CNT 之间的化学反应机理，波数控制在 4000～500cm^{-1}。

3.4.2　CNT 改性 MPC 试验的结果和讨论

1. CNT 管悬浮液的表征

用紫外吸收光谱的吸光度值评价 CNT 的分散性，数值越大，CNT 的分散性越好。图 3-19 显示了 CNT 悬浮液的紫外吸收光谱。结果表明，在 250nm 波长处，随着超声时间的延长，吸光度值增大。当超声时间小于 20min 时，吸光度值的增长幅度分别为 0.50、0.37 和 0.29。但与分散 20min 的 CNT 吸光度值相比，随着超声时间的延长至 25min，CNT 的吸光度值仅增加 0.08，说明随着超声时间的延长，CNT 的分散性继续改善，但改善程度减小。

图 3-20 展示了悬浮液中 CNT 的平均粒径。结果表明，随着超声时间的延长，CNT 的平均粒径减小。当分散时间小于 20min 时，随着超声时间的延长，CNT 的平均粒径减小幅

度分别为 23.1nm、19.8nm 和 17.2nm。当分散时间延长到 25min 时，CNT 尺寸的下降幅度明显减小。随着超声时间的延长，CNT 分散性改善程度降低的主要原因是 CNT 的粒径逐渐减小，导致 CNT 颗粒间的表面能和范德华力增加，CNT 的分散变得更加困难[3-27]。

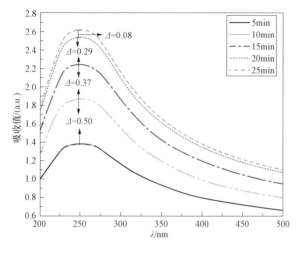

图 3-19 CNT 悬浮液的紫外吸收光谱

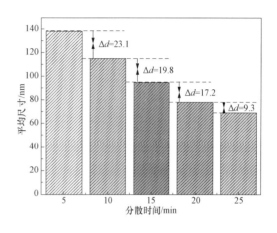

图 3-20 悬浮液中 CNT 的平均粒径

2. CNT 对 MPC 流动性的影响

不同分散度的 CNT 对 MPC 流动性的影响（流动度值）如图 3-21 所示。结果表明，SDS 单独加入时，样品的流动性（M0）增加。加入 CNT 后，随着 CNT 分散度的增加，MPC 的流

动性降低。与对照样品相比，加入分散 25min 的 CNT 后，MPC 浆体的流动性降低了 18.4%。如上所述，十二烷基硫酸钠具有引气效应，通过气泡的润滑作用改善 MPC 的工作性能[3-28]。对于 MPC 流动性的降低，已有研究认为无论纤维类型如何，将纤维掺入水泥基材料中通常会降低工作性[3-29]。此外，CNT 作为纳米材料，由于比表面积大，在搅拌过程中吸收大量的自由水，将导致水泥浆体的工作性变差[3-30,3-31,3-32,3-33]。因此，随着 CNT 分散度的增加，MPC 的流动性降低。

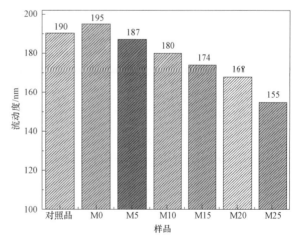

图 3-21 CNT 改性 MPC 的流动度

3. CNT 对 MPC 强度的影响

已有研究表明，分散良好的 CNT 可以显著提高硬化水泥浆体的抗折和抗压强度[3-34]。本节研究了不同分散度的 CNT 对 MPC 强度的影响。图 3-22 显示，当 SDS 单独添加时，MPC 样品（M0）的抗压和抗折强度均降低，这是由于 SDS 的引气作用对 MPC 的密度有负

面影响（图 3-23）。加入 CNT 后，逐渐抵消了 SDS 对 MPC 性能的负面影响，随着 CNT 分散度的提高，样品密度增加。与对照样品相比，样品 M25 的密度增加了 11.3%。此外，随着 CNT 分散性的增加，其抗压强度和抗折强度也随之增加。与对照品相比，28d 龄期 M25 的抗压强度和抗折强度分别提高了 26.2% 和 30.8%。

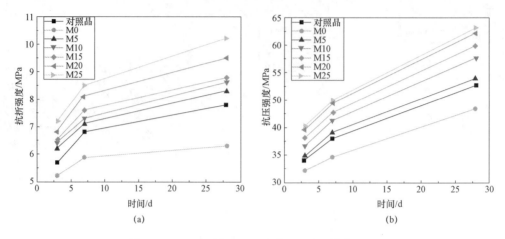

图 3-22 CNT 改性 MPC 的抗压强度和抗折强度
(a) 抗折强度；(b) 抗压强度

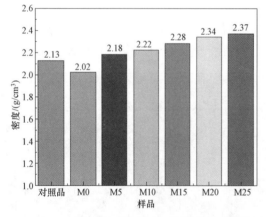

图 3-23 养护 28d 后的 CNT 改性 MPC 密度

综合以上结果可以解释 CNT 提高 MPC 力学性能的原因。抗折强度的提高与 CNT 的桥接效应有关，CNT 可以作为跨越裂缝和空隙的桥梁，提高 MPC 的抗折强度。此外，作为纳米材料，CNT 进一步填充了水化产物之间的孔隙[3-35]。同时，由于纳米尺寸效应，CNT 可以作为成核点，降低水化产物的成核屏障，提高 MPC 的水化程度以及致密性[3-36]。因此，随着 CNT 分散性的提高，起到增强作用的 CNT 比例增大，MPC 的抗压强度和抗折强度都有所提高。

4. CNT 对 MPC 水化反应的影响

图 3-24 显示了不同分散度 CNT 改性 MPC 的水化过程。结果表明，分别加入 SDS 样品的水化速率和水化热均降低。加入 CNT 后，随着 CNT 分散性的提高，MPC 的最大水化速率和水化热均增大。与对照品相比，加入分散 25min 的 CNT，MPC 的最大水化速率和水化热分别提高了 68.31% 和 26.5%。

如上所述，作为一种纳米材料，CNT 可以作为成核点，促进 MPC 的水化程度[3-36]。小颗粒提供了不均匀的成核位置或相对更大的空间，水化产物可以在其中生长[3-37,3-38]。此外，成核点的数量越多、粒径越小，水化过程的加速效应就越明显[3-39]。因此，随着 CNT

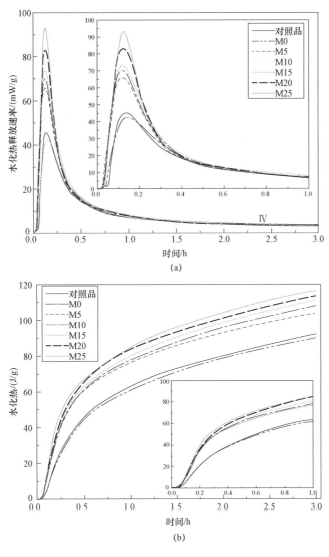

图 3-24 CNT 改性 MPC 的水化过程

（a）水化速率；（b）水化热

分散性的提高，CNT 的粒径变小、数量增大，从而提供了更多的成核点，提高了 MPC 的水化速率和水化热。

5. CNT 改性 MPC 的热重分析

通过热重分析，进一步研究了 CNT 分散性对 MPC 水化程度的影响。已有研究报道[3-40]，$MgKPO_4 \cdot 6H_2O$ 的初始分解温度约为 60℃，完全分解温度约为 200℃。因此，60～200℃ 的质量损失可以用来表征 MPC 的水化程度。在此温度范围内，质量损失越大，MPC 的水化程度越高。图 3-25 显示了 CNT 对 MPC 的 TG 曲线的影响。结果表明，单独添加十二烷基硫酸钠可显著降低 MPC 的水化过程。加入 CNT 后，随着 CNT 分散性的提高，MPC 的重量损失率增加。与对照品相比，M5～M25 样品在 60～200℃ 温度区间下的重量损失率分别

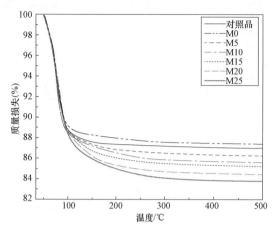

图 3-25　MPC 的 TG 分析

提高了 0.48%、0.85%、1.32%、2.0% 和 2.39%。说明随着 CNT 分散性的增加，MPC 的水化程度增加。

6. CNT 对 MPC 孔结构的影响

根据孔径大小对水泥基材料性能的影响，孔结构可分为 4 类[3-41]：无害孔（<20nm）、少害孔（20~100nm）、有害孔（100~200nm）和多害孔（>200nm）。基于这种分类方法，CNT 对 MPC 孔结构的影响如图 3-26 和表 3-11 所示。图 3-26（a）、（b）显示了 MPC 的孔径微分分布和最可几孔径。结果表明，单独加入十二烷基硫酸钠，最可几孔径增大。加入 CNT 后，随着 CNT 分散性的提高，最可几孔径逐渐减小。图 3-26（c）、（d）和表 3-11 显示了 MPC 的累积孔径分布和孔隙含量。结果表明，单独添加十二烷基硫酸钠的 MPC 的总孔隙率明显增加。加入 CNT 后，MPC 的孔隙率随 CNT 分散度的增加而降低。与对照样品相比，分散 25min 的 CNT 复合材料的总孔隙率降低了 37.6%。此外，单独使用十二烷基硫酸钠会减少 MPC 的无害孔（<20nm）和少害孔（20~100nm）的含量，同时增加有害孔（100~200nm）和多害孔（>200nm）的含量。加入 CNT 后，随着 CNT 分散性的增加，小于 100nm（无害孔和少害孔）的孔隙含量增加，大于 100nm（有害孔和多害孔隙）的孔隙含量减少。与对照样品相比，小于 100nm（无害孔和少害孔）的孔隙含量增加了 73.6%，大于 100nm（有害孔和多害孔）的孔隙含量减少了 52.4%。

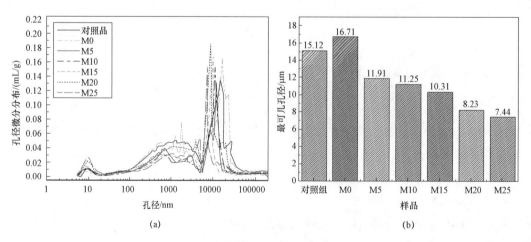

(a)　　　　　　　　　　　　　(b)

图 3-26　28d 龄期时 CNT 改性 MPC 的孔结构
（a）孔径微分分布；（b）最可几孔径

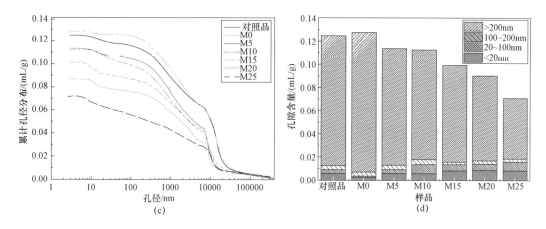

图 3-26　28d 龄期时 CNT 改性 MPC 的孔结构（续）

（c）累积孔径分布；（d）孔隙含量

表 3-11　　　　　　　　　　　　　　　MPC 的孔隙分布

样品编号	总孔隙率/(%)	孔含量/(mg/L×10^{-2})			
		孔尺寸/nm			
		<20	20—100	100—200	>200
对照品	20.12	0.54	0.37	0.36	11.19
M0	22.74	0.24	0.12	0.38	12.04
M5	18.46	0.54	0.38	0.35	10.09
M10	16.42	0.56	0.77	0.42	9.44
M15	14.35	0.79	0.58	0.17	8.39
M20	13.21	0.81	0.62	0.24	5.20

试验结果可以解释如下，CNT 可以填补凝胶之间的空隙，降低基质的总孔隙率[3-12,3-42,3-43]。此外，CNT 可以桥接微孔，填充纳米凝胶孔，降低基体的孔隙率，优化孔结构[3-40,3-44]。

7. MPC 与 CNT 间的化学反应

以往的研究表明，CNT 增强硅酸盐水泥性能主要是由于功能化 CNT 与水化产物之间的化学反应[3-45]。因此，利用FTIR 光谱分析 CNT 与 MPC 之间的化学反应，探明 CNT 与 MPC 水化产物的反应机理，如图 3-27 所示。结果表明，CNT 的 FTIR 曲线光滑，没有明显的特征峰，表明 CNT 上没有官能团。在对照样品的 FTIR 曲线上，分别在 2358cm^{-1}、989cm^{-1} 和 535cm^{-1}

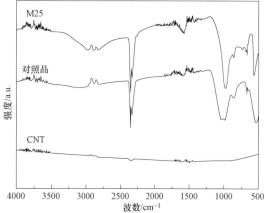

图 3-27　CNT 和 CNT 改性 MPC 的 FTIR 光谱

处有三个明显的特征峰。与对照品相比，添加 CNT 后 M25 曲线上没有新的峰出现，CNT 与 MPC 的水化产物之间不发生化学反应。因此，结合以上分析结果，MPC 力学性能的提高主要归因于 CNT 的桥连效应、孔填充效应和纳米尺寸效应。

参考文献

[3-1] Hou，D.，et al. Experimental and computational investigation of magnesium phosphate cement mortar [J]. Construction & Building Materials，2016（112）：331-342.

[3-2] Li，Y.，T. Shi，J. Li. Effects of fly ash and quartz sand on water-resistance and salt-resistance of magnesium phosphate cement [J]. Construction & Building Materials，2016（105）：384-390.

[3-3] You，C.，J. Qian，J. Qin，et al. Effect of early hydration temperature on hydration product and strength development of magnesium phosphate cement（MPC）[J]. Cement and Concrete Research，2015（78）：179-189.

[3-4] 王二强，王冬，刘兴华. 磷酸镁水泥缓凝剂的研究 [J]. 混凝土，2012（09）：86-88.

[3-5] NTsoukpoe，K. E.，H. U. Rammelberg，A. F. Lele，et al. A review on the use of calcium chloride in applied thermal engineering [J]. Applied Thermal Engineering，2015（75）：513-531.

[3-6] Zalba，B.，J. M. Marin，L. F. Cabeza，et al. Review on thermal energy storage with phase change：materials，heat transfer analysis and applications [J]. Applied Thermal Engineering，2003，23（3）：251-283.

[3-7] Makar，J.，J. Margeson，J. Luh. Carbon nanotube/cement composites - early results and potential applications [J]. The 3rd International Conference on Construction Materials：Performance，Innovations and Structural Implications [C]. Canada：NRC Publications Archive，2005.

[3-8] Makar，J. M.，G. W. Chan. Growth of cement hydration products on single walled carbon nanotubes [J]. Journal of the American Ceramic Society，2010，92（6）：1303-1310.

[3-9] Makar，J. M.，J. J. Beaudoin. Carbon Nanotubes and their Application in the Construction Industry. 1st International Symposium on Nanotechnology in Construction [C]. Scotland：Special Publication Royal Society of Chemistry，2004.

[3-10] P.，S.，M. S. Konsta—Gdoutos，Z. S. Metaxa. Highly-dispersed carbon nanotube-reinforced cement-based materials：USA，US20090229494 A1 [P]. 2009.

[3-11] Shah，S.，M. Konsta，Z. Metaxa，et al. Nanoscale Modification of Cementitious Materials，Nanotechnology in Construction 3 [J]. Berlin：Springer-Verlag Berlin，2009：125-130.

[3-12] Konsta—Gdoutos，M. S.，Z. S. Metaxa，S. P. Shah. Highly dispersed carbon nanotube reinforced cement based materials [J]. Cement and Concrete Research，2010，40（7）：1052-1059.

[3-13] Jiang，L. Q.，L. Gao，J. Sun. Production of aqueous colloidal dispersions of carbon nanotubes [J]. Journal of colloid and interface science，2003，26：18874-18883.

[3-14] Wei-Wen，L.，J. Wei-Ming，W. Yao-Cheng，et al. Investigation on the Mechanical Properties of a Cement-Based Material Containing Carbon Nanotube under Drying and Freeze-Thaw Conditions [J]. Materials，2015，8（12）：8780-8792.

[3-15] Melo，V. S.，J. M. F. Calixto，L. O. Ladeira，et al. Macro- and Micro-Characterization of Mortars Produced with Carbon Nanotubes [J]. Aci Materials Journal，2011，108（3）：327-332.

［3-16］ 李悦，施同飞，孙佳．磷酸镁水泥耐碱性能试验研究［J］．建筑材料学报，2015，18（06）：1060-1064+1083.

［3-17］ Moerman，W.，M. Carballa，A. Vandekerckhove, et al. Phosphate removal in agro-industry：Pilot-and full-scale operational considerations of struvite crystallization［J］. Water Research，2009，43（7）：1887-1892.

［3-18］ Pastor，L.，D. Mangin，J. Ferrer，et al. Struvite formation from the supernatants of an anaerobic digestion pilot plant［J］. Bioresource Technology，2010，101（1）：118-125.

［3-19］ Lee，S.-h.，R. Kumar，B.-H. Jeon. Struvite precipitation under changing ionic conditions in synthetic wastewater：Experiment and modeling［J］. Journal of Colloid & Interface Science，2016（474）：93-102.

［3-20］ Walling，S. A.，J. L. Provis. Magnesia-Based Cements：A Journey of 150 Years，and Cements for the Future？［J］. Chemical Reviews，2016，116（7）：4170-4204.

［3-21］ Le Rouzic，M.，T. Chaussadent，G. Platret，et al. Mechanisms of k-struvite formation in magnesium phosphate cements［J］. Cement & Concrete Research，2017，91：117-122.

［3-22］ Li，Y.，J. Li. Capillary tension theory for prediction of early autogenous shrinkage of self-consolidating concrete［J］. Construction and Building Materials，2014，53：511-516.

［3-23］ Zhang，J.，T. Fujiwara. Resistance to frost damage of concrete with various mix proportions under salty condition，frost resistance of concrete. RILEM Proceedings PRO［C］. Cachan Cedex，France：RILEM Publications Sarl，2002.

［3-24］ Li，Y.，B. Chen. Factors that affect the properties of magnesium phosphate cement［J］. Construction & Building Materials，2013，47（10）：977-983.

［3-25］ Li，Y.，J. Sun，B. Chen. Experimental study of magnesia and M/P ratio influencing properties of magnesium phosphate cement［J］. Construction & Building Materials，2014（65）：177-183.

［3-26］ Liu，N.，B. Chen. Experimental research on magnesium phosphate cements containing alumina［J］. Construction & Building Materials，2016（121）：354-360.

［3-27］ Rashad，A. M. Effect of carbon nanotubes (CNTs) on the properties of traditional cementitious materials［J］. Construction and Building Materials，2017（153）：81-101.

［3-28］ Guo，Y.，W. Pu，J. Zhao，et al. Effect of the foam of sodium dodecyl sulfate on the methane hydrate formation induction time［J］. International Journal of Hydrogen Energy，2017，42（32）：20473-20479.

［3-29］ Monteiro，P.，P. Mehta. Concrete：Microstructure，Properties and Materials［M］. 北京：清华大学出版社，2006.

［3-30］ Lu，Z.，D. Hou. H. Ma，et al. Effects of graphene oxide on the properties and microstructures of the magnesium potassium phosphate cement paste［J］. Construction and Building Materials，2016（119）：107-112.

［3-31］ Ltifi，A. Guefrech，P. Mounanga，et al. Experimental study of the effect of addition of nano-silica on the behaviour of cement mortars Mounir［J］. Procedia Engineering，2011（10）：900-905.

［3-32］ Singh，L. P.，S. K. Agarwal. S. Bhattacharyya，et al. Preparation of Silica Nanoparticles and Its Beneficial Role in Cementitious Materials［J］. Nanomaterials and Nanotechnology，2011，1（1）：44-51.

［3-33］ Singh, L. P. , S. K. Bhattacharyya, A. Saurabh. Preparation of Size Controlled Silica Nano Particles and Its Functional Role in Cementitious System ［J］. Journal of Advanced Concrete Technology, 2012, 10 (11): 345-352.

［3-34］ Hunashyal, A. M. Experimental Investigation on the Effect of Multiwalled Carbon Nanotubes and Nano-SiO_2 Addition on Mechanical Properties of Hardened Cement Paste ［J］. Advances in Materials, 2014, 3 (5): 45-51.

［3-35］ Chaipanich, A. , T. Nochaiya, W. Wongkeo, et al. Compressive strength and microstructure of carbon nanotubes-fly ash cement composites ［J］. Materials ence & Engineering A, 2010, 527 (4-5): 1063-1067.

［3-36］ Singh, L. P. , S. R. Karade, S. K. Bhattacharyya, et al. Beneficial role of nanosilica in cement based materials-A review ［J］. Construction and Building Materials, 2013, 47 (10): 1069-1077.

［3-37］ Damidot, D. , A. Nonat, P. Barret, et al. C3S hydration in diluted and stirred suspensions: (III) NMR study of C-S-H precipitated during the two kinetic steps ［J］. Advances in Cement Research, 1995, 25 (7): 1-8.

［3-38］ Joseph, S. , S. Bishnoi, K. Van Balen, et al. Modeling the effect of fineness and filler in early-age hydration of tricalcium silicate ［J］. Journal of the American Ceramic Society, 2016, 100 (3): 1178-1194.

［3-39］ Kanchanason, Plank. C-S-H-PCE Nanocomposites for Enhancement of Early Strength of Portland Cement ［J］. The 14th International Congress on the Chemistry of CementICCC 2015. 2015.

［3-40］ Esmaeili, J. , A. R. Mohammadjafari. Increasing flexural strength and toughness of cement mortar using multi-walled Carbon nanotubes ［J］. International Journal of Nano Dimension, 2014 (5): 399-407.

［3-41］ 吴中伟, 张鸿直. 膨胀混凝土 ［M］. 北京: 中国铁道出版社, 1990.

［3-42］ Hu, Y. , D. Luo, P. Li, et al. Fracture toughness enhancement of cement paste with multi-walled carbon nanotubes ［J］. Construction and Building Materials, 2014 (70): 332-338.

［3-43］ Wang, B. , Y. Han, S. Liu. Effect of highly dispersed carbon nanotubes on the flexural toughness of cement-based composites ［J］. Construction and Building Materials, 2013 (46): 8-12.

［3-44］ Han, B. , X. Yu, J. Ou. Multifunctional and Smart Carbon Nanotube Reinforced Cement-Based Materials, in Nanotechnology in Civil Infrastructure ［J］. Spinger: USA. 2011, 1-47.

［3-45］ Habermehl-Cwirzen, K. , V. Penttala, A. Cwirzen. Surface decoration of carbon nanotubes and mechanical properties of cement/carbon nanotube composites ［J］. Advances in Cement Research, 2008, 20 (2): 65-73.

第二篇 磷酸镁水泥的力学性能及耐久性

第4章 磷酸镁水泥的力学性能

对于 MPC 的力学性能，以往的研究主要集中在抗压强度和抗折强度方面，其他力学性能，如轴向拉伸强度、劈裂抗拉强度、断裂韧性、抗冲击性能等研究结果相对较少，为此，本章介绍了 MPC 相关力学性能的研究成果。

4.1 磷酸镁水泥的强度

4.1.1 磷酸镁水泥强度试验

1. 原材料

1600℃煅烧镁砂的比表面积为 $806m^2/kg$、平均粒径约为 $20\mu m$，煅烧镁砂粉末的密度约为 $3460kg/m^3$。镁砂和粉煤灰的物理和化学性质见表 4-1。磷酸二氢钾（KH_2PO_4）为工业级白色结晶粉末，纯度为 98%。磷酸氢二钾为工业级白色晶体粉末，K_2HPO_4 百分含量为96%，以纯度为 99.5% 的白色结晶粉末硼砂（$Na_2B_4O_7 \cdot 10H_2O$）为缓凝剂。细集料采用 ISO 标准砂，聚丙烯纤维符合《公路工程水泥混凝土用纤维》（JT/T 524）标准，具体指标见表 4-2。

表 4-1 镁砂和粉煤灰的物理和化学性质

样品	MgO /(%)	CaO /(%)	SiO_2 /(%)	Al_2O_3 /(%)	Fe_2O_3 /(%)	烧失量 /(%)	密度 /(g/cm³)	比表面积 /(m²/kg)	堆积密度 /(g/cm³)
镁砂	91.7	1.6	4	1.4	1.3	—	3.46	805.9	1.67
粉煤灰	1.7	6.2	45.3	25.4	11.4	7.5	2.31	4013	0.81

表 4-2 聚丙烯纤维物理力学性能

品种	长度 /mm	直径 /μm	密度 /(g/cm³)	抗拉强度 /MPa	弹性模量 /GPa	断裂伸长率 /(%)
聚丙烯	6	35	0.91	350	8.5	7.6

2. 试件制备

将磷酸二氢钾、粉煤灰、硼砂和水按表 4-3 的配合比混合搅拌 60s，然后加入氧化镁制备 MPC 浆体，缓慢搅拌 30s，快速搅拌 60~90s 后获得 MPC。用硼砂与镁砂加磷酸二氢钾（PDP）之和的质量比表示硼砂的掺量，磷酸二氢钾与镁砂之比 P/M 为摩尔比。水与胶凝材料的比例 W/B 为 0.14。

表 4-3 用于强度测试的 MPC 配合比设计

编号	P/M	硼砂/（%）	粉煤灰/（%）	W/B
QD1	1/4	5	0	0.14
QD2	1/4	5	20	0.14

将 MPC 浆体浇筑在 100mm×100mm×100mm 的立方体模具中，用于测量劈裂抗拉强度；浇筑在尺寸为 40mm×40mm×160mm 的模具中，用于测试抗折强度、抗压强度、轴向拉伸强度和断裂韧性。试件脱模后在 20℃±1℃ 和相对湿度（RH）50%±5% 的条件下养护。轴拉强度试验试件的两端采用螺栓锚固法，在试件的中间位置两侧切两个切口（长 40mm×宽 2mm×深 10mm）。在用于测试断裂韧性试验的试件底部中间位置切一个切口。

3. 试验方法

抗压强度和抗折强度按《水泥胶砂强度检验方法（ISO 法）》（GB/T 17671）进行试验。

用万能材料试验机测试了轴向拉伸强度和劈裂抗拉强度，如图 4-1 和图 4-2 所示。轴心抗拉强度计算公式是：

$$f_{\mathrm{at}}^{0} = \frac{F}{A} \tag{4-1}$$

式中　F——破坏时的最大载荷，N；

　　　A——受拉部分面积，m^2。

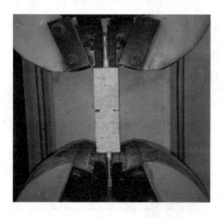

图 4-1　轴向拉伸强度试验

图 4-2　劈裂抗拉强度试验

劈裂抗拉强度计算公式是：

$$f_{st}^0 = \frac{2F}{\pi a^2} \tag{4-2}$$

式中　F——失效载荷，N；

　　　a——立方体试件边长，m。

4.1.2　磷酸镁水泥强度试验结果和讨论

1. 抗压强度和抗折强度

图 4-3 和图 4-4 显示了 MPC 在 1d、3d、7d 和 28d 的抗压强度和抗折强度。从图 4-3 可以看出：①无论是否添加粉煤灰，试件的早期抗压强度都迅速增加，然后随着时间缓慢增加。例如，未掺粉煤灰的 MPC 在 3d 时的抗压强度比 1d 时提高 40.7%，而未掺粉煤灰的 MPC 在 28d 时的抗压强度仅比 7d 时提高 4.7%。含粉煤灰的 MPC 在 3d 时的抗压强度比 1d 时提高 50%，而含粉煤灰的 MPC 在 28d 时的抗压强度仅比 7d 时高 4.6%。因此，MPC 具有较高的早强性能。②无粉煤灰试件的抗压强度低于含粉煤灰试件。例如，未掺粉煤灰的试件 28d 抗压强度为 46MPa，掺粉煤灰的试件 28d 抗压强度为 58MPa，提高了 26%。因此，粉煤灰的加入显著提高了 MPC 试件的抗压强度。

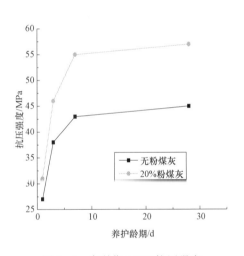

图 4-3　各龄期 MPC 抗压强度

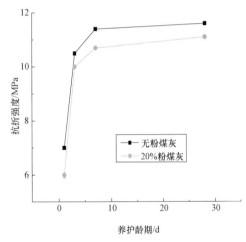

图 4-4　各龄期 MPC 抗折强度

抗折强度的结果如图 4-4 所示。结果表明：①无论是否掺粉煤灰，随着养护龄期的增加，MPC 的早期抗折强度都先迅速增加后缓慢增加。例如，未掺粉煤灰的 MPC 在 3d 时的抗折强度比 1d 时高 50%，在 28d 时的抗折强度仅比 7d 时的结果高 2.7%；掺粉煤灰的 MPC 在 3d 时的抗折强度比 1d 时高 66.7%，在 28d 时的抗折强度仅比 7d 时高 4.7%。②无粉煤灰试件的抗折强度略高于掺粉煤灰试件。如无粉煤灰试件 28d 抗折强度为 11.7MPa，含粉煤灰试件 28d 抗折强度为 11MPa，比无粉煤灰试件低 6%。

图 4-3 和图 4-4 的对比表明：在一定的掺量范围内，粉煤灰对试件的抗压强度和抗折强度的影响不同。粉煤灰提高抗压强度，降低抗折强度。

2. 轴向拉伸强度和劈裂抗拉强度

图 4-5 和图 4-6 示出了 MPC 在 1d、3d、7d 和 28d 时的轴向拉伸强度和劈裂抗拉强度。图 4-5 显示：①对于添加和不添加粉煤灰的试件，轴向拉伸强度随着时间的增加而增加，且早期强度迅速发展。例如，无粉煤灰的 MPC 试件在 1d 时的轴向拉伸强度可达 28d 的74.4%，掺粉煤灰的试件在 1d 时的轴向拉伸强度为 28d 时的 66%。②无粉煤灰试件的轴向拉伸强度略高于掺粉煤灰试件的轴向拉伸强度。例如，无粉煤灰试件在 28d 时的轴向拉伸强度为 3.4MPa，掺粉煤灰试件在 28d 时的轴向拉伸强度为 3.3MPa，比无粉煤灰试件的轴向拉伸强度低 2.9%。

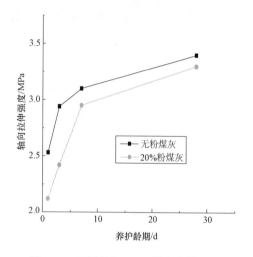

图 4-5　不同龄期 MPC 轴向拉伸强度　　　　图 4-6　不同龄期 MPC 劈裂抗拉强度

图 4-6 表明：①对于添加和不添加粉煤灰的试件，劈裂抗拉强度随养护龄期的增加而增加，早期强度发展较快。例如，未掺粉煤灰的 MPC 在 1d 时的劈裂抗拉强度可达到 28d 时的 92.8%，掺粉煤灰的 MPC 在 1d 时的劈裂抗拉强度可达到 28d 时的 93.5%。②粉煤灰的加入降低了 MPC 的劈裂抗拉强度，但降低的幅度较小。例如，掺粉煤灰的 MPC 在 28d 的劈裂抗拉强度可以达到未掺粉煤灰的 MPC 在 28d 劈裂抗拉强度的 95%。

粉煤灰的加入提高了 MPC 的抗压强度，但降低了抗折强度和抗拉强度，其原因如下：已有文献表明，在一定的掺量范围内，随着粉煤灰掺量的增加，MPC 试件的抗压强度增加[4-1]。SEM-EDS 结果表明，粉煤灰的活性效应[4-2]导致硬化反应产物 MKP 与粉煤灰中的铝、硅等元素发生反应，生成含铝、硅、镁、磷、钾的非晶相。XRD/SEM 分析表明，粉煤灰的水化反应性较低，大部分粉煤灰颗粒仍为球形，没有形成新的晶相。

抗折强度和抗拉强度的降低主要归因于：①粉煤灰在 MPC—粉煤灰体系中的形态效应：光滑的球形颗粒改善了浆液的流动性，降低了 MPC 粉煤灰体系的需水量。在本研究中，掺加和不掺加粉煤灰的 MPC 的 W/B 是相同的，这意味着粉煤灰的添加会产生"额外"的水分，从而导致孔隙率的增加。②虽然粉煤灰能够与水化产物发生反应，但 Lin 等人[4-3]的 MKP 的 SEM 图像表明，粉煤灰颗粒表面存在少量的"驼峰"，颗粒不再光滑，表明反应产物的胶凝能力远低于 MKP，粉煤灰颗粒（相对独立的球体）与基体之间的结合较弱。在弯曲或拉伸条件下，试件的性能对缺陷非常敏感，其破坏机理不同于压缩破坏。基体的孔隙率较大，粉煤灰颗粒与基体结合较弱，可视为缺陷。在剪切或拉伸作用下，网状基体结构受到显著破坏，从而降低了抗折强度和拉伸强度。

3. 力学性能之间的关系

（1）轴向拉伸强度与劈裂抗拉强度的关系。图 4-7 显示了 MPC 轴向拉伸强度和劈裂抗拉强度之间的关系，可以看出：①对于含有和不含粉煤灰的试件，轴向拉伸强度（f_{at}）低于劈裂抗拉强度（f_{st}），但它们之间的差异随着养护时间的延长而减小。②无粉煤灰 MPC 的轴向拉伸强度 f_{at}^0 与劈裂抗拉强度 f_{st}^0 比值在 0.70～0.88 之间，含粉煤灰 MPC 的 f_{at}^0 与 f_{st}^0 比值在 0.60～0.90 之间。③轴向拉伸强度与劈裂抗拉强度的关系可以定义为：$f_{at}=\alpha f_{st}$，表 4-4 列出 α 值。随着养护时间的推移逐渐增加，28d 时的值为 0.88。

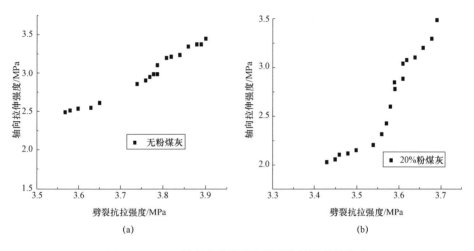

图 4-7 MPC 轴向拉伸强度与劈裂抗拉强度的关系

（a）无粉煤灰；（b）含粉煤灰

表 4-4 MPC 强度相关系数 α

编号	1d	3d	7d	28d
QD1	0.7	0.78	0.85	0.88
QD2	0.61	0.68	0.84	0.88

（2）轴向拉伸强度与抗压强度的关系。图 4-8 示出 MPC 轴向拉伸强度与抗压强度之间的关系，可以得到：①无粉煤灰 MPC 的轴向抗拉强度为抗压强度的 1/13～1/10，含粉煤灰的 MPC 轴向拉伸强度为抗压强度的 1/17～1/14。②随着养护龄期的增加，MPC 轴向抗拉强度与抗压强度的比值逐渐减小。③粉煤灰的加入降低了 MPC 轴向抗拉/抗压强度比。因此，粉煤灰能够提高 MPC 抗压强度，但会降低轴向拉伸强度。

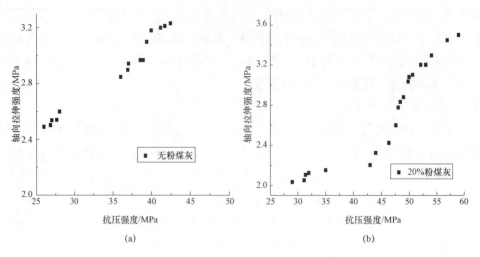

图 4-8　MPC 轴向拉伸强度与抗压强度的关系

（a）无粉煤灰；（b）含粉煤灰

4.2　磷酸镁水泥的断裂韧性

4.2.1　磷酸镁水泥断裂韧性试验

1. 原材料

用于磷酸镁水泥断裂性能测试的原材料同强度试验所用原材料。

2. 试件制备

用于磷酸镁水泥断裂性能测试的试件同强度试验所用试件。

3. 试验方法

采用三点弯曲法测试 MPC 的断裂韧性。切口梁三点弯曲试验示意图及断裂能试验如图 4-9 和图 4-10 所示，$L=160mm$，$l=120mm$，$h=40mm$，$t=40mm$，切口深度 $a=20mm$。用万能试验机进行了三点弯曲试验，位移加载速率为 0.05mm/min。断裂能计算方法见式（4-3）[4-4]，荷载位移曲线如图 4-11 所示。

$$G_F = \left[\int_0^{\delta_0} P(\delta)\mathrm{d}\delta + mg\delta_0 \right]/A_{lig} = (W_0 + mg\delta_0)/A_{lig} \tag{4-3}$$

式中　W_0——断裂功；

　　　m——两个支架之间的试件质量；

　　　g——重力加速度，$g=9.8m/s^2$；

　　　δ_0——破坏时梁跨挠度；

　　　A_{lig}——开裂区面积。

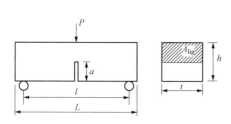
图 4-9 切口梁三点弯曲示意图

图 4-10 断裂能试验

4.2.2 磷酸镁水泥断裂韧性试验结果和讨论

1. 荷载 - 位移曲线

对 1d、3d、7d、28d 的 MPC 试件进行了三点弯曲载荷试验。图 4-12（a）和（b）给出了无粉煤灰和有粉煤灰的 MPC 的荷载-位移曲线。图 4-12 表明：①无粉煤灰和有粉煤灰的 MPC 的荷载 - 位移曲线变化趋势相似。随着荷载的增加，位移与荷载增量成正比，然后达到荷载 -

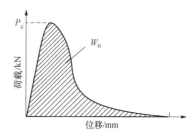
图 4-11 荷载 - 位移曲线

位移曲线的峰值。之后，曲线迅速下降。荷载 - 位移曲线表明 MPC 的破坏模式为脆性破坏。②随着养护龄期的增加，破坏荷载和相应的中点位移值逐渐增大。无粉煤灰试件 1d、3d、7d 和 28d 的破坏荷载值分别为 0.26kN、0.29kN、0.31kN 和 0.34kN，中间点的相应位移分别为 0.30mm、0.33mm、0.35mm 和 0.43mm。③粉煤灰的加入降低了破坏荷载和相应的中点位移。含粉煤灰试件在 1d、3d、7d、28d 的破坏荷载值分别为 0.21kN、0.26kN、0.29kN 和 0.30kN，相应的位移值分别为 0.28mm、0.31mm、0.34mm 和 0.35mm。因此，粉煤灰的加入不能提高 MPC 试件的延性。

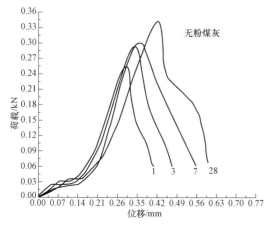
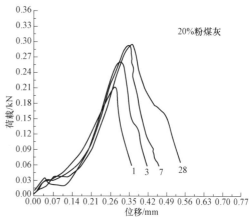

图 4-12 MPC 荷载挠度曲线

（a）无粉煤灰；（b）含粉煤灰

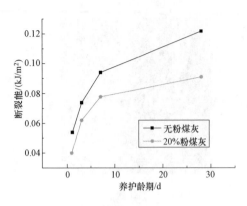

图 4 - 13 不同养护龄期 MPC 试件的断裂能

2. 断裂能

无粉煤灰和有粉煤灰的 MPC 在不同养护龄期的断裂能如图 4 - 13 所示。图 4 - 13 表明：①无粉煤灰和有粉煤灰的 MPC 试件的断裂能均随养护龄期的增加而增加。例如，无粉煤灰的 MPC 在 1d、3d、7d 和 28d 的断裂能分别为 0.054kJ/m²、0.074kJ/m²、0.094kJ/m² 和 0.122kJ/m²。②粉煤灰的加入使 MPC 的断裂能降低 16% ~ 26%。例如，含粉煤灰试件在 1d、3d、7d 和 28d 时的断裂能分别为 $0.040kJ/m^2$、$0.062kJ/m^2$、$0.078kJ/m^2$ 和 $0.091kJ/m^2$。③无论是否添加粉煤灰，MPC 的断裂能都相对较小，表现出明显的脆性。

4.3 磷酸镁水泥的抗冲击性

4.3.1 磷酸镁水泥抗冲击性试验

1. 原材料

用于磷酸镁水泥抗冲击性能测试的原材料同强度试验所用原材料。

2. 试件制备

用于抗冲击性能测试的 MPC 试件配合比见表 4 - 5。缓凝剂掺量为硼砂与镁砂的质量百分比，粉煤灰掺量为其质量与胶凝材料总质量的百分比，胶砂比为砂子与胶凝材料总质量的比值，聚丙烯纤维掺量为其质量与胶凝材料总质量的百分比，CJ4 试件中磷酸氢二钾按摩尔比 4:6 取代部分磷酸二氢钾。

表 4 - 5　　　　　　　　　用于抗冲击性能测试的 MPC 配合比

编号	P/M	硼砂/(%)	粉煤灰/(%)	胶砂比	纤维/(%)
CJ1	1/4	5	0	0	0
CJ2	1/4	5	30	0	0
CJ3	1/4	5	0	1/1	0
CJ4	1/4	5	0	0	0
CJ5	1/4	5	0	0	0.3

MPC 试件的制备：按设计比例将磷酸二氢钾、磷酸氢二钾、粉煤灰、硼砂、标准砂、聚丙烯纤维、水先混合慢速搅拌 60s，然后倒入镁砂，慢速搅拌 30s，之后快速搅拌 60s，得

到 MPC 浆体。抗冲击试验的 MPC 圆柱试件尺寸
为直径 150mm、高 35mm，龄期为 28d。

3. 试验方法

采用落锤法进行 MPC 的抗冲击性能测试，
试验装置如图 4 - 14 所示。落锤为实心不锈钢，
重量为 3.0kg。测试时，将试件放在垫板上，下
落筒放在试件上，使落锤顺着筒自由下落。用第
一条可目测裂缝出现时落锤下落的次数和完全开
裂时落锤下落的次数评价试件的抗冲击性能。

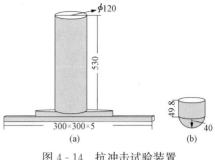

图 4 - 14 抗冲击试验装置

（a）整体装置图；（b）重锤

4.3.2 磷酸镁水泥抗冲击性试验结果和讨论

MPC 试件抗冲击强度的计算方法按照《环氧树脂砂浆技术规程》（DL/T 5193）中有关
抗冲击的实验要求进行，计算公式如下：

$$f_{ch} = \frac{9.8GHN}{V} \tag{4-4}$$

式中　f_{ch}——抗冲击强度，MPa；

　　　G——重锤质量，$G=3.0$kg；

　　　H——重锤的落高，$H=530$mm；

　　　N——冲击次数，次；

　　　V——试件体积，mm^3。

MPC 各配合比试件的抗冲击强度见表 4 - 6，其中抗冲击强度由式（4 - 4）得出，性能
提高率是各试件抗冲击强度除以 CJ1 的 MPC 试件抗冲击强度。

表 4 - 6　　　　　　　　　　　　　　　　MPC 抗冲击强度

编号	第一条可视裂缝			完全开裂		
	次数 /次	抗冲击强度 /MPa	性能提高率	次数 /次	抗冲击强度 /MPa	性能提高率
CJ1	5	0.13	1	6	0.15	1
CJ2	15	0.38	2.92	16	0.40	2.66
CJ3	10	0.25	1.92	11	0.28	1.86
CJ4	5	0.13	1	6	0.15	1
CJ5	10	0.25	1.92	30	0.76	5.06

由表 4 - 6 可知：掺合材料对 MPC 抗冲击性能影响依次为：纤维＞粉煤灰＞砂子＞磷酸
氢二钾，掺入磷酸氢二钾的 MPC 与对照品 MPC 抗冲击性能相同。由此可知粉煤灰与砂子
对于 MPC 的抗冲击强度有一定的提高，但效果并不明显，且试件在出现第一条可视裂缝

后，再受到冲击力作用时试件就完全开裂。磷酸氢二钾的掺入对 MPC 的抗冲击性能没有影响。聚丙烯纤维提高了 MPC 初次开裂的抗冲击强度，并且聚丙烯纤维可以保证在出现裂缝的情况下，MPC 继续承受较大的抗冲击强度。

4.4 磷酸镁水泥的微观试验研究

4.4.1 磷酸镁水泥的微观试验

1. 原材料

用于磷酸镁水泥微观试验的原材料同强度试验所用原材料。

2. 试件制备

用于磷酸镁水泥微观性能测试的试件同强度试验所用试件。

3. 试验方法

采用自动压汞仪测定 MPC 在 28d 时的内部孔结构。试验前，试件被破碎成 5mm 大小的颗粒，将破碎的颗粒在真空干燥器中干燥。采用扫描电子显微镜观察了 MPC 水化产物的形貌。

4.4.2 磷酸镁水泥的微观试验结果和讨论

1. MPC 孔结构

MPC 的孔隙结构（28d）见表 4-7。通过对试件 CJ2（含粉煤灰）和试件 CJ1（不含粉煤灰）的对比可知，MPC 试件的孔隙率随粉煤灰的加入而增大，平均孔径、中值孔径和最可几孔径减小。粉煤灰作为微集料填充了熟料颗粒之间的空隙，使粒径为 0～200nm 的孔数量增加，而粒径大于 200nm 的孔数量减少，改善了孔结构。粉煤灰的活性效应和微团聚体效应相结合，提高了粉煤灰的抗压强度。

表 4-7 <center>MPC 的孔隙结构</center>

编号	平均孔径 /nm	中值孔径 /nm	最可几孔径 /nm	孔隙率 /（%）	孔径分布/（%）			
					200～200000 /nm	100～200 /nm	20～100 /nm	0～20 /nm
1	30.02	409.9	552.72	13.0875	97.863	0.459	0.821	0.857
2	23.12	190.1	309.53	13.5176	95.554	0.733	1.222	2.491

2. MPC 微观形貌

采用 SEM 研究不同配合比的 MPC 在 28d 龄期的形貌如图 4-15 所示。试件采用×1000倍电子显微镜观察水化产物的形貌。为了更清楚地说明纤维在 MPC 中分布特征，试件 CJ5采用×50 倍［图 4-15（e）］和×1000 倍［图 4-15（f）］两种放大倍数观察。

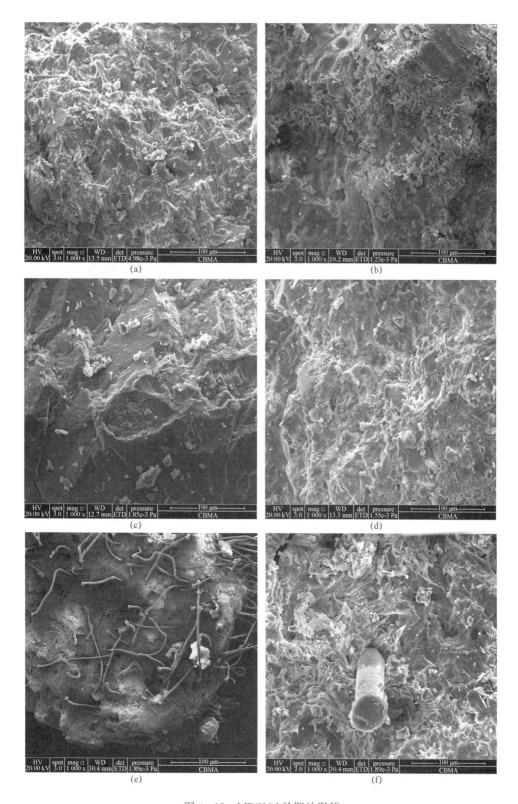

图 4 - 15 MPC28d 龄期的形貌

（a）试件 CJ1；（b）试件 CJ2；（c）试件 CJ3；（d）试件 CJ4；（e）试件 CJ5（50 倍）；（f）试件 CJ5（1000 倍）

根据以上 SEM 图可以看出：五种配合比的 MPC 试件整体结构致密，大量胶体包裹 MgO 形成 MPC 的基本结构。对比其不同点可以发现：MPC 及掺入磷酸氢二钾的 MPC 基体出现大量的细微裂纹；掺入粉煤灰后，MPC 的细微裂纹大量减少，同时粉煤灰颗粒还起到了微集料的作用；MPC 砂浆结构密实，MPC 与砂集料形成了结构骨架；聚丙烯纤维在 MPC 中有较好的分散性，形成网状结构，从而约束了裂纹的发展，使得 MPC 具有较高的抗冲击强度。

参考文献

[4-1] Zhu, D. L. Zongjin. Study of High Early Strength Cement based on Fly Ash, Magnesia and Phosphate [J]. Materials Technology, 2005, 20 (3): 136-141.

[4-2] Wang, A., C. Zhang, W. Sun. Fly ash effects: II. The active effect of fly ash [J]. Cement & Concrete Research, 2004, 34 (11): 2057-2060.

[4-3] Lin, W., W. Sun, Z. J. Li. Study on the Effects of Fly Ash in Magnesium Phosphate Cement [J]. Jianzhu Cailiao Xuebao/Journal of Building Materials, 2010, 13 (6): 716-721.

[4-4] Tc, R. Draft recommendation: determination of the fracture energy of mortar and concrete by means of three-point bend tests on notched beams [J]. Materials and Structures, 1985, 18 (6): 285-290.

第5章 磷酸镁水泥加固砂浆和混凝土的力学性能

大量关于 MPC 的力学性能和干缩性能研究表明，MPC 具有快速凝固硬化、结合性能强、干缩低的特点。MPC 与混凝土的黏结强度是衡量材料修补性能的一项重要指标。杨全兵[5-1,5-2]对 MPC 黏结性能的研究表明，MPC 净浆和砂浆对普通硅酸盐水泥混凝土（OPC）具有良好的黏结性能，同时还研究了原料、温度和湿度对 MPC 黏结性能的影响。钱觉时等人[5-3]将修补材料倒入一个锥形环中，根据锥形环内修补材料的强度，推测了 MPC 对混凝土的黏结强度，并对其黏结性能进行了评价。姜洪义等人[5-4]测定了以 MgO、$NH_4H_2PO_4$ 和缓凝剂为主要原料制备的 MPC 黏结旧混凝土的抗折强度，结果表明，MPC 浆体黏结旧混凝土的 7d 抗折强度可达 6.2MPa，二者具有良好的相容性。

因此，大量研究已经证明 MPC 可以作为混凝土材料的黏合剂，但是对 MPC 黏结混凝土结构在不同应力条件（拉伸、劈裂、弯曲、剪应力等）下的性能研究比较有限。为此，本章介绍了 MPC 修补混凝土结构的拉伸、劈拉、弯曲和剪切性能。此外，采用扫描电镜（SEM）和 X 射线衍射（XRD）等微观测试方法，分析了 MPC 与水泥砂浆、混凝土的黏结机理。

5.1 砂浆单轴抗拉强度

5.1.1 砂浆单轴抗拉强度试验

1. 原材料

MgO 是由镁砂煅烧而成的淡黄色粉末。表 5-1 显示了煅烧镁砂的化学成分及物理性能。磷酸二氢钾是工业级白色结晶粉末，KH_2PO_4 含量为 98%。硼砂是白色结晶粉末，$Na_2B_4O_7 \cdot 10H_2O$ 含量为 99.5%。

表 5-1　　　　　　　　　　镁砂的化学成分及物理性能

材料	MgO /(%)	CaO /(%)	SiO_2 /(%)	Al_2O_3 /(%)	Fe_2O_3 /(%)	煅烧温度 /℃	比表面积 /(m²/kg)	密度 /(g/cm³)	堆积密度 /(g/cm³)
镁砂	91.7	1.6	4.0	1.4	1.3	1600	805.9	3.46	1.67

2. 试件制备

制备了两种（M5 和 M10）水泥砂浆，浇筑成 40mm×40mm×160mm 的长方体试件。其配合比及力学性能见表 5-2。

表 5-2　　　　　　　　　　　　　　水泥砂浆配合比及力学性质

编号	水泥/g	砂/g	水/g	28d 抗压强度/MPa	弹性模量/GPa
M5	230	1350	320	5.8	21
M10	280	1350	270	11.3	25

综合以往对 MPC 性质的研究[5-5,5-6,5-7]，按照表 5-3 中的配合比制备 MPC 作为黏结剂。磷酸二氢钾、硼砂和水以低速混合 60s，然后向混合物中加入 MgO，低速搅拌 30s，然后快速搅拌 60s，得到 MPC 浆体。表 5-3 中 P/M 为磷酸二氢钾与氧化镁的摩尔比，作为缓凝剂的硼砂质量分数是硼砂与镁砂加磷酸二氢钾之和的质量比。

表 5-3　　　　　　　　　　　　　MPC 样品的配合比及力学性质

样品	P/M	硼砂/(%)	W/B	凝结时间/min	抗压强度/MPa		抗折强度/MPa		抗拉强度/MPa		弹性模量/MPa
					3d	28d	3d	28d	3d	28d	
MPC	1/4	5	0.15	10	35.2	47.4	10.3	11.7	2.05	3.30	35.5

3. 试验方法

为保证水泥砂浆试件中部发生拉伸破坏，在模具两侧固定两片钢片（宽 0.1mm×深 1.6mm×长 40mm），以便在硬化水泥砂浆试件中形成两个缺口[5-8,5-9]。两颗螺丝被嵌入模具的末端，一个螺钉的总长度为 80mm，模具中的埋入螺钉长度为 50mm，如图 5-1 所示。

浇筑 1d 后脱模，在标准养护箱（20℃±2℃，相对湿度≥95%）中养护 28d。使用 MTS810 系统进行单轴抗拉强度试验，荷载为 0.05MPa/s，如图 5-2 所示。

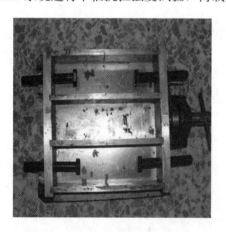 

图 5-1　水泥砂浆试件模具　　　　　图 5-2　水泥砂浆单轴抗拉强度试验

单轴抗拉试验后，在使用 MPC 修补前，对破损水泥砂浆试件的表面进行干燥，并用刷子清洗，然后将 MPC 浆体倒在砂浆断裂界面上形成厚度为 2~3mm 的浆体薄层黏结断裂试件。修补后的试件用塑料薄膜包裹，在正常环境条件下（20℃，相对湿度 50%±5%）养护至试验龄期，即 3d、7d 和 28d。根据式（5-1）计算抗拉强度：

$$f_{at}^0 = \frac{F}{A} \tag{5-1}$$

式中　F——极限荷载，N；

　　A——试件的受拉区域面积，mm^2。

修补前 $A=1536mm^2$，修补后 $A=1600mm^2$。

5.1.2　砂浆单轴抗拉强度试验结果和讨论

分别在 M5 和 M10 砂浆试件上进行单轴抗拉试验，然后用 MPC 浆体对断裂试件进行黏结修补。普通砂浆和 MPC 黏结砂浆在单轴抗拉强度的对比如图 5-3 所示。M5 和 M10 指普通砂浆试件，MPC-M5 和 MPC-M10 指 MPC 黏结后的砂浆试件。如图 5-3 所示，MPC 修补试件的单轴抗拉强度低于普通试件。在单轴抗拉试验中，单轴抗拉强度对 MPC 黏结界面的微观缺陷和密实度十分敏感，如果界面缺陷少、结构致密，则单轴抗拉强度大。由于 MPC 黏结界面不能达到对对照试件基体的密实度，单轴抗拉强度会降低。

对于 MPC-M5 和 MPC-M10 试件，其单轴抗拉强度分别为对照试件的 51% 和 55%。MPC-M10 试件的最大单轴抗拉强度分别为 1.09MPa 和 1.15MPa，表现出比 MPC-M5 试件更高的黏结强度。破坏界面位于 MPC 浆体中，如图 5-4 所示。

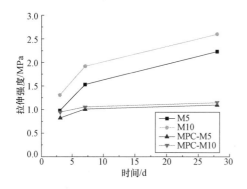

图 5-3　水泥砂浆单轴抗拉强度试验结果　　　　图 5-4　水泥砂浆修补后界面破坏形态

5.2　砂浆的微观试验研究

5.2.1　砂浆的微观试验

1. 原材料

MPC 黏结砂浆微观试验用原材料同 MPC 黏结砂浆单轴抗拉强度试验用原材料。

2. 试件制备

MPC 黏结砂浆微观试验用试件的制备方法同 MPC 黏结砂浆单轴抗拉强度试验用试件的制备方法。

3. 试验方法

采用扫描电子显微镜和能谱仪（SEM-EDS）观察了 MPC 黏结砂浆样品的形貌，并分析了不同位置的元素特征。用 X 射线衍射仪和 CuKα 射线，波长 λ＝0.154nm，对 MPC 黏结砂浆样品相进行测试；以连续模式采集 5°～70°的数据，用 JADE 软件进行定量分析。

5.2.2　砂浆的微观试验结果和讨论

1. SEM/EDS 分析

采用扫描电镜对 MPC 黏结的 M10 和 M5 砂浆试件进行了 SEM/EDS 分析。首先将 MPC 黏结水泥砂浆试件切成薄片，其中 MPC 和水泥砂浆各占切片面积的一半。对制备的样品进行了 SEM/EDS 分析。在测试中，选择了靠近结合界面两侧的区域。

图 5-5 和图 5-6 分别显示了 MPC 与水泥砂浆界面的 SEM 图像和 EDS 分析结果。表 5-4 显示了界面附近图 5-5 中 1～3 位置不同元素的质量分数。其中，位置 1 表示 MPC 的区域，位置 2 和 3 表示水泥砂浆的区域。红线表示 MPC 与水泥砂浆之间的黏结界面。表 5-5 显示了远离界面的水泥砂浆基质不同元素的质量分数。

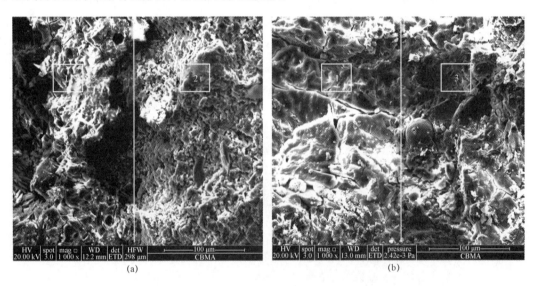

图 5-5　MPC 黏结水泥砂浆的扫描电镜图像

（a）MPC 黏结 M10；（b）MPC 黏结 M5

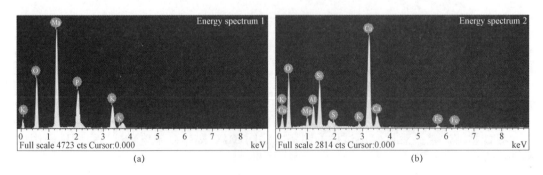

图 5-6　MPC 黏结水泥砂浆的 EDS 结果

（a）位置 1；（b）位置 2

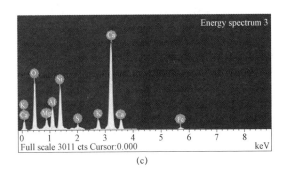

(c)

图 5-6　MPC 黏结水泥砂浆的 EDS 结果（续）

(c) 位置 3

表 5-4		位置 1~3 的元素质量分数				（%）
位置	Mg	Ca	O	K	Si	P	Fe
1	12.39	—	60.79	14.16	—	12.66	—
2	3.22	29.96	51.08	3.26	7.58	1.37	1.52
3	4.02	28.01	50.11	3.13	7.46	1.31	1.40

表 5-5		水泥砂浆基体的元素质量分数				（%）
位置	Mg	Ca	O	K	Si	P	Fe
1	0.42	32.81	51.55	—	8.85	—	2.51

从图 5-5 可以看出，有少量的 $MgKPO_4 \cdot 6H_2O$ 与未反应的 MgO 结合[5-7]，形成致密结构。从表 5-4 可以看出，位置 1 处的 MPC 不含水泥砂浆中的某些元素（如 Ca 和 Si），而位置 2 和 3 处则含有少量的 Mg 和 K 元素。表 5-5 显示出硅酸盐水泥基体中没有 K 元素，但是位置 2 和 3 分别具有 3.26% 和 3.13% 的 K 元素（表 5-4 中所示）。Mg 元素的质量分数从表 5-5 中的硅酸盐水泥砂浆基体的 0.42% 变化到表 5-4 中的 3.22% 和 4.02%，这说明 MPC 已渗透到硬化硅酸盐水泥砂浆中。Li 等人提出粉煤灰的加入提高了 MPC 水化产物的含量以及 MPC 浆体的致密性[5-5]。界面上未反应的粉煤灰可以提高体系的结合性能[5-10,5-11]，有待进一步研究。

2. XRD 分析

用 XRD 分析法测定了 MPC 与 M10 和 M5 的界面结合处的混合物粉末，如图 5-7 所示。可以看出，除了 MPC 和水泥砂浆的固有产物外，还观察到碳化盐 $CaMg(CO_3)_2$，这表明水合 MPC 和水泥砂浆间发生的化学反应进一步提高了界面结合强度。

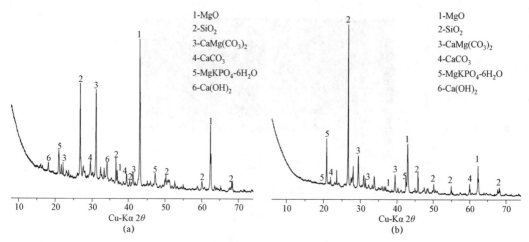

图 5-7　MPC 黏结水泥砂浆的 XRD 图谱

（a）MPC - M10；（b）MPC - M5

5.3　混凝土劈裂抗拉强度

5.3.1　混凝土劈裂抗拉强度试验

1. 原材料

水泥为 P·O 42.5 普通硅酸盐水泥，3d 和 28d 抗压强度分别为 18.8MPa 和 44.5MPa。粉煤灰等级为二级，基本性质见表 5-6。制备水泥砂浆用 ISO 标准砂，制备混凝土用硅质河砂，细度模数是 2.56，Ⅱ级中砂。碎石为石灰岩碎石，5～20mm 连续级配，压碎值 4.5%。减水剂选取 JK - 5 萘系减水剂，减水率 23%。MPC 同砂浆单轴抗拉强度试验用 MPC。

表 5-6　　　　　　　　　　　　粉煤灰的化学组分及物理性能

材料	MgO /(%)	CaO /(%)	SiO₂ /(%)	Al₂O₃ /(%)	Fe₂O₃ /(%)	其他 /(%)	比表面积 /(m²/kg)	密度 /(g/cm³)	堆积密度 /(g/cm³)
粉煤灰	1.7	6.2	45.3	25.4	11.4	7.5	4013	2.31	0.81

2. 试件制备

采用 C30 和 C50 混凝土进行劈裂抗拉试验。混凝土配合比及 28d 力学性能见表 5-7。标准养护 28d 后制备试件，尺寸为 100mm×100mm×100mm。MPC 的制备方法同 MPC 黏结砂浆单轴抗拉强度试验中 MPC 的制备方法。

表 5-7　　　　　　　　　　　　混凝土配合比及力学强度

混凝土	水泥 /(kg/m³)	砂 /(kg/m³)	石 /(kg/m³)	水 /(kg/m³)	粉煤灰 /(kg/m³)	减水剂 /(kg/m³)	抗压强度 /MPa	抗折强度 /MPa
C30	260	752	1128	195	65	1.625	35.5	7.1
C50	389	515	1203	195	98	2.435	52.1	7.9

3. 试验方法

按《混凝土物理力学性能试验方法标准》（GB/T 50081）进行劈裂抗拉强度试验，荷载为 0.05MPa/s。劈裂抗拉试验后，用刷子将劈裂混凝土表面清洁干净，然后将 MPC 浆体倒在试件断裂界面上形成 10～20mm 厚的浆体，黏结已经劈裂的试件。

图 5-8 和图 5-9 显示修补前后的试件形态。将 MPC 黏结试件后，用塑料薄膜包裹试件的结合部，在正常环境条件下养护至试验龄期，即 3d、7d 和 28d。劈裂抗拉强度根据式（5-2）计算：

$$f_{ts}^0 = \frac{2F}{\pi a^2} \tag{5-2}$$

式中　f_{ts}^0——混凝土劈裂抗拉强度，MPa；

F——破坏荷载，N；

a——试件边长，mm。

图 5-8　混凝土劈裂形态　　　　图 5-9　修补后混凝土劈裂抗拉试验

5.3.2　混凝土劈裂抗拉强度试验结果和讨论

对混凝土试件 C30 和 C50 以及 MPC 修补试件 MPC-C30 和 MPC-50 进行劈裂抗拉试验，如图 5-10 所示。结果表明：劈裂试件经 MPC 修补后，抗拉强度有明显提高。例如，

经 MPC 修补后，养护 3d 后 C50 试件劈裂抗拉强度提高 2.8%，养护 7d 后劈裂抗拉强度提高 10.6%，养护 28d 后劈裂抗拉强度提高 14.9%。经 MPC 修补后，养护 3d 后 C30 试件的劈裂抗拉强度提高了 1%，养护 7d 后的劈裂抗拉强度提高了 11.4%，养护 28d 后的劈裂抗拉强度提高了 14%。上述结果表明 MPC 具有良好的黏结力。如图 5-11 所示，修补后试件的劈裂破坏界面位于 MPC 黏结层中，MPC 在测试后仍保持黏附在混凝土上，表明 MPC

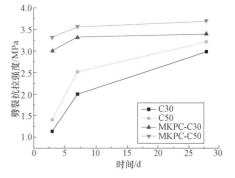

图 5-10　混凝土劈裂抗拉试验结果

具有的优良黏性。

(a)　　　　　　　　　　　　　　(b)

图 5-11　混凝土劈裂试件修补前后破坏界面对比

(a) 修补前混凝土破坏界面；(b) 修补后混凝土破坏界面

5.4　混凝土抗折强度

5.4.1　混凝土抗折强度试验

1. 原材料

混凝土抗折试验用原材料同混凝土劈裂抗拉试验用原材料。

2. 试件制备

采用 C30 和 C50 混凝土进行抗折试验。混凝土配合比及力学性能见表 5-7。标准养护 28d 后制备试件，尺寸为 1100mm × 100mm × 400mm。MPC 的制备方法同 MPC 黏结砂浆单轴抗拉强度试验中 MPC 的制备方法。

图 5-12　混凝土抗折试验

3. 试验方法

根据 GB/T 50081，对 C30 和 C50 混凝土试件进行了加荷速度为 0.05MPa/s 的抗折试验，如图 5-12 所示。用 3~5mm 厚的 MPC 浆体对断裂试件进行黏结，修补过程与上节相同。然后在正常环境条件下养护 7d，修补前后的试件如图 5-13 所示。

抗折强度根据式（5-3）计算：

$$f_{\mathrm{f}} = \frac{Fl}{bh^2} \tag{5-3}$$

式中　f_{f}——试件的弯曲强度，MPa；

　　　F——弯曲试验中的极限荷载，N；

　　　l——两个支架之间的跨度，mm；

　　　h——试件截面的深度，mm；

　　　b——试件截面的宽度，mm。

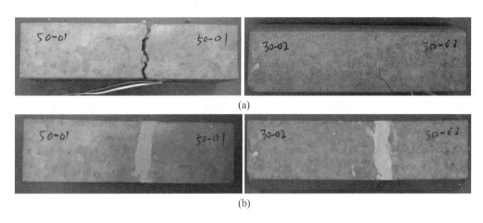

图 5-13 经历抗折试验的混凝土试件

(a) 断裂试件；(b) 修补后的试件

5.4.2 混凝土抗折强度试验结果和讨论

用 MPC 黏结 C30 和 C50 断裂试件，再次进行抗折试验。如图 5-14 所示，混凝土的大部分断裂面是新产生的，厚度为 2～5mm，与先前的断裂面相分离。这表明 MPC 和混凝土表面之间形成了很强的黏合作用。

图 5-14 混凝土试件修补后的抗折破坏界面

(a) C50 试件；(b) C30 试件

图 5-15 显示了用 MPC 浆体修补前后混凝土试件的荷载—位移曲线。其中 C50 和 C30 分别代表修补前试件的荷载—位移曲线，MPC-C50 和 MPC-C30 分别代表修补后试件的荷载—位移曲线。根据曲线的变化规律和表 5-8 试验结果可知，修补后 C50 试件的极限荷载可达到修补前的水平，修补后 C30 试件的极限荷载比修补前高 24.3%，由 11.9kN 增加到 14.8kN。试验结果表明，高强度 MPC 与低强度混凝土（C30）具有良好的黏结性能，提高了试件的界面黏结强度。对于高强度混凝土（C50），MPC 的黏结强度相当于原始试件的基体强度。在试件修补前后的抗折试验中，随着载荷的增加，修补后试件的竖向位移大大减小。当达到原始试件的极限荷载时，位移分别减小了 0.1mm 和 0.13mm（相当于原始试件的 20%～27%），表明试件的抗弯刚度增加。抗折极限荷载和刚度的增加以及试件弯曲试验破坏现象，说明修补后的构件的抗折性能有了明显的提高。

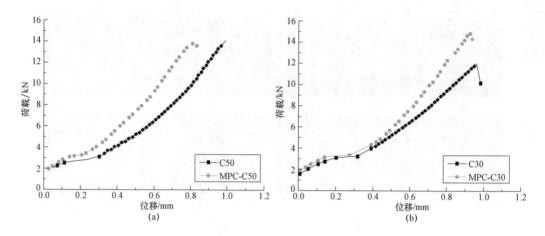

图 5 - 15　混凝土试件荷载 - 位移曲线

(a) C50；(b) C30

表 5 - 8　　　　　　　　　　　　　混凝土试件抗折试验结果

试件编号	F/kN	ΔF/kN	f_{f}/MPa	u/mm
C30	11.9		3.57	0.47
MPC - C30	14.8	2.9	4.44	0.46 (0.34)
C50	13.7		4.11	0.49
MPC - C50	13.8	0.1	4.14	0.41 (0.39)

注　ΔF—修补前后的极限荷载差；

　　u—极限荷载作用下试件中心截面的竖向位移，括号中的值是达到原始构件极限荷载时的位移。

5.5　混凝土抗剪强度

5.5.1　混凝土抗剪强度试验

1. 原材料

混凝土抗剪强度试验用原材料同混凝土劈裂抗拉试验用原材料。

2. 试件制备

采用 C30 和 C50 混凝土进行抗剪强度试验。混凝土配合比及力学性能见表 5 - 7。标准养护 28d 后制备两种类型（Ⅰ和Ⅱ）的混凝土试件，如图 5 - 16 所示。Ⅰ型为未损坏的 C30 和 C50 试件，正面图如图 5 - 16（a）所示。将Ⅰ型试件沿缺口锯成三份，得到Ⅱ型试件，然后用 5mm 厚的 MPC 浆体将切割的试件黏合成原始形态，如图 5 - 16（b）所示，在 20℃ 和相对湿度 50％ 的环境下养护。Ⅰ型和Ⅱ型的侧视图如图 5 - 16（c）所示。MPC 的制备方法同 MPC 黏结砂浆单轴抗拉强度试验中 MPC 的制备方法。

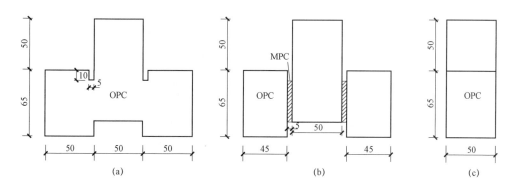

图 5-16　混凝土抗剪试验试件

（a）Ⅰ型试件前视图；（b）Ⅱ型试件前视图；（c）Ⅰ、Ⅱ型试件侧视图

3. 试验方法

Ⅰ、Ⅱ型试件在 0.05MPa/s 荷载下进行了垂直受压试验，破坏模式为剪切破坏，加载图如图5-17所示。

5.5.2 混凝土抗剪强度试验结果和讨论

抗剪试件Ⅰ和Ⅱ的破坏模式均为剪切破坏。对于Ⅰ型试件，它在预切切口位置破坏，Ⅱ型试件的破坏位置发生在接合界面的两侧，如图5-18（a）和（b）所示。图5-19（a）和（b）显示了试件的破坏界面。Ⅰ型试件的破坏范围较Ⅱ型试件更大，说明Ⅰ型试件的机械咬合力大于Ⅱ型试件。

图 5-17　剪切试验混凝土加载示意图

(a)　　　　　　　　　　(b)

图 5-18　混凝土试件剪切破坏

（a）修补前；（b）修补后

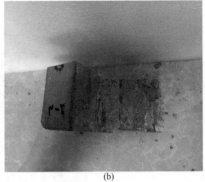

图 5 - 19　混凝土试件破坏界面

（a）C50；（b）C30

　　图 5 - 20（a）和（b）显示了 C50 和 C30 试件的荷载 - 位移曲线。Ⅰ型试件的初始破坏载荷高于Ⅱ型试件。Ⅱ型试件的极限荷载为Ⅰ型试件的 36%（C50）和 50%（C30）。在相同的承载力下，Ⅱ型试件的对应位移大于Ⅰ型试件，表明修补后试件的刚度没有提高。Ⅱ型试件的极限位移比Ⅰ型试件低。从表 5 - 9 可以看出，MPC - C50 和 MPC - C30 的抗剪强度分别是 6.50MPa 和 6.87MPa，几乎相等。

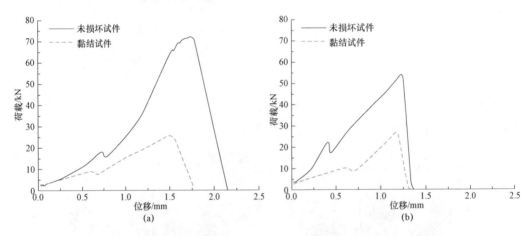

图 5 - 20　混凝土试件荷载 - 位移曲线

（a）C50；（b）C30

表 5 - 9　　　　　　　　　　　　　　混凝土试件剪切试验结果

编号	F_V/kN	Δ_{FV}/kN	f_V/MPa	μ_V/mm
C50	71.6	45.6	17.91	1.76
MPC－C50	26.0		6.50	1.52
C30	54.8	27.3	13.68	1.23
MPC－C30	27.5		6.87	1.18

　　注　F_V—极限荷载；Δ_{FV}—荷载变量；f_V—极限抗剪强度；μ_V—竖向极限位移。

 参考文献

[5-1] Wu, Z. X. Properties and applications of magnesia - phosphate cement mortar for rapid repair of concrete [J]. Cement and Concrete Research, 2000 (30): 1807 - 1813.

[5-2] Yang, Q., S. Zhang, X. Wu. Deicer - scaling resistance of phosphate cement - based binder for rapid repair of concrete [J]. Cement and Concrete Research, 2002, 32 (1): 165 - 168.

[5-3] Qian, J., C. You, Q. Wang, et al. A method for assessing bond performance of cement - based repair materials [J]. Construction & Building Materials, 2014, 68 (oct. 15): 307 - 313.

[5-4] Jiang, H., B. Liang, L. Zhang. Investigation of MPB with Super Early Strength for Repair of Concrete [J]. Journal of Building Materials, 2001, 4 (2): 196 - 198.

[5-5] Sun, J., et al. Effects of fly ash, retarder and calcination of magnesia on properties of magnesia - phosphate cement [J]. Advances in Cement Research, 2015, 27 (7): 1 - 8.

[5-6] Li, Y., B. Chen. Factors that affect the properties of magnesium phosphate cement [J]. Construction & Building Materials, 2013 (47): 977 - 983.

[5-7] Li, Y., Y. Li, T. Shi, et al. Experimental study on mechanical properties and fracture toughness of magnesium phosphate cement [J]. Construction and Building Materials, 2015 (96): 319 - 325.

[5-8] Li, Y., Q. Yan, X. Du. Relationship between Autogenous Shrinkage and Tensile Strength of Cement Paste with SCM [J]. Journal of Materials in Civil Engineering, 2012, 24 (10): 1268 - 1273.

[5-9] Li, Y., J. Li. Relationship between fracture area and tensile strength of cement paste with supplementary cementitious materials [J]. Construction and Building Materials, 2015 (79): 223 - 228.

[5-10] Gardner, L. J., S. A. Bernal, S. A. Walling, et al. Characterisation of magnesium potassium phosphate cements blended with fly ash and ground granulated blast furnace slag [J]. Cement and Concrete Research, 2015 (74): 78 - 87.

[5-11] Zhu, D., Z. Li. Study of High Early Strength Cement based on Fly Ash, Magnesia and Phosphate [J]. Materials Technology, 2005, 20 (3): 136 - 141.

第6章　液体环境磷酸镁水泥的耐久性

作为一种新型的修补加固材料，MPC 因凝结时间快、早期强度高而备受关注。如前所述，已经对 MPC 的凝结时间、力学性能和水化机理进行了大量的研究。Sarkar[6-1] 发现 28d 的养护后，浸泡水 90d 的 MPC 最大强度损失为 20%。Seehra 等人[6-2] 发现 MPC 在长期浸水条件下的残余强度为 87%。盖蔚等人[6-3] 的结果表明，二氧化硅和纤维素的加入有效地提高了耐水性，但降低了强度。史才军等人[6-4] 研究了水玻璃对 MPC 耐水性的影响。李建泉等人[6-5] 研究了复合添加剂和改性硬脂酸－苯丙乳液对 MPC 耐水性的影响。然而，较少有研究关注 MPC 的抗盐性，杨全兵等人[6-6] 指出，对于长时间浸泡在水或 3%NaCl 溶液中的 MPC 材料，强度损失较大，但不足以影响 MPC 的应用。此外，作为快速修补材料，MPC 可能接触弱碱性环境，而有关 MPC 耐碱性方面的研究则相对较少。

因此，本章研究了 MPC 在水、盐溶液和碱溶液中的性能和微观结构变化，阐述了不同掺合料（粉煤灰和石英砂）对 MPC 耐水、耐盐和耐碱性能的影响及其机理，对于改善磷酸镁水泥耐久性及推广应用具有一定的现实意义。

6.1　磷酸镁水泥的耐水性

6.1.1　磷酸镁水泥的耐水性试验

1. 原材料

煅烧镁砂和粉煤灰的物理和化学特性见表 6-1。磷酸二氢钾呈白色结晶粉末状，KH_2PO_4 含量为 98%。硼砂中 $Na_2B_4O_7 \cdot 10H_2O$ 的含量为 99.5%。本研究所用砂为 ISO 标准砂。

表 6-1　　　　　　　　　　　镁砂和粉煤灰的化学组成及物理性能

样品	MgO /(%)	CaO /(%)	SiO₂ /(%)	Al₂O₃ /(%)	Fe₂O₃ /(%)	烧失量 /(%)	密度 /(g/cm³)	堆积密度 /(g/cm³)	比表面积 /(m²/kg)
镁砂	91.7	1.6	4	1.4	1.3	—	3.46	1.67	805.9
粉煤灰	1.7	6.2	45.3	25.4	11.4	7.5	2.31	0.81	4013

2. 制备方法

MPC 配合比见表 6-2。其中，P/M 为 KH_2PO_4 与 MgO 的摩尔比，缓凝剂掺量为硼砂与 MgO 的质量百分比，粉煤灰掺量为粉煤灰与总胶凝材料的质量百分比，砂率为石英砂与总胶凝材料的质量比。

表 6 - 2　　　　　　　　　　　　　浸水 MPC 配合比

编号	P/M	缓凝剂/(%)	粉煤灰/(%)	砂率
No. 1	1/4.5	5	0	0
No. 2	1/4.5	5	20	0
No. 3	1/4.5	5	0	1/1.5
No. 4	1/4.5	5	20	1/1.5

将磷酸二氢钾、粉煤灰、硼砂、砂和水按比例混合，搅拌 2min，然后向搅拌机中加入镁砂，得到 MPC 浆体。浆体浇筑 30min 后脱模，养护条件为 20℃±2℃，相对湿度 50%±5%，养护龄期为 28d。养护 28d 后，将 MPC 样品浸泡在纯水中。

3. 试验方法

根据《用维卡针测定水硬性水泥凝结时间的标准试验方法》（ASTM C191），确定了 MPC 的凝结时间。根据《水硬性水泥灰浆抗压强度的标准试验方法》（ASTM C109）测试 MPC 试件的抗压强度。使用 X 射线衍射仪对水化产物进行测试分析，并通过扫描电子显微镜观测水化产物形貌。抗压强度测试龄期分别为 1、3、6 和 12 个月。每次试验前，将试件风干 1d，使试件表面干燥。浸泡 12 个月后的试件进行 XRD 和 SEM 分析。

6.1.2　磷酸镁水泥的耐水性试验结果及讨论

1. 凝结时间及抗压强度

表 6 - 3 表明：①各试件的凝结时间很短，掺粉煤灰试件的凝结时间相对较长，掺石英砂对 MPC 的凝结时间没有影响。②各试件 3d 抗压强度发展较快，28d 抗压强度相对较高。试件 No. 3 的 3d 抗压强度为 28d 强度的 67%。掺粉煤灰试件 3d 抗压强度低于未掺粉煤灰试件，28d 抗压强度高于未掺粉煤灰试件。试件 No. 2 在 3d 的抗压强度比试件 No. 1 低 1.1%，28d 抗压强度比试件 No. 1 提高 15.6%。石英砂的加入降低了 MPC 试件的 3d 和 28d 抗压强度。

表 6 - 3　　　　　　　　　　　MPC 抗压强度和凝结时间

编号	凝结时间/min	抗压强度/MPa	
		3d	28d
No. 1	10	35.2	47.4
No. 2	15	34.8	54.8
No. 3	10	30.4	45.2
No. 4	15	30.2	53.4

2. 浸水后抗压强度损失

浸泡在纯水中的试件强度变化如图 6 - 1 所示，强度损失率见表 6 - 4。图 6 - 1 和表 6 - 4 说明：浸泡一年后，MPC 的平均抗压强度降低了 8.11%。对于浸泡在水中相同时间的不同

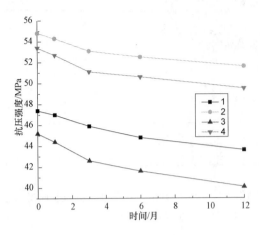

图 6-1　浸水 MPC 抗压强度变化

试件，MPC 抗压强度的变化是不同的。无粉煤灰试件的强度损失低于有粉煤灰试件（试件 No.1 和试件 No.2 比较，试件 No.3 和试件 No.4 比较），无石英砂试件的强度损失低于有石英砂试件（试件 No.1 和试件 No.3 比较，试件 No.2 和试件 No.4 比较）。在水中浸泡一年后，试件 No.1 和试件 No.2 的强度损失分别为 8.02% 和 5.84%。试件 No.2 和试件 No.4 的强度损失分别为 5.84% 和 7.30%。这是因为随着养护龄期的增加，粉煤灰与 MPC 发生反应，导致 MPC 试件的微观结构更致密[6-7]，粉煤灰改善了 MPC 的抗渗性能。掺石英砂的试件，由于石英砂与 MPC 浆体存在界面过渡区，随着时间的推移，溶液通过弱密实结构界面渗透到试件内部。因此，含石英砂的 MPC 试件的强度损失大于不含石英砂的 MPC 试件。

表 6-4　　　　　　　　　　　　　　　浸水 MPC 抗压强度损失率　　　　　　　　　　　　　　（%）

时间/月	No.1	No.2	No.3	No.4	时间/月	No.1	No.2	No.3	No.4
1	0.84	0.91	1.77	1.31	6	5.49	4.20	7.96	5.24
3	3.16	3.10	5.75	4.31	12	8.02	5.84	11.28	7.30

3. XRD 分析

浸水一年后，将试件表面 5mm 以内的样品磨细，用于 XRD 分析。各种溶液中水化产物的数量和形态如图 6-2 和表 6-5 所示。图 6-2 和表 6-5 表明：所有试件中存在大量的 $MgKPO_4 \cdot 6H_2O$（MKP），同时还发现了未水化的 MgO 和掺合料（粉煤灰和石英砂）。因此，MPC 在水中仅发生镁砂和磷酸二氢钾的反应，粉煤灰及石英砂不参与反应。

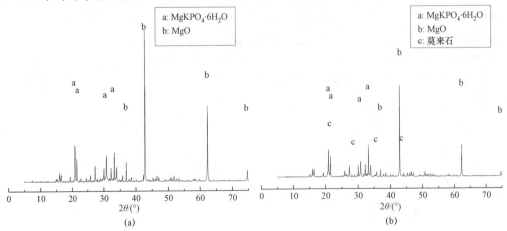

图 6-2　浸水 MPC 的 XRD 图谱

(a) 试件 No.1；(b) 试件 No.2

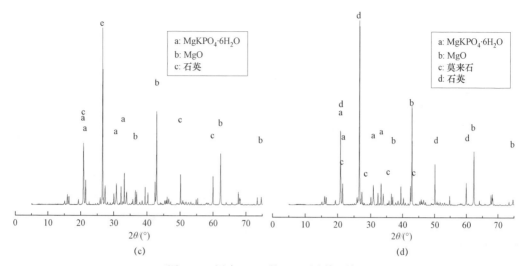

图 6-2 浸水 MPC 的 XRD 图谱（续）

（c）试件 No.3；（d）试件 No.4

表 6-5 浸水 MPC 各物质质量分数 （%）

样品	MgO	MKP	莫来石	石英
No.1	42.90	57.10	—	—
No.2	40.40	52.30	7.30	—
No.3	27.70	41.00	—	31.30
No.4	24.60	34.10	8.60	32.70

4. SEM 分析

用扫描电镜对浸泡一年的试件进行了分析。测试样品选取 MPC 试件表面 2mm 以内的区域。图 6-3 显示了浸水试件的扫描电镜图像。

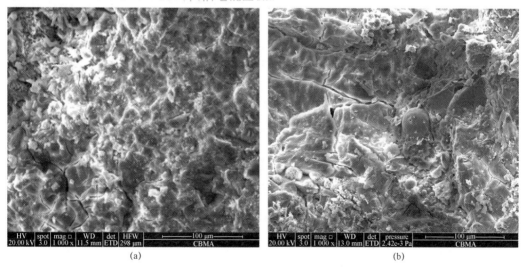

图 6-3 浸水一年的 MPC 扫描电镜图像

（a）No.1；（b）No.2

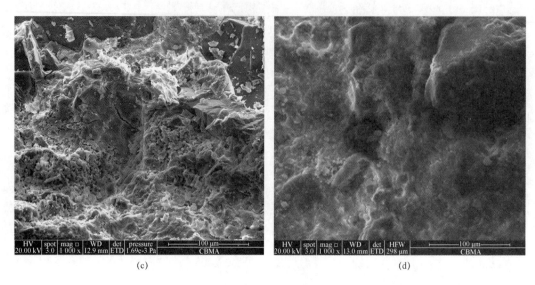

(c)

(d)

图 6-3 浸水一年的 MPC 扫描电镜图像（续）

(c) No. 3；(d) No. 4

图 6-3 表明：浸水后，MPC 试件的微观结构中存在少量有害的空隙，在空隙周围出现 MPC 疏松的微观结构。将掺粉煤灰试件与不掺粉煤灰试件（试件 No. 1 与试件 No. 2、试件 No. 3 与试件 No. 4）进行比较，结果表明，掺粉煤灰试件的孔隙率较小。在石英砂试件的 SEM 图像中，砂与胶凝材料之间出现间隙现象，大量碎屑状物质附着在石英砂材料表面。上述微观现象可解释：掺粉煤灰的 MPC 试件强度损失小于不掺粉煤灰的试件，掺石英砂的试件强度损失大于不掺石英砂的试件。

6.2 磷酸镁水泥的耐盐性

6.2.1 磷酸镁水泥的耐盐性试验

1. 原材料

煅烧的镁砂和粉煤灰的物理和化学特性见表 6-1。磷酸二氢钾呈白色结晶粉末状，KH_2PO_4 含量为 98%。硼砂中 $Na_2B_4O_7 \cdot 10H_2O$ 的含量为 99.5%。本研究所用砂为 ISO 标准砂。盐溶液为浓度 10% 的 NaCl 溶液及浓度 5% 的 Na_2SO_4 溶液。

2. 制备方法

MPC 的耐盐性试验试件分为两种，第一种试件的制备方法同 MPC 的耐水性试验试件的制备方法。即养护 28d 后，将 MPC 试件分别浸泡在 Na_2SO_4 溶液及 NaCl 溶液中，未进行干湿循环处理。第二种试件在养护 28d 后、耐盐性能测试前进行了干湿循环处理。其配合比见表 6-6。MgO 与 KH_2PO_4 的摩尔比（M/P）为 4.0，水与胶凝材料的质量比（W/B）为 0.13。胶凝材料含有镁砂、磷酸盐和粉煤灰。缓凝剂用量（R/M）为镁砂质量的 5%。粉煤灰与胶凝材料的质量比 $[F/(M+K+F)]$ 为 $0\sim40\%$。胶凝材料与砂的质量比表示为 $[(M+K)/S]$。

表 6-6　　　　　　　　　　　　干湿循环处理的 MPC 配合比

试件	M/P 摩尔比	W/B	R/M	$F/(M+K+F)$	$(M+K)/S$
对照品	4	0.13	0.05	0	0
F1	4	0.13	0.05	10	0
F2	4	0.13	0.05	20	0
F3	4	0.13	0.05	40	0
S1	4	0.13	0.05	0	2
S2	4	0.13	0.05	0	1
S3	4	0.13	0.05	0	0.5

使用尺寸为 $40mm\times40mm\times160mm$ 的 MPC 试件进行干湿循环试验。试验过程中用 $5wt\%Na_2SO_4$ 溶液代替去离子水。一个完整的干湿循环包括三个步骤：首先，将标准养护 28d 后的 MPC 试件转入干湿循环试验机。样品在质量百分比为 5% 的 Na_2SO_4 中的浸泡时间为 $15h\pm0.5h$，温度为 $20℃\pm2℃$。然后，将试件风干约 30min，最后在真空条件下将试件烘干约 6h，烘干温度从 $20℃$ 提高到 $80℃$。因此，每个干湿循环的总时间约为 24h。

3. 试验方法

（1）未干湿循环处理的 MPC 试验。根据 ASTM C109-13 测试 MPC 试件的抗压强度。

使用 X 射线衍射仪对水化产物进行测试分析，并通过扫描电子显微镜观测水化产物形貌。抗压强度测试龄期分别为 1、3、6 和 12 个月。每次试验前，将试件风干 1 天，使试件表面干燥。浸泡 12 个月后的试件进行 XRD 和 SEM 分析。

（2）干湿循环处理的 MPC 试验。用水泥砂浆流动性测定仪测定了 MPC 的流动性。每 40 次干湿循环后，对试件取样进行质量试验，试件的质量损失率按式（6-1）计算。

$$M_{LR}=\frac{m_0-m_c}{m_0}\times100\%\qquad(6-1)$$

式中　M_{LR}——相对质量损失；

　　　m_c——干湿循环后试件的干质量；

　　　m_0——干湿循环试验前试件的初始干质量。

在每 40 个干湿循环后测量 MPC 的抗压强度。采用微机控制电液伺服压力试验机，加载速率为 0.5MPa/s，强度保持系数可由式（6-2）计算。

$$R_S=\frac{f_c}{f_{28}}\qquad(6-2)$$

式中　R_S——MPC 的强度保持系数；

f_c——干湿循环后试件的抗压强度；

f_{28}——养护 28d 试件的抗压强度。

采用压汞孔渗仪（MIP）对硬化后的 MPC 样品进行了孔结构测量。采用 X 射线衍射仪和 CuKα 射线（波长 $\lambda=0.154nm$）研究了 MPC 干湿循环前后的物相特征，在 $2\theta=5°\sim75°$ 区间连续采集，并采用里特维尔德法进行定量分析。用扫描电子显微镜研究了干湿循环前后 MPC 样品的微观形貌。

6.2.2　磷酸镁水泥的耐盐性试验结果及讨论

1. 未干湿循环处理的 MPC

（1）浸泡后抗压强度损失。浸泡在 NaCl 溶液和 Na_2SO_4 溶液中的试件强度变化分别如图 6-4 所示，抗压强度损失见表 6-7。图 6-4 和表 6-7 说明：一方面，在相同的浸泡时间内，NaCl 溶液和 Na_2SO_4 溶液均降低了试件的抗压强度，但降低程度不同，如浸泡一年后，试件 No.2 的抗压强度分别降低了 6.75% 和 4.01%。综合分析发现，同一试件在一定时间内浸泡在不同类型的溶液中，溶液对强度的影响顺序为：NaCl 溶液＞Na_2SO_4 溶液，这表明 NaCl 溶液对试件强度的影响大于 Na_2SO_4 溶液。这是因为在盐溶液中存在大量的 Na^+，而 MPC 中存在大量的 K^+。Na^+ 和 K^+ 的性质相似，将试件浸泡在盐溶液中，离子比较容易达到平衡。在相同浓度的盐溶液中，Na_2SO_4 中 Na^+ 的数量大于 NaCl，因此 NaCl 溶液对 MPC 的抗压强度影响较大。

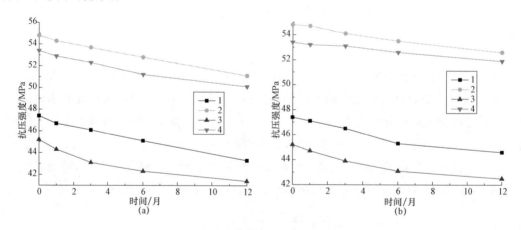

图 6-4　浸泡在盐溶液中的 MPC 强度变化

（a）NaCl 溶液；（b）Na_2SO_4 溶液

表 6-7　　　　　　　　　　　浸泡在盐溶液的 MPC 抗压强度损失率　　　　　　　　　　　（%）

时间/月	溶液类型	No.1	No.2	No.3	No.4
1	NaCl	1.48	0.91	1.99	0.94
	Na_2SO_4	0.63	0.18	1.11	0.37

续表

时间/月	溶液类型	No. 1	No. 2	No. 3	No. 4
3	NaCl	2.74	2.01	4.65	2.06
	Na$_2$SO$_4$	1.90	1.28	2.88	0.56
6	NaCl	4.85	3.65	6.42	4.12
	Na$_2$SO$_4$	4.43	2.37	4.65	1.50
12	NaCl	8.65	6.75	8.41	6.18
	Na$_2$SO$_4$	5.91	4.01	5.97	2.81

另一方面，对于浸泡在同一溶液中相同时间的不同试件，溶液对 MPC 抗压强度的影响是不同的。在同一溶液和相同浸泡时间，无粉煤灰试件的强度损失低于含粉煤灰试件（试件 No.1 和试件 No.2 比较，试件 No.3 和试件 No.4 比较），无石英砂试件的强度损失低于含石英砂试件（试件 No.1 和试件 No.3 比较，试件 No.2 和试件 No.4 比较）。在 Na$_2$SO$_4$ 溶液中浸泡一年后，试件 No.1 和试件 No.2 的强度损失分别为 5.91% 和 4.01%。试件 No.2 和试件 No.4 的强度损失分别为 4.01% 和 2.81%。这是因为随着养护龄期的增加，粉煤灰与 MPC 发生反应，导致 MPC 试件的微观结构更致密[6-7]，粉煤灰改善了 MPC 的抗渗性能。掺石英砂的试件，由于石英砂与 MPC 浆体存在界面过渡区，随着时间的推移，溶液通过弱密实结构界面渗透到试件内部。因此，含石英砂的 MPC 试件的强度损失大于不含石英砂的 MPC 试件。

（2）XRD 分析。浸泡一年后，将试件表面 5mm 以内的组分磨成一定的细度，用于 XRD 分析。各种溶液中水化产物的数量和形态如图 6-5 和表 6-8 所示。其中 A 为浸泡在 NaCl 溶液中的试件，B 为浸泡在 Na$_2$SO$_4$ 溶液中的试件。

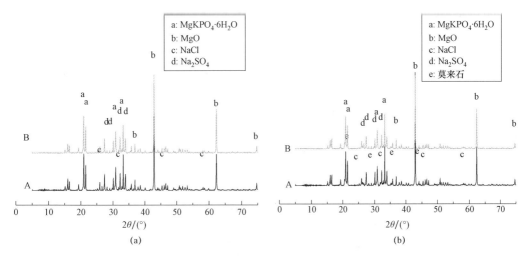

图 6-5　浸泡在盐溶液的 MPC 的 XRD 图谱
（a）试件 No.1；（b）试件 No.2

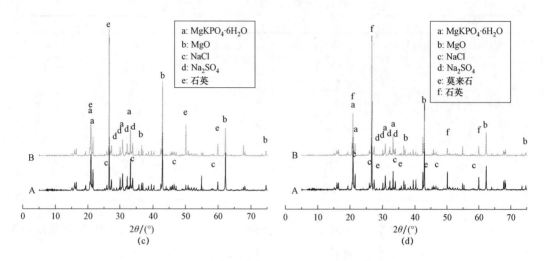

图6-5 浸泡在盐溶液的 MPC 的 XRD 图谱（续）

（c）试件 No. 3；（d）试件 No. 4

表6-8 浸泡在盐溶液的 MPC 各物质质量分数 （%）

样品	溶液类型	MgO	MKP	莫来石	石英	Na₂SO₄	NaCl
No. 1	NaCl	40.06	58.86	—	—	—	1.08
	Na₂SO₄	39.86	58.18	—	—	1.96	—
No. 2	NaCl	36.55	55.83	7.21	—	—	0.41
	Na₂SO₄	37.93	52.91	7.55	—	1.61	—
No. 3	NaCl	26.85	43.46	—	27.94	—	1.75
	Na₂SO₄	26.71	47.06	—	23.34	2.89	—
No. 4	NaCl	23.80	35.73	9.11	30.35	—	1.01
	Na₂SO₄	23.10	35.58	7.45	32.12	1.75	—

图6-5和表6-8表明：①所有试件中存在大量的 $MgKPO_4 \cdot 6H_2O$（MKP），同时还发现了未水化的 MgO 和掺合料（粉煤灰和石英砂）；②在盐溶液中浸泡后，Na_2SO_4 或 NaCl 渗入 MPC 试件内部，出现 Na_2SO_4 或 NaCl 衍射峰，但其峰值相对较小。试件中 Na_2SO_4 或 NaCl 的定量分析均小于3%，说明 MPC 试件非常致密，具有防止盐溶液渗透的能力；③在不同盐溶液中浸泡后，残留的 MKP 质量为 B＞A，即，NaCl 溶液溶解导致 MPC 的质量损失大于 Na_2SO_4 溶液。这与强度损失的变化规律相吻合，证明了 MKP 损失是强度变化的主要原因；④与未掺粉煤灰试件相比，掺粉煤灰试件的含盐量较小。与未掺石英砂试件相比，掺石英砂试件的含盐量较大。说明石英砂的加入对 MPC 试件的密实度有负面影响，而粉煤灰的加入提高了 MPC 试件的密实度。

（3）SEM 分析。用扫描电镜对浸泡一年的试件进行了分析。测试样品选取 MPC 试件表面 2mm 以内的区域。图6-6显示了浸泡在 NaCl 溶液和 Na_2SO_4 溶液试件的扫描电镜图像。该图表明：溶液浸泡后，MPC 试件的微观结构中存在少量有害的空隙，在空隙周围出现

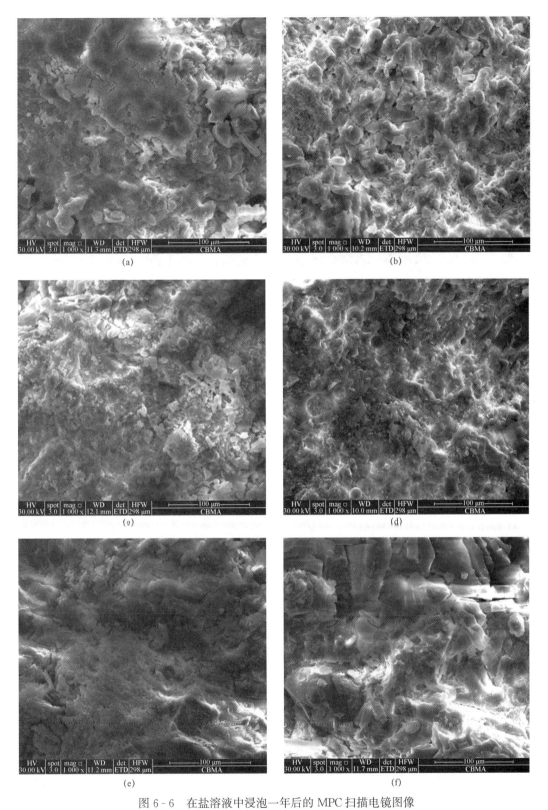

图 6-6　在盐溶液中浸泡一年后的 MPC 扫描电镜图像

（a）No.1—NaCl；（b）No.1—Na$_2$SO$_4$；（c）No.2—NaCl；（d）No.2—Na$_2$SO$_4$；（e）No.3—NaCl；（f）No.3—Na$_2$SO$_4$

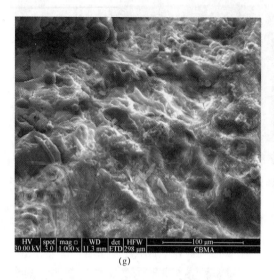

(g) (h)

图 6-6 在盐溶液中浸泡一年后的 MPC 扫描电镜图像（续）

(g) No. 4－NaCl；（h）No. 4－Na$_2$SO$_4$

MPC 疏松的微观结构。将掺粉煤灰试件与不掺粉煤灰试件（试件 No. 1 与试件 No. 2、试件 No. 3 与试件 No. 4）进行比较，结果表明，掺粉煤灰试件的孔隙率较小。在石英砂试件的 SEM 图像中，砂与胶凝材料之间出现间隙现象，大量碎屑状物质附着在石英砂材料表面。上述现象可解释：掺粉煤灰的 MPC 试件强度损失小于不掺粉煤灰的试件，掺石英砂的试件强度损失大于不掺石英砂的试件。浸泡在不同溶液中后，溶液对试件微观结构的影响程度为：NaCl 溶液＞Na$_2$SO$_4$溶液。

2. 干湿循环处理的 MPC

（1）流动性。在图 6-7 中，对照品的流动度为 235mm，显示出良好的流动性。随着粉煤灰掺量的增加，MPC 的流动性逐渐降低。例如，F3 的流动度降低到 165mm。随着石英砂掺量的增加，MPC 的流动性也逐渐降低。例如，S3 的流动度降低到 173mm。因此，粉煤灰和石英砂对 MPC 的流动性有负面影响，而掺加粉煤灰的影响大于石英砂的影响，因为粉煤灰比表面积较大，具有较强的吸水性。

（2）质量损失。干湿循环前后 MPC 试件的质量和质量损失如图 6-8 所示。图 6-8（a）显示，由于粉煤灰密度较低，添加粉煤灰降低了 MPC 试件的质量。随着粉煤灰掺量的增加，MPC 试件的质量逐渐降低。例如，与对照品相比，试件 F3 在干湿循环前的质量下降了 6.3%。图 6-8（a）还显示，

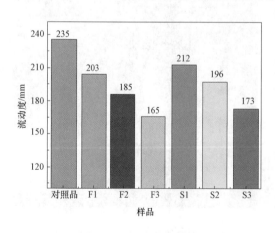

图 6-7 MPC 的流动性

随着干湿循环次数的增加，质量损失率（M_{LR}）显著增加。例如，80 次干湿循环和 160 次干湿循环后，对照品的 M_{LR} 分别为 2.64% 和 6.31%。在一定范围内，随着粉煤灰掺量的增加，相同循环次数下 MPC 试件的 M_{LR} 逐渐减小。例如，在 120 次干湿循环后，对照品和试件 F3 的 M_{LR} 分别为 4.11% 和 3.15%。图 6-8（b）显示，由于石英砂的密度较高，石英砂的加入增加了 MPC 试件的质量。随着石英砂掺量的增加，MPC 的质量逐渐增大。例如，与对照品相比，试件 S3 在干湿循环前的质量增加了 9.1%。图 6-8（b）还表明，随着石英砂用量的增加，在相同循环次数下，MPC 的质量损失逐渐增加。例如，对照品和试件 S3 经过 160 次干湿循环后的 M_{LR} 分别为 6.31% 和 8.57%。结果表明，粉煤灰提高了 MPC 的干湿循环耐久性；石英砂对 MPC 的干湿循环耐久性有不利影响。原因在微观测试结果部分进行了讨论。

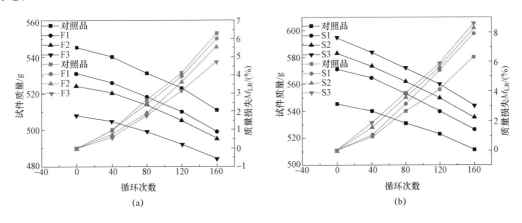

图 6-8　干湿循环前后 MPC 试件的质量和质量损失
（a）含粉煤灰；（b）含石英砂

（3）抗压强度。干湿循环前后 MPC 试件的抗压强度和强度保持系数（R_S）如图 6-9 所示。图 6-9（a）显示粉煤灰增加了 MPC 的抗压强度。例如，与对照品相比，试件 F3 在干湿循环前的抗压强度提高了 5.9%。随着干湿循环次数的增加，MPC 的抗压强度降低。图 6-9（a）还表明，随着干湿循环次数的增加，MPC 的 R_S 显著降低。随着粉煤灰掺量的增加，相同循环次数下 MPC 的 R_S 逐渐增大。例如，经过 120 次干湿循环后，试件 F1 和试件 F3 的 R_S 分别为 0.417 和 0.458。粉煤灰改善了材料的孔结构，降低了材料的质量损失，提高了材料在干湿循环下的抗压强度和耐久性。图 6-9（b）显示石英砂降低了 MPC 的抗压强度。例如，与对照品相比，试件 S3 在干湿循环前的抗压强度降低了 9.9%。随着干湿循环次数的增加，MPC 的抗压强度降低。图 6-9（b）还表明，随着干湿循环次数的增加，MPC 的 R_S 显著降低。随着石英砂掺量的增加，相同循环次数下 MPC 的 R_S 逐渐减小。例如，经过 120 次干湿循环后，对照品和试件 S3 的 R_S 分别为 0.39 和 0.36。石英砂导致了 MPC 基体与石英砂界面过渡区的形成。在应力和硫酸盐侵蚀条件下，界面过渡区是微观结构的薄弱环节，石英砂的加入增加了干湿循环下的质量损失，导致 MPC 在干湿循环下的抗压强度和耐久性降低。

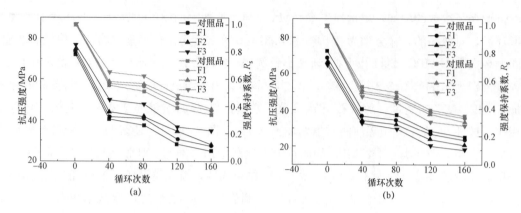

图 6-9　干湿循环前后 MPC 的抗压强度和强度保持系数

(a) 含粉煤灰；(b) 含石英砂

（4）孔隙结构。MPC 在 160 次干湿循环前后的孔隙率和孔隙结构分布见表 6-9。表 6-9 显示，在干湿循环之前，粉煤灰的加入导致 MPC 的孔隙率增加。石英砂的加入使 MPC 的孔隙率降低，这是由于石英砂的密实度较高。然而，表 6-9 中的孔隙分布表明，粉煤灰的加入导致有害孔隙（$>0.2\mu m$）减少，石英砂的加入导致有害孔隙增加。因此，粉煤灰的微集料效应改善了 MPC 的孔结构，提高了 MPC 的抗压强度；石英砂的加入导致初始缺陷和界面过渡区的形成，劣化了 MPC 的孔结构，降低了 MPC 的抗压强度。经过 160 次干湿循环后，所有试件的孔隙率均增加。例如，对照品、试件 F2 和 S2 的孔隙率增量分别为 46.5%、27.7% 和 32.0%。原因是在干湿循环后，MPC 的重要水化产物 MKP 部分溶蚀在水中[6-4,6-8,6-9,6-10]，导致孔隙形成。此外，未反应的 MgO 与水反应生成的 Mg（OH）$_2$ 导致 MPC 膨胀，这解释了干湿循环后 MPC 的质量损失和强度降低的原因。由于 MPC 与石英砂的热膨胀系数不同，在温度变化的情况下产生内部热应力不均匀分布，导致微裂纹和孔隙的形成。

表 6-9　　　　　　　　干湿循环前后 MPC 试件的孔隙率和孔隙分布

样品		孔隙率 /(%)	孔隙分布/(%)			
			$<0.02\mu m$	$0.02\sim0.1\mu m$	$0.1\sim0.2\mu m$	$>0.2\mu m$
干湿循环前	对照品	9.74	6.84	6.91	7.48	78.77
	F1	9.97	9.81	7.77	7.33	75.09
	F2	10.37	12.75	9.50	8.12	69.63
	F3	10.83	16.61	10.66	8.02	64.71
	S1	9.23	6.49	5.63	7.16	80.72
	S2	9.01	8.62	4.21	4.74	82.43
	S3	8.83	7.14	5.48	2.86	84.52

样品		孔隙率/(%)	孔隙分布/(%)			
			$<0.02\mu m$	$0.02\sim0.1\mu m$	$0.1\sim0.2\mu m$	$>0.2\mu m$
160 次干湿循环后	对照品	14.27	3.47	7.57	7.79	81.17
	F1	13.73	7.27	6.51	6.46	79.76
	F2	13.24	8.72	8.11	8.10	75.07
	F3	11.51	12.16	9.40	8.77	69.67
	S1	12.52	7.12	5.52	4.51	82.85
	S2	11.89	7.56	3.40	3.89	85.15
	S3	11.31	6.04	3.27	3.01	87.68

（5）XRD。用于 XRD 测试的样品取自具有代表性的对照品、F2 和 S2 试件中相同位置，其在 160 次干湿循环前后的 XRD 图谱如图 6-10 所示，其矿物组成由 XRD-Rietveld 分析测定，见表 6-10。干湿循环前，对照品主要矿物组成为 $MgKPO_4 \cdot 6H_2O$ 和未反应 MgO。添加粉煤灰后，F2 的主要矿物组成为未反应的 MgO 和莫来石。加入石英砂后，S2 的主要矿物成分为 $MgKPO_4 \cdot 6H_2O$、未反应的 MgO 和 SiO_2，未观察到新物质产生，说明粉煤灰和石英砂仅起到集料填充作用。对比干湿循环前后的结果，三种样品中 $MgKPO_4 \cdot 6H_2O$ 的质量分数均降低。对照品、F2 和 S2 样品中 $MgKPO_4 \cdot 6H_2O$ 的质量分数分别下降了 18.7%、11.2% 和 15.4%，主要原因是部分 $MgKPO_4 \cdot 6H_2O$ 溶蚀进入水中[6-8]。

干湿循环后，Na_2SO_4 晶体相出现在 MPC 基体中，说明 Na_2SO_4 溶液在干湿循环条件下侵入基体。在不同的湿度和温度条件下，硫酸钠以不同的晶相存在。根据先前的研究[6-11,6-12,6-13,6-14]，硫酸钠有八种不同的晶相。两个稳定相是德纳第（Na_2SO_4）和芒硝（$Na_2SO_4 \cdot 10H_2O$）。在 225℃ 和 270℃ 以上，分别形成硫酸钠（Ⅰ）和硫酸钠（Ⅱ）。三个亚稳相是两个无水相[硫酸钠（Ⅲ）和硫酸钠（Ⅳ）]和七水硫酸钠（$Na_2SO_4 \cdot 7H_2O$）。在高压条件下，硫酸钠相为八水合物（$Na_2SO_4 \cdot 8H_2O$）[6-13]。因此，在干湿循环过程中，硫酸钠的晶相主要是德纳第（Na_2SO_4）和芒硝（$Na_2SO_4 \cdot 10H_2O$）。德纳第、芒硝转变引起的疲劳结晶压力也是干湿循环后 MPC 试件损伤的原因[6-15]。与对照品相比，样品 F2 中 Na_2SO_4 的质量分数降低了 18.6%，样品 S2 中 Na_2SO_4 的质量分数提高了 31.4%。结果表明，粉煤灰的加入改善了 MPC 的孔结构，降低了结晶压力，提高了其在干湿循环下的耐久性；石英砂的加入形成了初始缺陷和界面过渡区，增加了结晶压力，降低了干湿循环的耐久性。

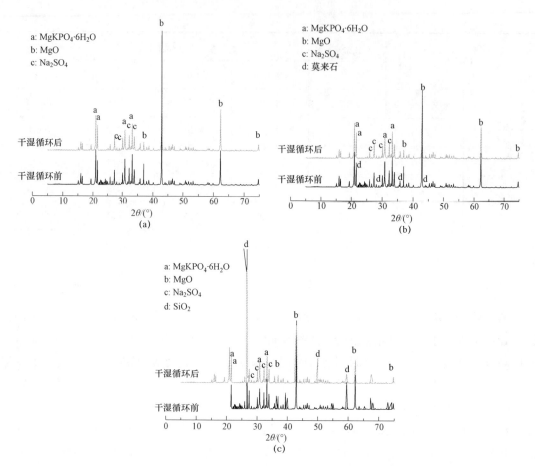

图 6 - 10　160 次干湿循环前后 MPC 样品的 XRD 图谱

(a) 对照品；(b) F2；(c) S2

表 6 - 10　　　　　　　　　XRD 分析干湿循环前后 MPC 矿物组成　　　　　　　　　（%）

样品	对照品		F2		S2	
	循环前	循环后	循环前	循环后	循环前	循环后
MgO	52.9	58.86	44.4	46.93	36.7	36.71
MKP	47.1	38.18	48.3	42.91	32.0	27.06
莫来石	—	—	7.3	7.75	—	—
石英	—	—	—	—	31.3	32.34
Na_2SO_4	—	2.96	—	2.41	—	3.89

　　(6) SEM。在干湿循环之前，大量的 $MgKPO_4 \cdot 6H_2O$ 紧密地堆积在一起 [图 6 - 11 (a)]。经过 160 次干湿循环后，MPC 的微观结构变得松散 [图 6 - 11 (b)]，这是由于干湿循环后部分 $MgKPO_4 \cdot 6H_2O$ 溶解在 Na_2SO_4 溶液中[6 - 10]，从而导致孔隙的形成。此外，由于未反应的 MgO 与 H_2O 之间反应生成膨胀性的 $Mg(OH)_2$，一些微裂纹是由于体积膨胀引起的。如图 6 - 11 (c) 和 (d) 所示，粉煤灰由于微集料效应改善了 MPC 的孔结构，并阻碍

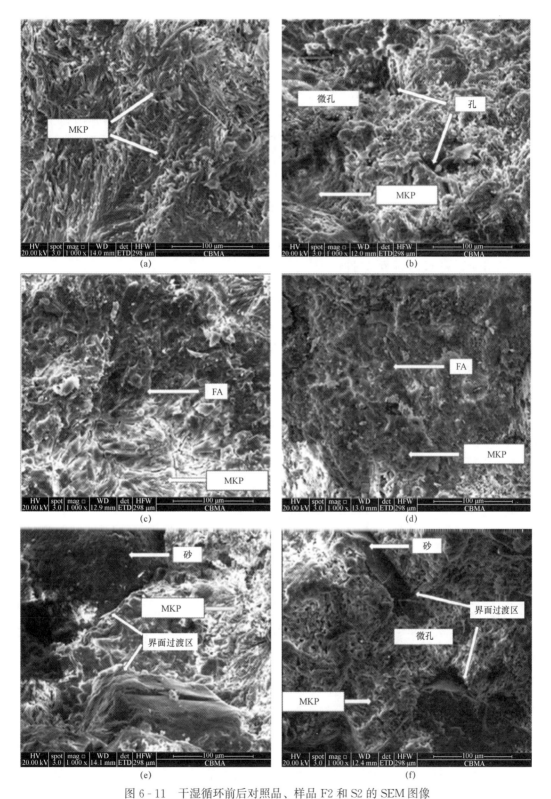

图 6-11　干湿循环前后对照品、样品 F2 和 S2 的 SEM 图像

（a）干湿循环前对照品；（b）干湿循环后对照品；（c）干湿循环前 F2；（d）干湿循环后 F2；

（e）干湿循环前 S2；（f）干湿循环后 S2

了硫酸盐侵蚀。因此，经过 160 次干湿循环后，仅出现了少量的裂纹和孔隙。如图 6-11 (e) 和（f）所示，经过 160 次干湿循环后，由于石英砂的加入，裂化了 MPC 的孔结构，促进了溶液的侵蚀，出现了大量的微裂纹和微孔。此外，石英砂的热膨胀系数为 $6×10^{-7}/℃$，MPC 的热膨胀系数为 $9×10^{-6}/℃^{[6-4]}$，所以造成 MPC 与石英砂的热膨胀系数不同，在温度变化的条件下会产生内部疲劳应力，导致微裂纹和孔隙的形成。因此，粉煤灰的加入缓解了干湿循环下 MPC 的质量损失和抗压强度的降低；石英砂的加入促进了干湿循环下 MPC 的质量损失和抗压强度的降低。

6.3　磷酸镁水泥的耐碱性

6.3.1　磷酸镁水泥耐碱性试验

1. 原材料

煅烧镁砂和粉煤灰的物理和化学特性见表 6-1。磷酸二氢钾呈白色结晶粉末状，KH_2PO_4 含量为 98%。硼砂中 $Na_2B_4O_7·10H_2O$ 的含量为 99.5%。所用砂为 ISO 标准砂。氢氧化钠粉末为分析纯。

2. 制备方法

采用五种配合比的 MPC 试件进行耐碱性试验（见表 6-11），其中的 P/M 为磷酸二氢钾和煅烧 MgO 的摩尔比，缓凝剂掺量为硼砂与煅烧 MgO 质量百分比，粉煤灰掺量为其质量与所有胶凝材料总质量比，胶砂比为砂子与所有胶凝材料总质量比，样品 J5 中磷酸氢二钾按摩尔比 1∶1 取代部分磷酸二氢钾。

表 6-11　　　　　　　　　　　浸泡在 NaOH 溶液的 MPC 配合比

编号	P/M	缓凝剂/（%）	粉煤灰/（%）	砂率	水胶比
J1	1/4.5	5	0	0	0.14
J2	1/4.5	5	20	0	0.14
J3	1/4.5	5	0	1/1.5	0.09
J4	1/4.5	5	20	1/1.5	0.09
J5	1/4.5	5	0	0	0.09

3. 试验方法

按设计配合比将原材料与水搅拌均匀后得到浆体。试件尺寸为 40mm×40mm×160mm，试件浇筑 30min 后脱模，养护条件：温度 20℃±2℃，湿度 50%±5%，龄期 1 个月。强度按《水泥胶砂强度检验方法（ISO 法）》（GB T 17671）进行试验。将 NaOH 与水分别按质量比 0.5%，1%，2%，4%，8%配置溶液，将养护 1 个月后的试件放入碱溶液中，在 3d、7d、14d、28d 分别观察表观现象，测量其质量损失率。取 3d、28d 浸泡后的试件表面疏松物质，采用 X 射线衍射仪进行物相成分，采用扫描电子显微镜进行 SEM - EDS 分析。

6.3.2　磷酸镁水泥耐碱性试验结果和讨论

1. 凝结时间及强度

从表 6 - 12 可以看出：①所有试件的凝结时间较短，掺加粉煤灰会延长凝结时间，用磷酸氢二钾部分替代磷酸二氢钾能够显著延长凝结时间；②除了 J5 号试件外，其他各试件的 3d 强度发展很快，28d 强度较高；掺加粉煤灰后提高了其 28d 抗压强度；砂浆试件与净浆试件强度相似；③掺加磷酸氢二钾后显著降低了 3d 强度，但对 28d 强度影响较小。

表 6 - 12　　　　　　　　　浸泡在 NaOH 溶液的 MPC 凝结时间和强度

编号	凝结时间/min	抗压强度/MPa		抗折强度/MPa	
		3d	28d	3d	28d
J1	10	35.2	47.4	10.3	11.7
J2	15	34.8	54.8	9.8	11.6
J3	10	30.4	45.2	7.5	11.9
J4	15	30.2	53.4	6.8	11.6
J5	25	15.2	43.7	5.9	11.7

2. 表观形貌

各试件在碱溶液浸泡后产生的腐蚀现象随溶液的浓度及腐蚀龄期变化而不同。现以腐蚀现象最为明显的、在 8%NaOH 溶液浸泡的各试件为例进行说明，其表观特征如图 6 - 12 所示。从图 6 - 12 中可看出：各种 MPC 试件的耐强碱性能都较差，在 8%NaOH 溶液中浸泡 3d 就出现明显的侵蚀，表面疏松剥落，随着浸泡的时间增加，试件尺寸越来越小。28d 后，材料腐蚀已经非常严重。同时发现，

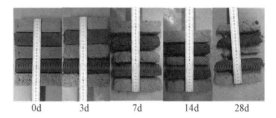

图 6 - 12　8%NaOH 溶液中浸泡的试件表观特征

不同配合比的 MPC 试件腐蚀程度有所差别：MPC 砂浆的耐碱性能比净浆的耐碱性差（J3 试件比 J1 试件腐蚀严重），掺入粉煤灰 MPC 的耐碱性得到改善（J2 好于 J1、J4 好于 J3），磷酸氢二钾取代部分磷酸二氢钾试件的耐碱性能同 MPC 净浆试件相似。

3. 质量损失率

五种配合比 MPC 水泥试件在 0.5%碱溶液中浸泡 28d 后，其质量损失率都未到达 1%，因此未表示在下列各图中，其余各浓度碱溶液浸泡后的试件质量损失率如图 6 - 13 所示。从图 6 - 13 可看出，随着浸泡时间增加，MPC 质量损失率几乎呈线性关系增加，腐蚀产物结构疏松，碱溶液可以透过疏松结构对 MPC 进一步腐蚀。溶液的浓度对腐蚀速率具有显著影响，随着碱溶液浓度的增加，MPC 的腐蚀速度加快。例如 J1 试件在 1%～8%NaOH 溶液

浸泡 28d 后的质量损失率分别为 4.3%、10%、21.8%、70%，其他试件也有相似变化规律。相同浓度的侵蚀溶液，材料的组成不同，侵蚀结果也不同。例如，在 8%NaOH 浓度下，纯 MPC 砂浆试件（J3）的质量损失率最大，达到了 85%，掺加 20%粉煤灰的净浆与砂浆试件（J2 与 J4）比纯 MPC 净浆与砂浆试件（J1 与 J3）质量损失率小；纯 MPC 净浆与掺加 20%粉煤灰的净浆试件（J1 与 J2）比纯 MPC 砂浆与掺加 20%粉煤灰的砂浆试件（J3 与 J4）质量损失率小；而掺 20%粉煤灰的 MPC 净浆及掺 K_2HPO_4 的 MPC 净浆（J2 和 J5）质量损失率接近且最小，约为 55%。

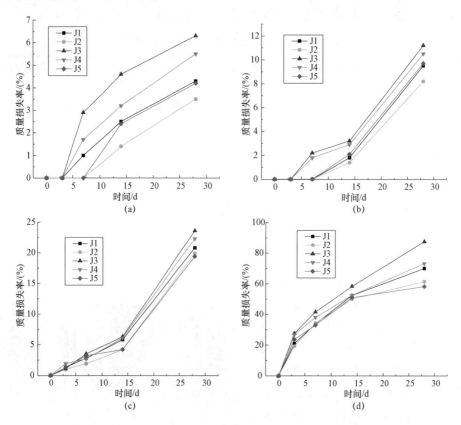

图 6-13　不同浓度氢氧化钠溶液浸泡 MPC 质量损失率

（a）1%NaOH 溶液；（b）2%NaOH 溶液；（c）4%NaOH 溶液；（d）8%NaOH 溶液

4. 腐蚀产物 XRD 分析

将浸泡到设定龄期的各试件表面松散腐蚀物取出、研磨到规定细度后进行 XRD 测试分析，同时与未腐蚀的、相同龄期、相同配合比样品的水化产物 XRD 结果做对比分析，对比各试件腐蚀前后的水化产物组分和相对数量的变化，结果如图 6-14 所示。未浸泡的各样品中存在大量的 $MgKPO_4 \cdot 6H_2O$，同时还存在未参加反应的 MgO 及 KH_2PO_4 等，另外砂浆样品也有 SiO_2 的衍射峰存在。浸泡 3d 后，各样品出现了 $Mg(OH)_2$ 的衍射峰，同时仍然存在 $MgKPO_4 \cdot 6H_2O$；浸泡 28d 后，$Mg(OH)_2$ 的衍射峰强度显著增加，而 $MgKPO_4 \cdot 6H_2O$ 衍射峰强度明显降低，同时还发现有侵蚀溶液结晶物 $Na(OH)$ 的衍射峰出现。各样品中的

MgO 衍射峰及砂浆样品中的 SiO_2 的衍射峰一直存在，其强度有所增加。因此可以认为，MPC 在 NaOH 溶液中浸泡后发生了如下化学反应：

$$KH_2PO_4 + NaOH \longrightarrow K_3PO_4 + Na_3PO_4 + H_2O \qquad (6-3)$$

$$MgKPO_4 \cdot 6H_2O + NaOH \longrightarrow K_3PO_4 + Na_3PO_4 + Mg(OH)_2 + H_2O \qquad (6-4)$$

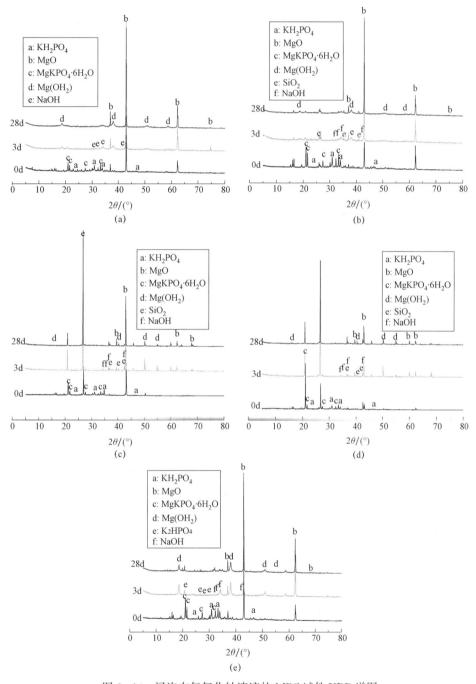

图 6-14　浸泡在氢氧化钠溶液的 MPC 试件 XRD 谱图

(a) J1；(b) J2；(c) J3；(d) J4；(e) J5

MPC 的水化产物 $MgKPO_4 \cdot 6H_2O$ 经碱溶液浸泡后分解，生成了大量的具有膨胀性的水化产物 $Mg(OH)_2$ 以及可溶于碱溶液的 K_3PO_4 和 Na_3PO_4；同时 KH_2PO_4 和 NaOH 的反应产物 K_3PO_4 和 Na_3PO_4 也会溶于碱溶液中，使得 MPC 结构疏松剥落。MgO 和 SiO_2 的衍射峰强度增加是由于被测样品中上述物质的相对含量增加所致。

5. SEM‐EDS 分析

采用 SEM‐EDS 研究了未腐蚀、不同浓度溶液腐蚀及不同浸泡龄期的 MPC 形貌及组成元素变化。测试的腐蚀样品为 MPC 的松散腐蚀物。为了增强比较效果，图 6‐15 对比列出了未腐蚀、腐蚀最为严重的 8% 浓度的碱溶液中浸泡 28d 后的各样品腐蚀产物 SEM 形貌图。

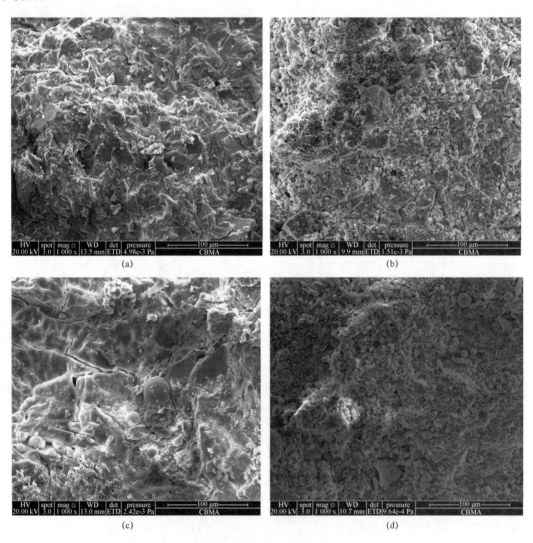

图 6‐15　浸泡在氢氧化钠溶液的 MPC 的 SEM 图像

(a) J1 未腐蚀；(b) J1 腐蚀后；(c) J2 未腐蚀；(d) J2 腐蚀后

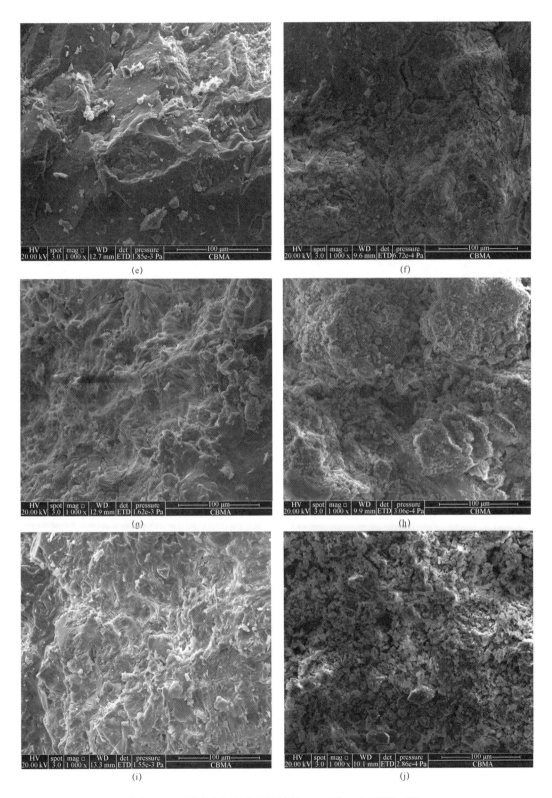

图 6 - 15　浸泡在氢氧化钠溶液的 MPC 的 SEM 图像（续）

（e）J3 未腐蚀；（f）J3 腐蚀后；（g）J4 未腐蚀；（h）J4 腐蚀后；（i）J5 未腐蚀；（j）J5 腐蚀后

（1）SEM 分析。根据图 6-15 可以看出：未腐蚀的五种配合比 MPC 样品的微观结构比较致密，水化产物将未反应的 MgO、KH_2PO_4、粉煤灰及石英砂等紧密包裹、难以区分。在碱溶液中浸泡 28d 后，其内部结构变得疏松，凝胶体大部分都与碱反应，集料大量裸露，并有大量裂缝出现。表明与碱反应的 $MgKPO_4 \cdot 6H_2O$ 被大量消耗，使得结构疏松。

（2）EDS 分析。对各样品的未腐蚀和腐蚀后产物进行了能谱分析，样品中各元素的质量百分比见表 6-13。根据 EDS 分析可以看出：在腐蚀前后 P、K 元素质量百分比明显减小，而 Mg、O 元素质量百分比则有一定程度的增加，Si、Al 元素质量百分比则变化不大。腐蚀后 Na 元素质量百分比显著提高。上述结果表明 MPC 的水化产物 $MgKPO_4 \cdot 6H_2O$ 经碱溶液浸泡后分解，生成了 $Mg(OH)_2$、K_3PO_4 和 Na_3PO_4，同时 KH_2PO_4 和 NaOH 发生化学反应生成 K_3PO_4 和 Na_3PO_4，而 K_3PO_4 和 Na_3PO_4 会溶于碱溶液中，不驻留在疏松腐蚀物中，造成腐蚀产物中 P、K 元素质量百分比显著减小，而 Mg 元素质量百分比略有增加，这与 XRD 分析结果一致。

表 6-13　　　　　　　　　　浸泡在 NaOH 溶液的 MPC 质量百分比　　　　　　　　　　（％）

样品		P	K	Mg	O	Si	Al	Na
J1	未腐蚀	15.23	15.26	20.7	48.81	—	—	—
	腐蚀	3.05	4.72	29.58	51.56	—	—	11.09
J2	未腐蚀	20.14	21.73	19.74	33.5	2.76	2.13	—
	腐蚀	0.91	1.38	24.31	55.35	3.97	2.44	11.64
J3	未腐蚀	19.43	26.25	15.51	35.11	2.46	1.24	—
	腐蚀	9.68	18.89	17.31	38.11	4.44	3.13	8.44
J4	未腐蚀	15.42	17.4	14.63	40.73	7.14	4.68	—
	腐蚀	7.12	9.12	9.68	45.11	9.16	6.45	13.36
J5	未腐蚀	14.92	18.56	36.87	29.65	—	—	—
	腐蚀	6.44	3.29	27.6	41.37	—	—	21.3

参考文献

[6-1] Sarkar，A. Phosphate Cement-Based Fast-Setting Binders [J]. American Ceramic Society Bulletin，1990（69）：234-238.

[6-2] Seehra，S. S.，Gupta，S. Kumar. Rapid setting magnesium phosphate cement for quick repair of concrete pavements - characterisation and durability aspects [J]. Cement & Concrete Research，1993（23）：254-266.

[6-3] Gai，W.，C. S. Liu，X. Z. Wang. Influence of the Compound Additives on Performances of Magnesium Phosphate Bone Cement [J]. Journal of East China University of ence and Technology，2002，28（4）：393-396.

[6-4] Shi，C.，J. Yang，N. Yang，et al. Effect of waterglass on water stability of potassium magnesium phosphate cement paste [J]. Cement and Concrete Composites，2014（53）：83-88.

[6-5] Li，J.，G. Li，Y. Yu. The influence of compound additive on magnesium oxychloride cement/urban

refuse floor tile [J] . Construction and Building Materials，2008，22（4）：521 - 525.

[6 - 6] Yang，Q. ，B. Zhu，X. Wu. Characteristics and durability test of magnesium phosphate cement - based material for rapid repair of concrete [J] . Materials & Structures，2000，33（4）：229 - 234.

[6 - 7] Li，Y. ，B. Chen. Factors that affect the properties of magnesium phosphate cement [J] . Construction & Building Materials，2013，47（10）：977 - 983.

[6 - 8] Deng，D. The mechanism for soluble phosphates to improve the water resistance of magnesium oxychloride cement [J] . Cement & Concrete Research，2003，33（9）：1311 - 1317.

[6 - 9] Ma，C. ，B. Chen. Properties of magnesium phosphate cement containing redispersible polymer powder [J] . Construction & Building Materials，2016（113）：255 - 263.

[6 - 10] Yang，Q. ，S. Zhang，X. Wu. Deicer - scaling resistance of phosphate cement - based binder for rapid repair of concrete [J] . Cement and Concrete Research，2002，32（1）：165 - 168.

[6 - 11] Linnow，K. ，A. Zeunert，M. Steiger. Investigation of Sodium Sulfate Phase Transitions in a Porous Material Using Humidity - and Temperature - Controlled X - ray Diffraction [J] . Analytical Chemistry，2006，78（13）：4683 - 4689.

[6 - 12] Carlos，R. - N. ，D. Eric，S. Eduardo. How does sodium sulfate crystallize? Implications for the decay and testing of building materials [J] . Cement & Concrete Research，2000，30（10）：1527 - 1534.

[6 - 13] Oswald，I. D. H. ，A. Hamilton，C. Hall，et al. In situ characterization of elusive salt hydrates. The crystal structures of the heptahydrate and octahydrate of sodium sulfate [J] . Cheminform，2010，40（52）：17795 - 17800.

[6 - 14] Derluyn，H. ，T. A. Saidov，R. M. Espinosa - Marzal，et al. Sodium sulfate heptahydrate I：The growth of single crystals [J] . Journal of Crystal Growth，2011，329（1）：44 - 51.

[6 - 15] Flatt，R. J. ，F. Caruso，A. M. A. Sanchez，et al. Chemo - mechanics of salt damage in stone [J] . Nature Communications，2014（5）：4823.

第7章 磷酸镁水泥的耐火性能

在前述章节中已经介绍了 MPC 的诸多性能，但有其关高温性能的研究较少，Prosen[7-1]首次发现 MPC 可作为铸造合金牙齿的耐火材料。Abdelrazig[7-2]结合 DTA 和 TG 研究了磷酸镁铵水合物加热过程中的相变。Ding[7-3]研究了 $MgKPO_4 \cdot 6H_2O$(MKP)的 DTA 和 TG 分解曲线。在现有研究的基础上，本文研究了粉煤灰和石英砂制备的 MPC 在不同温度下的性能变化规律。

7.1 磷酸镁水泥的耐火形貌特征

7.1.1 磷酸镁水泥的耐火形貌特征试验

1. 原材料

煅烧温度 1600℃的镁砂呈淡黄色粉末，粉煤灰为二级粉煤灰。镁砂和粉煤灰的物理化学特性见表 7-1。磷酸二氢钾（KH_2PO_4）和硼砂均为白色结晶粉末。KH_2PO_4 的百分含量为 98%，$Na_2B_4O_7 \cdot 10H_2O$ 的百分含量为 99.5%。此外，本研究还采用了 IOS 标准石英砂。

表 7-1　　　　　　　　　　　　　镁砂和粉煤灰的基本性能

样品	MgO /(%)	CaO /(%)	SiO_2 /(%)	Al_2O_3 /(%)	Fe_2O_3 /(%)	烧失量 /(%)	密度 /(g/cm³)	堆积密度 /(g/cm³)	比表面积 /(m²/kg)
镁砂	91.7	1.6	4	1.4	1.3	—	3.46	1.67	805.9
粉煤灰	1.7	6.2	45.3	25.4	11.4	7.5	2.31	0.81	4013

2. 试件制备

试验中使用的 MPC 配合比见表 7-2。P/M 是 KH_2PO_4 与镁砂的摩尔比，缓凝剂含量是硼砂与镁砂质量的比值，粉煤灰含量是粉煤灰与材料总量的比值，砂率是砂与所有胶凝材料的比值。按表 7-2 所示的设计比例，通过混合氧化镁、磷酸二氢钾、硼砂和水制备 MPC 浆体。在 40mm×40mm×160mm 的模具中浇筑，30min 后脱模，在温度 20℃±1℃和相对湿度 50%±5%的条件下养护 28d。

表 7 - 2　　　　　　　　　　　　　　MPC 砂浆配合比

样品	P/M	缓凝剂/（%）	粉煤灰/（%）	砂率
C	1/4	5	0	0
F_1	1/4	5	10	0
F_2	1/4	5	20	0
F_3	1/4	5	40	0
S_1	1/4	5	0	1/0.5
S_2	1/4	5	0	1/1
S_3	1/4	5	0	1/1.5

3. 试验方法

所有试件在电阻炉中以 10℃/min 的速率加热，目标温度分别为 130℃、500℃ 和 1000℃。每次加热，炉内达到目标温度后保持 3h，以达到热稳定状态。炉内的时间—温度曲线符合建筑构件耐火试验方法（ISO 834）推荐的标准曲线。加热处理完成后，对 MPC 试件的形貌及质量变化进行分析。

7.1.2　磷酸镁水泥的耐火形貌特征试验结果和讨论

1. 形貌特征

煅烧前后 MPC 的表观特征见图 7 - 1。根据图 7 - 1，煅烧前原 MPC（试件 C）颜色为黄色，用粉煤灰制备的 MPC 颜色为灰色。随着粉煤灰掺量的增加，MPC 的颜色逐渐变深。例如，试件 F3 的颜色变为深灰色，接近波特兰水泥的颜色。石英砂制备的 MPC 与原 MPC（试件 C）颜色相同。

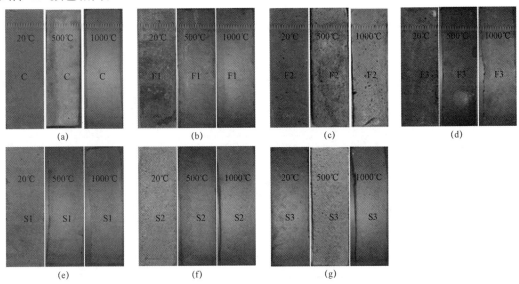

图 7 - 1　高温处理 MPC 的表观特征

（a）试件 C；（b）试件 F1；（c）试件 F2；（d）试件 F3；（e）试件 S1；（f）试件 S2；（g）试件 S3

当温度上升到 70℃ 时，少量的水蒸气从炉中蒸发出来。随着温度的不断升高，水蒸气持续蒸发。当温度上升到 200℃ 时，水蒸气几乎消失。

当煅烧温度为 130℃ 时，试件的外观没有明显变化。当煅烧温度升至 500℃ 时，试件颜色变浅。粉煤灰制备的 MPC 颜色均为浅灰色，无明显差异。当煅烧温度升至 1000℃ 时，MPC 试件表面均出现大量细小裂纹。含粉煤灰的 MPC（试件 F1、F2、F3）裂纹比原状 MPC（试件 C）的裂纹多，且随着粉煤灰掺量的增加，裂纹逐渐增大。石英砂制备的 MPC 发生了弯曲和膨胀变化，并随着石英砂掺量的增加，试件尺寸的变化逐渐增大。

原因分析：由于煅烧 MgO 为淡黄色，MPC 中存在大量未反应的氧化镁，因此 MPC 的颜色为淡黄色。粉煤灰的加入改变了 MPC 的颜色，石英砂的加入对 MPC 的颜色没有影响。粉煤灰中含有一定量的碳，较高的煅烧温度使粉煤灰中的碳与氧发生反应，使粉煤灰制备的 MPC 颜色由灰色变为淡黄色，煅烧后表面裂纹较多。石英砂在 1000℃ 高温下发生热膨胀，试件尺寸发生变化。

2. 质量损失

MPC 在不同温度下煅烧后的质量损失见表 7 - 3。可知：①当煅烧温度为 130℃ 时，所有试件均出现较高的质量损失。质量损失范围为 12.04%～12.92%，质量损失最大的试件为 C（12.92%），质量损失最小的试件为 F1（12.04%）。②随着煅烧温度的升高，MPC 的质量损失增大，但质量损失衰减速率减小。掺加粉煤灰时，在 500℃ 下煅烧的 MPC 质量损失比 130℃ 时高 44.8%，在 1000℃ 时的质量损失仅比 500℃ 时高 0.67%。③在一定的煅烧温度下，随着粉煤灰掺量的增加，MPC 的质量损失增大。例如，在 500℃ 时，F1、F2、F3 的质量损失分别为 17.11%、17.32%、17.54%。但随着石英砂含量的增加，MPC 的质量损失减小。例如，在 1000℃ 时，S1、S2、S3 的质量损失分别为 17.11%、17.32%、17.54%。其原因是石英砂本身质量在煅烧前后没有变化，但随着石英砂含量的增加，MPC 相对含量降低，试件中的水（自由水、结合水）损失降低。因此随着石英砂含量的增加，MPC 的质量损失减小。

表 7 - 3　　　　　　　　　不同煅烧温度下的 MPC 试件质量损失百分比　　　　　　　　　（%）

样品	130℃	500℃	1000℃	样品	130℃	500℃	1000℃
C	12.92	19.28	19.61	S1	12.46	15.64	15.72
F1	12.04	17.11	17.13	S2	12.29	15.42	15.67
F2	12.08	17.32	17.45	S3	12.24	15.14	15.60
F3	12.14	17.54	17.54	平均值 S	12.33	15.4	15.66
平均值 F	12.30	17.81	17.93				

7.2　磷酸镁水泥的耐火抗压强度

7.2.1　磷酸镁水泥的耐火抗压强度试验

1. 原材料

MPC 的耐火抗压强度试验用原材料同 MPC 的耐火形貌特征试验用原材料。

2. 试件制备

MPC 的耐火抗压强度试验用试件同 MPC 的耐火形貌特征试验用试件。

3. 试验方法

按照《水泥胶砂强度检验方法（ISO 法）》（GB/T 17671）进行抗压强度试验。

7.2.2　磷酸镁水泥的耐火抗压强度试验结果和讨论

不同温度下煅烧 3h 后 MPC 的强度如图 7-2 所示。由图 7-2（a）可知：①粉煤灰提高了 MPC 的 28d 抗压强度。在一定掺量范围内，随着粉煤灰掺量的增加，MPC 的抗压强度提高。例如，试件 F3 的抗压强度比试件 F2 高 2.54%。②当煅烧温度为 130℃时，MPC 的强度明显降低。例如，试件 F2 在煅烧前的抗压强度比煅烧后的抗压强度高 82.8%。随着温度的升高，MPC 的强度逐渐降低。例如，F3 试件在 130℃时的抗压强度比 500℃时高 64.6%，在 500℃时的抗压强度比 1000℃时高 20.2%。③一些研究表明[7-4]，粉煤灰中的 CaO 会与未反应的 KH_2PO_4 反应生成新的水化产物（如 $CaHPO_4 \cdot 6H_2O$ 等），从而提高了 MPC 的抗压强度，但新的水化产物经煅烧后会发生分解，降低了 MPC 的抗压强度，例如，$CaHPO_4 \cdot 6H_2O$ 在 424℃分解。在相同的煅烧条件下，随着粉煤灰掺量的增加，MPC 的强度逐渐降低。例如，随着粉煤灰掺量的增加，1000℃煅烧 3h 后 MPC 的抗压强度分别为 20.8MPa（F1）、19.8MPa（F2）、18.8MPa（F3）。

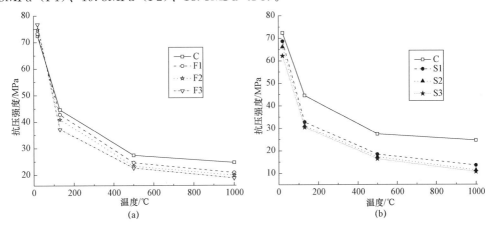

图 7-2　MPC 抗压强度

（a）掺粉煤灰；（b）掺石英砂

99

由图 7-2（b）可知：①掺加石英砂降低了 MPC 的 28d 抗压强度。随着石英砂掺量的增加，MPC 的抗压强度降低。例如，试件 S3 的抗压强度比试件 S2 低 6％。②当煅烧温度为 130℃时，石英砂制备的 MPC 强度明显降低。例如，试件 S2 经煅烧后的抗压强度比煅烧前降低了 53.1％。随着温度的升高，MPC 的抗压强度逐渐降低。例如，试件 S3 在 130℃、500℃、1000℃煅烧 3h 后的抗压强度分别为 30.5MPa（S1）、16.4MPa（S2）、10.6MPa（S3）。③石英砂对 MPC 抗压强度的影响大于粉煤灰对 MPC 抗压强度的影响。例如，当煅烧温度为 500℃时，试件 S1 的抗压强度比试件 C 低 32.8％，试件 F1 的抗压强度比试件 C 低 10.2％。

7.3　磷酸镁水泥耐火性能的微观试验研究

7.3.1　磷酸镁水泥耐火性能的微观试验

1. 原材料

MPC 耐火性能的微观试验用原材料同 MPC 的耐火形貌特征试验用原材料。

2. 试件制备

MPC 耐火性能的微观试验用试件的制备方法同 MPC 的耐火形貌特征试验用试件的制备方法。

3. 试验方法

在试件表面 5mm 范围内的取样，用于热分析、成分分析、微观形貌分析。热分析设备为集成热分析仪（STA 449C，德国），X 射线衍射仪为 D8 ADVANCE（Bruker，德国），扫描电子显微镜为 Quanta200（Fei，日本）。

7.3.2　磷酸镁水泥耐火性能的微观试验结果及讨论

1. 热分析

取具有代表性的试件（C、F2、S2）进行热重—差热分析（TG-DTA），结果如图 7-3 所示：在 125℃的温度下，试件在加热过程中有一个明显的吸热峰，质量损失明显。研究表明，MKP 受热后会发生如式（7-1）所示的分解反应。当温度为 32～105℃时，MPC 内部有少量游离水蒸发，质量损失较小；当温度达到 105～200℃时，大量结晶水蒸发，MPC 质量明显下降，残余质量为原始质量的 82.8％；当温度为 200～400℃时，MPC 内的残余结晶水继续流失，质量略有下降；随着温度升高到 400～600℃时，MPC 质量损失率逐渐减小，此时残余质量保持在原始质量的 81％～82％。其原因是 MKP 内部的结晶水在前期大量流失，水化产物几乎转变为 $MgKPO_4$。热分析表明，当煅烧温度超过 200℃时，煅烧温度对 MPC 的影响较小。外掺材料（粉煤灰或石英砂）没有改变 MPC 吸热峰的位置。

$$MgKPO_4 \cdot 6H_2O \longrightarrow MgKPO_4 + 6H_2O \uparrow \qquad (7-1)$$

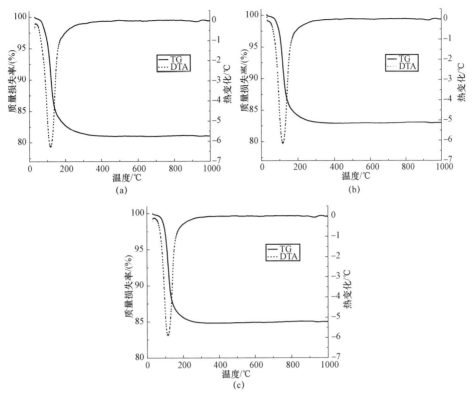

图 7 - 3　MPC 试件的 TG - DTA 分析

（a）试件 C；（b）试件 F2；（c）试件 S2

2. XRD 分析

选择具有代表性的样品 C、F2、S2 进行 XRD 和 SEM 测试分析。取 20℃、130℃、1000℃试件的表面部分，磨碎至规定细度，用 XRD 测试分析了水化产物的组成及相对含量的变化。分析结果如图 7 - 4 所示。

由图 7 - 4 和表 7 - 4 可知：MPC 的主要组分为水化产物 $MgKPO_4 \cdot 6H_2O$、未反应 MgO，以及粉煤灰中组分及石英砂集料等。MPC 中大量的 $MgKPO_4 \cdot 6H_2O$ 经煅烧后失去结晶水转变为 $MgKPO_4$，其他组分几乎没有变化。由图 7 - 4 可知，$MgKPO_4 \cdot 6H_2O$ 在煅烧前（图 7 - 4 中为 20℃时）的衍射峰强度远高于煅烧后（图 7 - 4 中为 130℃、1000℃时）的衍射峰强度。1000℃煅烧 3h 后的 $MgKPO_4$ 生成量略高于 130℃煅烧后的生成量。例如，样品 F2 在 1000℃煅烧后产生的 $MgKPO_4$ 比 130℃煅烧时高出 2%。超过一定煅烧温度范围后，温度高低对 MPC 中 $MgKPO_4 \cdot 6H_2O$ 的分解程度影响不显著，其原因是：①$MgKPO_4 \cdot 6H_2O$ 失去结晶水并转变为 $MgKPO_4$ 的临界温度为 125℃；当温度超过 125℃后持续升温，$MgKPO_4 \cdot 6H_2O$ 继续失水转变为 $MgKPO_4$ 的数量明显减弱。②矿物掺合料及石英砂对 MPC 水化产物的类型和分解温度没有影响，掺加矿物掺合料和石英砂的 MPC 衍射峰在煅烧前后的变化特征与未掺加粉煤灰或砂（试件 C）相同。（见表 7 - 4）

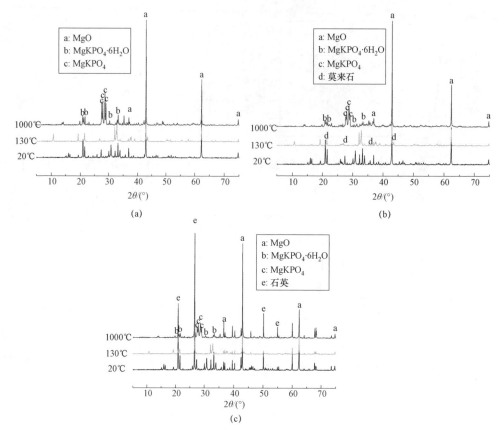

图 7-4　MPC 样品的 XRD 分析图

（a）样品 C；（b）样品 F2；（c）样品 S2

表 7-4　　　　　　　　　　　MPC 样品的矿物组成与比例　　　　　　　　　　　（%）

样品	C			F2			S2		
温度/℃	20	130	1000	20	130	1000	20	130	1000
MgO	52.9	52.3	52.1	44.4	43.1	42.9	36.7	35.8	35.3
MgKPO$_4$·6H$_2$O	47.1	5.8	5.2	48.3	7.1	5.1	32.0	3.6	2.0
MgKPO$_4$	—	41.9	42.7	—	42.1	44.9	—	30.1	31.5
莫来石	—	—	—	7.3	7.7	7.1	—	—	—
石英	—	—	—	—	—	—	31.3	31.5	31.2

3. SEM 分析

用扫描电镜分析了不同试验条件下 MPC 的形貌特征，样品取自 MPC 试件煅烧后的表面材料。图 7-5 显示了样品 C、F2、S3 在 20℃养护条件下的微观形貌，以及样品在 1000℃下经 3h 煅烧的微观形貌，放大倍数为 2000 倍。

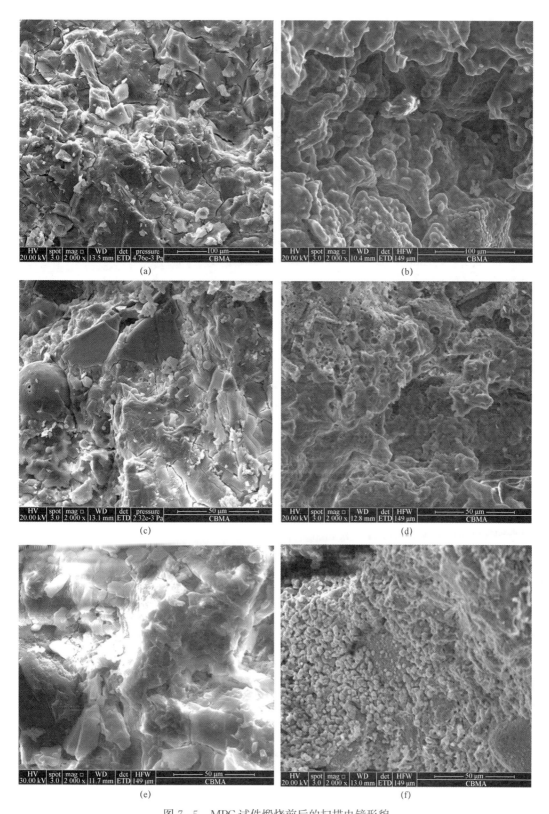

图 7 - 5　MPC 试件煅烧前后的扫描电镜形貌

（a）C—20℃；（b）C—1000℃；（c）F2—20℃；（d）F2—1000℃；（e）S3—20℃；（f）S3—1000℃

根据扫描电镜图可以看出：未加热样品中大量的 $MgKPO_4 \cdot 6H_2O$ 将未反应的 MgO、矿物掺合料及石英砂等黏结在一起形成致密结构；在 1000℃下煅烧 3h 后，$MgKPO_4 \cdot 6H_2O$ 失去结晶水，微观结构被破坏成片状结构堆积在一起，微观结构出现大量孔洞，使 MPC 的性能下降。含粉煤灰 MPC 煅烧后的微观结构比无粉煤灰 MPC 的微观结构更加疏松，因为随着粉煤灰中残存的少量碳被高温煅烧而消耗，会出现一些杂乱的孔洞。石英砂制备的 MPC 结构煅烧后发生了明显变化，砂粒和凝胶出现分离现象，大量砂粒表面附着松散的片状和块状物，石英砂对 MPC 的影响大于粉煤灰对 MPC 的影响。

参考文献

[7-1] EM, P. Refractory materials for use in making dental casting：USA：US 215 2152 [P]. 1939.

[7-2] Abdelrazig, B. E. I. , J. H. Sharp. Phase changes on heating ammonium magnesium phosphate hydrates [J]. Thermochimica Acta, 1988, 129 (2)：197-215.

[7-3] Shi, C. , J. Yang, N. Yang, et al. Effect of waterglass on water stability of potassium magnesium phosphate cement paste [J]. Cement and Concrete Composites, 2014 (53)：83-87.

[7-4] Li, Y. , B. Chen. Factors that affect the properties of magnesium phosphate cement [J]. Construction & Building Materials, 2013, 47 (10)：977-983.

第三篇　磷酸镁水泥的微细观模拟

第8章　磷酸镁水泥的抗压细观模拟

前几章已经介绍了 MPC 的水化硬化机理和一系列相关性能，如水胶比（W/B）、MgO 与 KH_2PO_4 摩尔比（M/P）、养护龄期、碳纳米管和粉煤灰等添加剂对物理力学性能的影响，提出了 MPC 的微观结构－性能关系。然而，目前还没有基于有限元分析来解释 MPC 强度形成机理的报道。

纳米压痕技术和 X 射线断层扫描（X-CT）技术是研究水泥基材料性能最先进、最有效的技术之一。一方面，胡传林等人[8-1, 8-2]通过纳米压痕试验测定水泥不同相的弹性模量，并使用均匀化方法计算水泥基材料的整体弹性模量。我们采用扫描电镜结合纳米压痕技术对盐水腐蚀后的水泥浆体进行了测试，得到了不同腐蚀龄期水泥浆体的弹性模量和硬度。另一方面，X-CT 技术作为最先进的无损检测技术之一，可以获得物体内部真实的三维结构。因此，Coleri 等人[8-3]通过 X-CT 获得沥青混合料内部微观结构，建立了沥青混合料剪切模量的有限元模型。Skarzski 等人[8-4]根据 X-CT 图像，建立了具有真实微观结构的混凝土断裂模型，研究集料颗粒间断裂带的形状。Dai[8-5]利用 X-CT 技术获取了沥青混合料的内部微观结构，建立了二维和三维微观力学有限元模型，用于预测沥青混合料的黏弹性。杨军等人[0 0]提出了基于混凝土试件的 X-CT 图像 3D 打印模型，在透明基质中复制其复杂的骨料结构。然而，纳米压痕技术和 X-CT 技术尚未应用于 MPC 的弹性模量和内部三维结构的研究。

因此，本章提出了一种利用纳米压痕技术和有限元分析研究 MPC 抗压强度的试验－模拟方法。首先，采用压汞仪（MIP）测试 MPC 的抗压强度和孔隙率。其次，采用纳米压痕法测试了 MPC 的微观弹性模量，并结合 X 射线衍射（XRD）和扫描电镜能谱仪（SEM-EDS）研究了各压痕区的化学成分。此外，将 Mori-Tanaka（MT）方法与自洽（SC）方法相结合，用均匀化方法计算了 MKP 和 MgO 作为 MPC 组分的微观弹性模量。然后用 X-CT 扫描 MPC，获得 MPC 的内部结构。通过 AVIZO 软件对 CT 数据的多阈值处理，建立了 MPC 的四面体网格模型，将其导入 ABAQUS 软件中作为有限元模型，对 MPC 进行单轴压缩行为模拟。最后，根据均匀化结果和修正后的本构关系对模型的输入参数进行了标定，将模拟的荷载位移结果与试验结果进行了比较。

8.1　磷酸镁水泥有限元模型的输入参数测定

8.1.1　磷酸镁水泥有限元模型输入参数的试验

1. 原材料

本研究所用的原材料为氧化镁、磷酸二氢钾、硼砂、去离子水和 MKP。磷酸二氢钾、硼砂和 MKP 为分析纯。

2. 试件制备

研究表明，当 M/P 摩尔比为 4~5，水胶比为 0.14~0.16，缓凝剂为硼砂时，MPC 的性能良好[8-7,8-8]。将氧化镁、磷酸二氢钾、硼砂和水混合搅拌，得到 MPC。摩尔比 M/P 为 4.5，水胶比为 0.14，硼砂为氧化镁质量的 5%。试件在 20℃的空气中养护 28d。本研究采用压力机、MIP、XRD、纳米压痕、SEM-EDS 和 X-CT 等手段对 MPC 的物理化学性能和微观结构进行分析。用于强度测试和 X-CT 扫描的样本尺寸为 40mm×40mm×80mm，如图 8-1 (a) 所示。从 MPC 试件中切取 10mm×10mm×10mm 的立方体，用环氧树脂密封，作为纳米压痕试验的试件。此外，将 MKP 颗粒与质量比为 1/15 的环氧树脂混合，搅拌 5min，硬化 6h，进行相同的试验。由于纳米压痕试验对试件的光滑度要求很高，必须对试件进行预处理，具体方法：用研磨抛光机的砂纸（400 号、800 号、1200 号和 2500 号）依次打磨树脂密封样品的表面。然后，用 0.25μm 钻石悬浮液用帆布和丝绸抛光样品。此外，利用原子力显微镜（AFM）分析了抛光样品的粗糙度，并将表面粗糙度控制在 100nm 以下。最后，用超声波清洁器用无水乙醇清洗样品 15min，以去除吸附的颗粒或粉末。用于纳米压痕试验的 MPC 和 MKP 样品分别显示在图 8-1 (b) 和图 8-1 (c) 中。

（a）　　　　　　　　　　（b）　　　　　　　　　　（c）

图 8-1　试验样品

（a）抗压强度试验和 X-CT 扫描用 MPC；（b）纳米压痕试验用环氧树脂密封的 MPC；
（c）纳米压痕试验用与环氧树脂混合的 MKP 颗粒

3. 试验方法

（1）MPC 的强度和宏观弹性模量。采用微机控制电液伺服万能试验机进行最大载荷 300kN 的 MPC 单轴压缩试验。选取 6 个 MPC 试件进行强度试验，加载速率为 0.2kN/s，测量后计算 6 个试验值，如果某试验值与平均值相差超过 15%，则放弃该测试值，并进行更多测试，最终得到 MPC 强度的平均值。

根据《压缩混凝土的静态弹性模量和泊松比的标准试验方法》（ASTM C469）提出的方法，选择 6 个 MPC 试件进行宏观弹性模量试验。计算得到 6 个试验值，以获得 MPC 宏观弹性模量的平均值 E_c。数据的处理方法与 MPC 的强度数据处理方法相同。

（2）MPC 和 MKP 的孔隙率。采用自动压汞孔渗仪（MIP）对 MPC 和 MKP 试件的孔隙率进行了测量。在计算孔隙率的 Washburn 方程中，Hg 接触角为 130.0°，表面张力为 0.485N/m。

（3）MPC 的 XRD 分析。采用 X 衍射仪对 MPC 的矿物组成进行了研究。扫描角度范围为 $-6° \sim 163°$（2θ）。取干燥的 MPC 试件，在玛瑙研钵中研磨，使粉末通过 80 μm 的方孔筛，将制备好的粉末压在专用玻璃样品板上进行 XRD 测试。

（4）MPC 和 MKP 的纳米压痕分析。采用纳米压痕仪，用伯克维奇压头（中心线与侧面夹角为 65.35°的正三角形棱锥）进行纳米压痕试验。由于非均匀特性，应选择适当的加载深度和压痕间距。

纳米压痕试验分为三个阶段。第一个阶段是加载阶段，本阶段试件发生弹性变形，随着载荷的增加产生塑性变形。然后，在达到最大压痕深度时进入恒定加载阶段。最后阶段是反映压痕点弹性恢复的卸载阶段。通过拟合卸载曲线上半部分的弹性截面，得到了接触刚度 S。根据 Oliver - Phar 原理[8-9]，纳米压痕点的弹性模量可用式（8-1）计算

$$E = \frac{1-\nu^2}{\frac{2\beta}{S}\sqrt{\frac{A}{\pi}} - \frac{1-\nu_i^2}{E_i}} \tag{8-1}$$

式中　E——材料的微观弹性模量；

　　　ν——材料的泊松比；

　　　β——修正系数，$\beta=1.034$；

　　　S——接触刚度；

　　　A——接触面积；

　　　ν_i——压头参数，$\nu_i=0.07$；

　　　E_i——压头参数，$E_i=1141$GPa。

在本研究中，分别在 MPC 试件和 MKP 试件上进行纳米压痕试验，以获得微观弹性模量。

（5）MPC 和 MKP 的 SEM - EDS 分析。采用场发射环境扫描电子显微镜（FEG - SEM）和能谱仪（EDS）对 MPC 和 MKP 纳米压痕点的元素组成进行了分析。SEM 和 EDS 的分辨率分别为 3.5nm 和 130eV。

（6）MPC 的 X - CT 分析。X - CT 技术是目前能获得物体内部三维结构的最先进的无损检测技术之一。因为每个组分都有其独特的 X 射线吸收系数，不同组分在 CT 图像中具有不同的灰度值，因此可以区分各个物相[8-10]。用钨靶在 150kV 加速电压和 140μA 束流条件下，以 0.32s 的曝光时间获得 X 射线投影。

8.1.2　酸镁水泥有限元模型输入参数的试验结果和讨论

1. 强度和宏观弹性模量

测得的 MPC 平均峰值载荷为 86.2kN。MPC 的应力应变曲线如图 8-2 所示，峰值应力为 53.9MPa，峰值应变为 1.2‰。MPC 的应力应变曲线与混凝土的上升期和下降期应力应变曲线相似。上升阶段初期的曲线斜率近似恒定，意味着应力随应变线性增加。随着应变的增加，上升阶段后期的曲线斜率逐渐减小，应力逐渐增大，直至达到峰值应力。在下降阶段，应力随应变的增加而迅速减小。MPC 的宏观弹性模量为 57.5GPa。

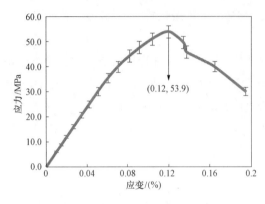

图 8-2　MPC 的应力—应变曲线

2. MPC 和 MKP 孔隙率

MIP 测量 MPC 和 MKP 的孔隙率分别为 23% 和 61%，该数值为 X—CT 图像的均匀化计算和阈值分割提供了参数依据。

3. MPC 的 XRD 分析

MPC 的 XRD 结果如图 8-3 所示。MPC 的矿物组成为未反应 MgO 和水化产物 MKP。根据 Rietveld 方法[8-11]的定量分析，MgO 和 MKP 的质量分数分别为 72.8% 和 27.2%。当 MgO 密度为 $3.54g/cm^3$，MKP 密度为 $1.864g/cm^3$ 时，MgO 和 MKP 的体积分数分别为 58.5% 和 41.5%。因此，由 MgO、MKP 和孔隙组成的三相 MPC 的体积分数分别为 45%、32% 和 23%。

4. MPC 和 MKP 的纳米压痕分析

选择 16 个纳米压痕点测试 MPC 样品的微观弹性模量，形成 4×4 矩阵，如图 8-4（a）所示，编号从 P_{11} 到 P_{44}。MKP 试件选择 9 个压痕点以获得微观弹性模量，形成 3×3 矩阵，如图 8-4（b）所示，编号从 P_{15} 到 P_{37}。压痕深度约为 2000nm，两个相邻压痕

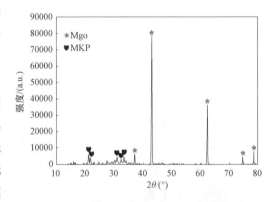

图 8-3　通过 XRD 分析 MPC 成分的强度

点的间距为 $20\mu m$。16 个纳米压痕点和 9 个纳米压痕点的微观弹性模量分别显示在图 8-4（a）和图 8-4（b）中，其范围分别为 29~121GPa 和 7.1~10.5GPa。

5. MPC 的 SEM-EDS 分析

用 SEM-EDS 测定了 MPC 中 16 个压痕点的原子数量比，见表 8-1。每个压痕点有两个数据，分别是氧原子和镁原子的数量百分比。例如，压痕点 P_{11} 的数据"69.87，18.78"表示压痕点 P_{11} 的氧原子和镁原子的数量百分比分别为 69.87% 和 18.78%。以压痕点 P_{31} 为例，其 SEM-EDS 图像和不同元素的原子数量百分比显示于图 8-5 中。

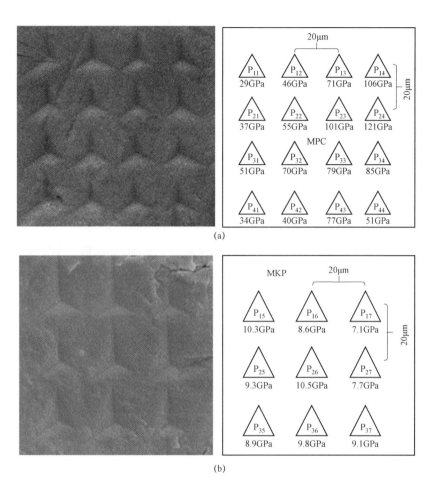

图 8-4　纳米压痕点矩阵和相应的弹性模量

（a）MPC；（b）MKP

表 8-1　　　　　　　MPC 的 16 个纳米压痕点的氧原子和镁原子的原子数量比　　　　　　（%）

P_{ij}	P_{i1}	P_{i2}	P_{i3}	P_{i4}
P_{1j}	69.87，18.78	63.92，28.13	59.23，35.49	54.93，42.26
P_{2j}	66.53，24.02	61.74，31.55	55.81，40.86	53.96，43.78
P_{3j}	62.73，29.99	59.48，35.11	58.26，37.01	57.43，38.32
P_{4j}	67.74，22.12	65.53，25.59	58.37，36.84	62.36，30.58

根据式（8-2）中 MPC 的水化反应方程，用 SEM-EDS 分析了 MPC 的成分和压痕点的原子比，用式（8-3）计算了各压痕点 MgO 和 MKP 的分子量。

$$MgO + KH_2PO_4 + 5H_2O \rightleftharpoons MgKPO_4 \cdot 6H_2O$$
$$(8-2)$$

元素	原子比/(%)
O	62.73
Mg	29.99
P	3.66
K	3.62
总量	100.00

编号:EDS-P_{31}

图 8-5　P_{31} 的 SEM—EDS 图像和原子数量比

$$\begin{bmatrix} 1 & 10 \\ 1 & 1 \end{bmatrix} \times \begin{bmatrix} x_1 \\ x_2 \end{bmatrix} = \begin{bmatrix} R_{\mathrm{O}} \\ R_{\mathrm{Mg}} \end{bmatrix} \tag{8-3}$$

式中　x_1——MgO 分子数量的百分比；

　　　x_2——MKP 分子数量的百分比；

　　　R_{O}——O 元素的原子数量比；

　　　R_{Mg}——Mg 元素的原子数量比。

方程的系数表示 MgO 和 MKP 化学式中相应原子的数目。例如，在系数矩阵的第一行中，MgO 化学式中有 1 个氧原子，MKP 化学式中有 10 个氧原子。MgO 和 MKP 的质量百分比是通过分子数量的百分比乘以每个压痕点对应的分子量来计算的。随后，通过质量百分比除以每个压痕点的相应密度，得到 MgO 和 MKP 的体积比。此外，根据 8.1.2 节测量的 MPC 孔隙率，每个压痕处的孔隙体积分数被认为是 23%。MPC 试件中 16 个纳米压痕点的 MgO 和 MKP 的体积分数见表 8-2。

表 8-2　　　　　　　　　16 个纳米压痕点的 MgO 和 MKP 体积分数　　　　　　　　（%）

P_{ij}	P_{i1}	P_{i2}	P_{i3}	P_{i4}
P_{1j}	20.2, 56.8	37.2, 39.8	50.6, 26.4	62.9, 14.1
P_{2j}	29.7, 47.3	43.4, 33.6	60.4, 16.6	65.7, 11.3
P_{3j}	40.6, 36.4	49.9, 27.1	53.4, 23.6	55.7, 21.3
P_{4j}	26.3, 50.7	32.6, 44.4	53.1, 23.9	41.7, 35.3

6. MPC 的 X-CT 分析

对 MPC 标本进行 X-CT 扫描，获得 3800 幅像素级为 1900×1900、像素尺寸为 0.032mm 的二维切片图像。第 8.3.1 节对这些 CT 图像进行了详细分析。

8.2　磷酸镁水泥和六水磷酸钾镁弹性模量的均匀化分析

8.2.1　均匀化方法

均匀化是用等效的均匀介质代替实际的非均匀材料，以确定有效的宏观性能。假设非均质材料的代表性体积单元（RVE）的边界应变是均匀的，则可根据式（8-4）计算复合材料的有效刚度。

$$L^{\mathrm{hom}} = \sum_{r=0}^{N} c_r L_r : A_r = L_0 + \sum_{r=1}^{N} c_r (L_r - L_0) : A_r \tag{8-4}$$

式中　L^{hom}——均匀化的四阶整体弹性刚度张量；

　　　L_0——矩阵的弹性刚度张量；

　　　L_r——相位 r 的弹性刚度张量；

　　　c_r——相位 r 的体积分数，相位 r 体积与总体积之比；

　　　A_r——相位 r 的应变集中或局部化张量，将宏观量集中到微观相。

均匀化方法广泛应用于非均匀材料的研究，包括 Mori‑Tanaka（MT）方法和自洽（SC）方法。Mori T 和 Tanaka K[8‑12]于 1973 年提出了 MT 方法，假设包裹相嵌入无限大矩阵中并受到矩阵的力。总的来说，基体相被选为参考物质相，基体体积比包裹相大得多。SC 法将参考介质视为与均匀介质相同的介质，主要用于难以确定基体的复合材料。Kroner 首先用 SC 方法研究了多晶材料的弹性特性，Hill 和 Budiansky 进一步用 SC 方法预测了复合材料的有效模量[8‑13,8‑14,8‑15]。本章采用 MT 法和 SC 法相结合的方法，计算了 MPC 各压痕点的有效微观弹性模量。图 8‑6 示出 SC 方法的示意图，其中红色部分表示 MgO，黄色部分表示 MKP，蓝色部分表示孔隙。

本研究中的均匀化计算分为三个步骤。首先，MKP 试件纳米压痕点的微观弹性模量是纯 MKP 结合孔隙的有效微观弹性模量。第 8.1.2.2 节用 MIP 法测得的 MKP 试件孔隙率为 61%。也就是说，MKP 试件由体积分数分别为 61%和 39%的孔和纯 MKP 组成，纯 MKP 的体积小于孔。因此，采用 MT 法计算了 MKP 试件压痕点的微观弹性模量。其次，认为 MPC 试件压痕点的微观弹性模量是 MgO、MKP 和孔隙组合的有效微观弹性模量。根据第 8.1.2.3

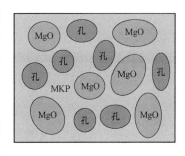

图 8‑6　MPC 自洽模型

节，MPC 试件中的 MgO、MKP 和孔的体积分数分别为 45%、32%和 23%。基体相和包裹相的测定比较困难。因此，用 SC 法计算了 MPC 试件压痕点的微观弹性模量。再次，在第二步中，基于同样的原因，采用 SC 法计算 MPC 试件的微观弹性模量，并与第 8.1.2.1 节中测量的宏观 MPC 弹性模量进行比较，验证了前两步均匀化计算的正确性。此外，在第 8.3.2 节中，将 MgO 的微观弹性模量和用均匀化方法计算的 MKP 作为有限元模拟的输入参数。

在 MT 法中，孔隙和纯 MKP 分别作为基体相和球形包裹体。将 MT 法计算有效体积模量和剪切模量的公式简化为式（8‑5）和式（8‑6）。

$$k_{\mathrm{MT}}^{\mathrm{hom}} = k_0 + \frac{c_1 k_0 (k_1 - k_0)}{k_0 + \alpha_0 (1 - c_1)(k_1 - k_0)} \tag{8-5}$$

$$\mu_{\mathrm{MT}}^{\mathrm{hom}} = \mu_0 + \frac{c_1 \mu_0 (\mu_1 - \mu_0)}{\mu_0 + \beta_0 (1 - c_1)(\mu_1 - \mu_0)} \tag{8-6}$$

式中　$k_{\mathrm{MT}}^{\mathrm{hom}}$ 和 $\mu_{\mathrm{MT}}^{\mathrm{hom}}$——体积模量和剪切模量；

　　　　k_0 和 μ_0——孔隙的体积模量和剪切模量，本研究均为 0；

　　　　k_1 和 μ_1——MKP 的体积模量和剪切模量。

并用式（8‑7）式（8‑8）计算了参数 α_0 和 β_0。

$$\alpha_0 = \frac{3k_0}{3k_0 + 4\mu_0} \tag{8-7}$$

$$\beta_0 = \frac{6(k_0 + 2\mu_0)}{5(3k_0 + 4\mu_0)} \tag{8-8}$$

弹性模量、体积模量和剪切模量之间的关系用式（8‑9）～式（8‑11）表示。

$$k = \frac{E}{3(1 - 2\nu)} \tag{8-9}$$

$$\mu = \frac{E}{2(1+\nu)} \tag{8-10}$$

$$E = \frac{9k\mu}{3k+\mu} \tag{8-11}$$

式中　E——微观弹性模量；

　　　ν——泊松比。

用基于式（8-12）和式（8-13）的 SC 法计算了 MPC 试件压痕点的微观弹性模量。

$$k_{sc}^{hom} = k_0 + \sum_{r=1}^{N} \frac{c_r(k_r - k_0)(3k_{sc}^{hom} + 4\mu_{sc}^{hom})}{3k_r + 4\mu_{sc}^{hom}} \tag{8-12}$$

$$\mu_{sc}^{hom} = \mu_0 + \sum_{r=1}^{N} \frac{5c_r\mu_{sc}^{hom}(\mu_r - \mu_0)(3k_{sc}^{hom} + 4\mu_{sc}^{hom})}{3k_{sc}^{hom}(3\mu_{sc}^{hom} + 2\mu_r) + \mu_{sc}^{hom}(2\mu_{sc}^{hom} + 3\mu_r)} \tag{8-13}$$

式中　k_{sc}^{hom}——体积模量；

　　　μ_{sc}^{hom}——剪切模量；

　　　k_r——r 相的体积模量；

　　　μ_r——r 相的剪切模量。

8.2.2　MKP 的微观弹性模量

均匀化第一步采用 MT 法计算 MKP 的微观弹性模量，结果作为均匀化第二步的输入参数。假设所有相的泊松比为 0.2，孔的体积分数为 61%，纯 MKP 为 39%，孔的微观弹性模量为 0。然后根据式（8-4）～式（8-10）计算纯 MKP 在各压痕点的微观弹性模量，见表8-3 第 6～8 列。纯 MKP 微观弹性模量平均值为 37.3GPa。相对差定义为平均值的绝对值减去计算值除以平均值。9 个纳米压痕点的相对差平均为 9.4%，标准差为 4.64。因此，MT 法是计算纯 MKP 微观弹性模量的有效方法。

表 8-3　　　　　MgO16 个纳米压痕点和 MKP9 个纳米压痕点的计算弹性模量　　　　　（GPa）

C_{ij}	MgO				MKP		
	C_{i1}	C_{i2}	C_{i3}	C_{i4}	C_{i5}	C_{i6}	C_{i7}
C_{1j}	269.4	286.1	301.8	296.3	42.5	35.6	29.3
C_{2j}	278.6	292.3	310.8	312.7	38.4	43.3	31.8
C_{3j}	294.6	302.1	307.2	300.3	36.7	40.5	37.6
C_{4j}	263.9	286.7	297.2	277.5	—	—	—

8.2.3　MgO 的微观弹性模量

在均匀化的第二步中，假设所有相的泊松比为 0.2。表8-2 列出了每一纳米压痕点处的 MgO、MKP 和孔的体积分数。然后根据式（8-9）～式（8-13）计算了各压痕点的 MgO 微观弹性模量，见表8-3 第 2～5 列。MgO 微观弹性模量平均值为 293GPa。16 个压痕点的相对差平均为 3.9%，标准差为 14.3。因此，用 SC 法计算 MgO 的微观弹性模量是有效的。

用 SC 法计算 MgO 的微观弹性模量，主要受三个方面的影响。首先，纳米压痕区呈三角形，扫描电镜能谱扫描区呈四边形。因此，扫描区成分的计算比值与纳米压痕区成分的计算比值并不完全相同。第二，实际中每个压痕点的孔隙体积分数不同，但在计算时假设为常数。第三，均匀化方法假设所有包裹体都是球形的，这与物体的实际形状并不完全相同。

8.2.4　均匀化方法的验证

在均匀化的第三步，纯 MKP 和 MgO 的微观弹性模量分别为 37.3GPa 和 293GPa。MPC 试件中 MgO 的体积分数为 45%，纯 MKP 的体积分数为 32%，孔隙率为 23%。根据式（8-9）～式（8-13）计算出 MPC 试件纳米压痕区的微观弹性模量为 58.4GPa，与第 8.1.2 节压缩试验测得的 MPC 宏观弹性模量（57.5GPa）几乎相同。验证了 Mori-Tanaka 法和 SC 自洽法相结合的均匀化方法的有效性。

8.3　磷酸镁水泥的抗压行为细观分析

8.3.1　基于 CT 图像分析及 AVIZO 软件处理的 MPC 建模方法

将第 8.1.2.6 节测量的 CT 图像用 AVIZO 软件进行处理。根据不同阶段的灰度值，对 CT 切片进行阈值分割。灰度范围为 8～137、137～143 和 143～230 的部分被认为代表了孔隙、MKP 和 MgO。1900 个切片的阈值分割结果如图 8-7（a）所示，其中红色部分表示 MgO，黄色部分表示 MKP，蓝色部分表示孔隙。整个三维结构的孔隙、MKP 和 MgO 的统计像素数分别为 4.5998E8、6.4158E8 和 8.9844E8，像素数量比分别为 23%、32% 和 45%。基于阈值分割的 MgO、MKP 和孔隙体积分数分别为 45%、32% 和 23%，与第 8.1.2.3 节的三相体积分数一致。因此，用 AVIZO 进行阈值分割是有效的。随后，利用 AVIZO 软件进行阈值分割生成 MPC 样品的四面体网格如图 8-7（b）所示，其中红色部分表示 MgO，黄色部分表示 MKP，蓝色部分表示孔隙。最后，四面体网格模型作为 MPC 有限元模型引入 ABAQUS 软件，如图 8-8 所示。

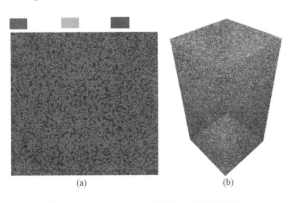

(a)　　　　　　　　(b)

图 8-7　建立 MPC 的网格模型示意图

（a）CT 图像的阈值分割；（b）四面体网格模型

图 8-8　MPC 试件的有限元模型

8.3.2　本构关系和输入参数的校准

本构关系和输入参数是建立有限元模型的关键，有必要分别确定三相的本构关系和输入参数。混凝土的经典拉压本构关系由《混凝土结构设计规范》（GB 50010）提供，广泛应用于水泥基材料的有限元模拟[8-16]。本研究在修正混凝土经典本构关系的基础上，得到了MKP的本构关系。

根据文献［8-17］，混凝土弹性模量与抗压强度之间的关系可用式（8-14）表示。

$$E_{\mathrm{c}} = \frac{10^5}{2.2 + (33/f_{\mathrm{cu}})} \tag{8-14}$$

式中　E_{c}——混凝土的压缩弹性模量；

　　　f_{cu}——混凝土的标准立方体抗压强度。

在式（8-14）的基础上，将微弹性模量与抗压强度的关系表示为式（8-15）。

$$f_{\mathrm{cp}}^* = \beta_{\mathrm{p}} \times \frac{33E_{\mathrm{cp}}}{10^5 - 2.2E_{\mathrm{cp}}} \tag{8-15}$$

式中　f_{cp}^*——MKP的抗压强度；

　　　E_{cp}——MKP的微观抗压弹性模量；

　　　β_{p}——微观弹性模量与抗压强度之间关系的参数，在第8.3.4节中进行了校准。

MKP的压应力-应变曲线方程表示于式（8-16）～式（8-23）中，其中式（8-16）、式（8-17）和式（8-18）分别描述曲线的上升阶段和下降阶段：

当 $x < x_0$

$$y_{\mathrm{p}} = A_0 x \tag{8-16}$$

当 $x_0 \leqslant x \leqslant 1$

$$y_{\mathrm{p}} = \alpha_{\mathrm{ap}} x + (3 - 2\alpha_{\mathrm{ap}}) x^2 + (\alpha_{\mathrm{ap}} - 2) x^3 \tag{8-17}$$

当 $x > 1$

$$y_{\mathrm{p}} = \frac{x}{\alpha_{\mathrm{dp}}(x-1)^2 + x} \tag{8-18}$$

$$x = \frac{\varepsilon}{\varepsilon_{\mathrm{cp}}}, y_{\mathrm{p}} = \frac{\sigma}{f_{\mathrm{cp}}} \tag{8-19}$$

式中　y_{p}——应力变量；

　　　x_0——对应于应力 $0.4f_{\mathrm{c}}$ 的 x 坐标；

A_0 和 α_{ap}——曲线上升段的压应力-应变参数；

　　　α_{dp}——曲线下降段的压应力-应变参数；

　　　$\varepsilon_{\mathrm{cp}}$——对应于峰值压应力的应变。

上述参数可用式（8-20）～式（8-23）计算。

$$A_0 = \frac{E_{\mathrm{cp}} \varepsilon_{\mathrm{cp}}}{f_{\mathrm{cp}}^*} \tag{8-20}$$

$$\varepsilon_{\mathrm{cp}} = (700 + 172 \sqrt{f_{\mathrm{cp}}^*}) \times 10^{-6} \tag{8-21}$$

$$\alpha_{\mathrm{ap}} = 2.4 - 0.0125 f_{\mathrm{cp}}^* \qquad (8-22)$$

$$\alpha_{\mathrm{dp}} = 0.11 f_{\mathrm{cp}}^{*\,0.785} - 0.905 \qquad (8-23)$$

根据本书第 8.1.2 节，MKP 的微观弹性模量计算值为 37.3GPa。在本研究中，β_{p} 假设为 1.1，详见本书第 8.3.4 节，f_{cp}^*、α_{ap} 和 α_{dp} 计算值分别为 75.6MPa、1.46 和 2.4。MKP 压缩本构关系曲线如图 8-9（a）所示，上升和下降阶段表示为：

$$\sigma / f_{\mathrm{cp}}^* = 1.08 \varepsilon / \varepsilon_{\mathrm{cp}} \qquad (8-24)$$

$$\sigma / f_{\mathrm{cp}}^* = 1.46 \varepsilon / \varepsilon_{\mathrm{cp}} - 0.08(\varepsilon / \varepsilon_{\mathrm{cp}})^2 - 0.54(\varepsilon / \varepsilon_{\mathrm{cp}})^3 \qquad (8-25)$$

$$\sigma / f_{\mathrm{cp}}^* = \frac{\varepsilon / \varepsilon_{\mathrm{cp}}}{2.4(\varepsilon / \varepsilon_{\mathrm{cp}} - 1)^2 + \varepsilon / \varepsilon_{\mathrm{cp}}} \qquad (8-26)$$

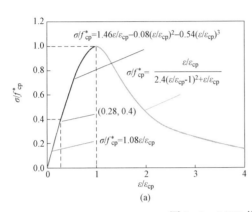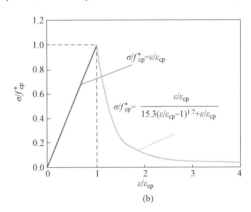

图 8-9　MKP 修正本构关系曲线

（a）压缩本构关系；（b）拉伸本构关系

MKP 的拉伸本构关系如图 8-9（b）所示，其拉伸应力-应变曲线可用式（8-27）～式（8-32）表示。

当 $x \leqslant 1$

$$y_{\mathrm{p}} = x \qquad (8-27)$$

当 $x > 1$

$$y_{\mathrm{p}} = \frac{x}{\alpha_{\mathrm{tp}}(x-1)^{1.7} + x} \qquad (8-28)$$

$$x = \frac{\varepsilon}{\varepsilon_{\mathrm{tp}}}, y_{\mathrm{p}} = \frac{\sigma}{f_{\mathrm{tp}}^*} \qquad (8-29)$$

式中　α_{tp}——下降段拉伸应力应变曲线参数；

f_{tp}^*——MKP 的峰值拉伸强度；

$\varepsilon_{\mathrm{tp}}$——相应的峰值拉伸应变。

这些参数可以用式（8-30）～式（8-31）计算。

$$\varepsilon_{\mathrm{tp}} = f_{\mathrm{tp}}^{*\,0.65} \times 65 \times 10^{-6} \qquad (8-30)$$

$$\alpha_{\mathrm{tp}} = 0.12 f_{\mathrm{tp}}^{*\,2} \qquad (8-31)$$

然后，将 MKP 的抗拉强度和抗压强度之间的关系表示为式（8-32）。

$$f_{\mathrm{tp}}^* = \lambda f_{\mathrm{cp}}^* \qquad (8-32)$$

式中　λ　——校准的抗拉强度和抗压强度之间关系的参数。

当 f_{cp}^* 和 λ 分别假设为 $75.6\mathrm{MPa}$ 和 0.15 时，f_{tp}^* 和 α_{tp} 分别为 $11.3\mathrm{MPa}$ 和 $15.3\mathrm{MPa}$。在 MKP 拉伸本构关系曲线图 8-9（b）中上升和下降阶段分别表示为：

$$\sigma/f_{tp}^* = \varepsilon/\varepsilon_{tp} \tag{8-33}$$

$$\sigma/f_{tp}^* = \frac{\varepsilon/\varepsilon_{tp}}{15.3(\varepsilon/\varepsilon_{tp}-1)^{1.7}+\varepsilon/\varepsilon_{tp}} \tag{8-34}$$

假定 MgO 的压缩和拉伸本构关系与 MKP 相似，将其本构关系分为弹性上升段和塑性下降段两部分，由式（8-35）～式（8-39）确定。

当 $x \leqslant 1$

$$y_m = x \tag{8-35}$$

当 $x > 1$

$$y_m = \frac{x}{\alpha_m(x-1)^2+x} \tag{8-36}$$

$$x = \frac{\varepsilon}{\varepsilon_m}, y = \frac{\sigma}{f_m^*} \tag{8-37}$$

式中　α_m——塑性下降段的 MgO 应力—应变曲线参数；

$\quad\quad f_m^*$——MgO（压缩和拉伸）的峰值强度；

$\quad\quad \varepsilon_m$——相应的 MgO 峰值应变。

这些参数可以用式（8-38）～式（8-39）计算。

$$\varepsilon_m = \frac{f_m^*}{E_m} \tag{8-38}$$

$$\alpha_m = 0.012 f_m^* \tag{8-39}$$

根据文献[8-18]，MgO 的微观弹性模量在 $270\sim330\mathrm{GPa}$ 之间，抗压强度在 $833-1667\mathrm{MPa}$ 之间，抗拉强度在 $83-166\mathrm{MPa}$ 之间。根据第 8.2.3 节计算出 MgO 的微观弹性模量为 $293\mathrm{GPa}$。因此，采用线性插值的方法得到 MgO 的抗压和抗拉强度。抗压强度按 $(293-270)\times(1667-833)/(330-270)\mathrm{MPa}+833\mathrm{MPa}=1152\mathrm{MPa}$ 计算，抗拉强度按 $(293-270)\times(166-83)/(330-270)\mathrm{MPa}+83\mathrm{MPa}=115\mathrm{MPa}$ 计算。因此，α_{mc} 计算为 $13.8\mathrm{MPa}$，下标 c 表示"压缩"。MgO 的压缩本构关系随上升和下降阶段的曲线可以表示为：

$$\sigma/f_{mc}^* = \varepsilon/\varepsilon_{mc} \tag{8-40}$$

$$\sigma/f_{mc}^* = \frac{\varepsilon/\varepsilon_{mc}}{18.4(\varepsilon/\varepsilon_{mc}-1)^2+\varepsilon/\varepsilon_{mc}} \tag{8-41}$$

式中　f_{mc}^*——MgO 的压缩峰值强度；

$\quad\quad \varepsilon_{mc}$——MgO 的压缩峰值应变。

因此，α_{mt} 计算结果为 1.4，下标 t 表示"拉伸"。MgO 的拉伸本构关系随上升和下降阶段的曲线可以表示为：

$$\sigma/f_{mt}^* = \varepsilon/\varepsilon_{mt} \tag{8-42}$$

$$\sigma/f_{mt}^* = \frac{\varepsilon/\varepsilon_{mt}}{1.4(\varepsilon/\varepsilon_{mt}-1)^2+\varepsilon/\varepsilon_{mt}} \tag{8-43}$$

式中　f_{mt}^*——MgO 的拉伸峰值强度；

　　　ε_{mt}——MgO 的拉伸峰值应变。

综上所述，MPC 有限元模型的输入参数为：MgO 和 MKP 的密度分别为 $3.54g/cm^3$ 和 $1.864g/cm^3$，MKP 和 MgO 的微观弹性模量分别为 37.3GPa 和 293GPa，MgO 和 MKP 的泊松比为 0.2，MgO 的抗压和抗拉强度分别为 1152MPa 和 115MPa，MKP 的抗压和抗拉强度由 β_p 和 λ 的对应值确定。β_p 和 λ 的范围最初分别确定为 0.8 到 1.5 和 0.1 到 0.2。β_p 和 λ 和的最佳值在第 8.3.4 节中进行了研究。

8.3.3　边界条件

在 MPC 模型中，底面节点的六个自由度被限制为零。对顶面所有节点施加垂直于顶面、设定值为 0.1mm 的位移荷载，节点的其余 4 个自由度不受约束。采用 ABAQUS 动力分析法对模型进行求解，总运行时间为 $1×10^{-5}s$，位移荷载随加载时间线性增加。

8.3.4　模拟结果分析

根据输入参数和边界条件，得到了 MPC 模型的应力云图，如图 8 - 10 所示。可以看出，MgO 位置的应力相对较大，MKP 位置的应力相对较小，这是由 MgO 和 MKP 的材料特性和本构关系决定的。

当 $\beta_p=0.8$ 且 λ 值分别为 0.1、0.15 和 0.2 时，试验和模拟的荷载－位移曲线如图 8 - 11（a）所示。试验峰值载荷为 86.2kN；模拟峰值载荷分别为 70.2kN、74.5kN 和 78.6kN，相对试验值差异分别为 18.6%、13.6% 和 8.8%。随着 λ 的增大，模拟的峰值荷载逐渐按近试验峰值荷载。结果表明，模拟曲线均低于试验曲线，且随着 λ 数值的增大，模拟曲线越来越接近试验曲线。当 β_p 值分别为 1.1 和 0.1、0.15 和 0.2 时，试验和模拟的荷载－位移曲线如图 8 - 11（b）所示。模拟峰值载荷分别为 80.8kN、83.7kN 和 94.3kN，相对差异分别为 6.3%、2.5%

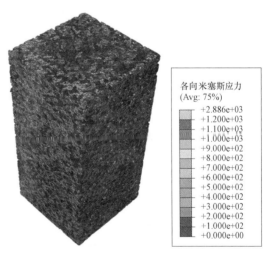

各向米塞斯应力
(Avg: 75%)
+2.886e+03
+1.200e+03
+1.100e+03
+1.000e+03
+9.000e+02
+8.000e+02
+7.000e+02
+6.000e+02
+5.000e+02
+4.000e+02
+3.000e+02
+2.000e+02
+1.000e+02
+0.000e+00

图 8 - 10　模拟 MPC 抗压强度试验的应力分布

和 8.1%。λ 数值为 0.15 的模拟峰值荷载最接近试验峰值荷载。

试验结果表明，模拟曲线位于试验曲线的两侧，数值为 0.15 的模拟曲线最接近试验曲线。当 $\beta_p=1.5$ 且 λ 值分别为 0.1、0.15 和 0.2 时，试验和模拟的荷载－位移曲线如图 8 - 11（c）所示。模拟峰值载荷分别为 92.7kN、98.8kN 和 104.1kN，相对差异分别为 7.5%、14.6% 和 20.8%。随着 λ 的增大，模拟的峰值荷载与试验的峰值荷载越来越接近。可见，模拟曲线均高于试验曲线，且随着 λ 数值的增大，模拟曲线越来越接近试验曲线。综上所述，当 β_p 和 λ 的值分别为 1.2 和 0.15、f_{cp}^* 和 f_{tp}^* 的值分别为 75.6MPa 和 11.3MPa 时，模拟峰值荷载最接近试验峰值荷载。因此，MPC 有限元模型可以有效地模拟 MPC 压缩试验。修正后的 MgO 和 MKP 本构关系是准确的。此外，校准的输入参数是正确的。

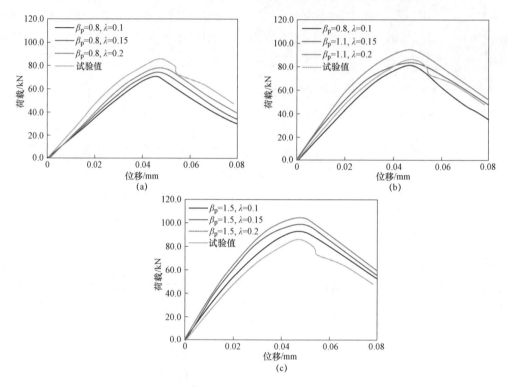

图 8 - 11　试验结果与模拟结果的载荷—位移曲线比较

(a) $\beta_p = 0.8$ 与 $\lambda = 0.1$、0.15、0.2 的载荷—位移曲线；

(b) $\beta_p = 1.1$ 与 $\lambda = 0.1$、0.15、0.2 的载荷—位移曲线；

(c) $\beta_p = 1.5$ 与 $\lambda = 0.1$、0.15、0.2 的载荷—位移曲线

参考文献

[8-1] Hu, C., Y. Han, Y. Gao, et al. Property investigation of calcium - silicate - hydrate (C - S - H) gel in cementitious composites [J]. Materials Characterization, 2014 (95): 129 - 139.

[8-2] Jiang, L., Y. Zhang, C. Hu, et al. Calculation of elastic modulus of early - age cement paste [J]. Advances in Cement Research, 2012, 24 (4): 193 - 201.

[8-3] Coleri, E., J. T. Harvey, K. Yang, et al. Development of a micromechanical finite element model from computed tomography images for shear modulus simulation of asphalt mixtures [J]. Construction and Building Materials, 2012 (30): 783 - 793.

[8-4] Skarńyński, Ł., M. Nitka, J. Tejchman. Modelling of concrete fracture at aggregate level using FEM and DEM based on X - ray μCT images of internal structure [J]. Engineering Fracture Mechanics, 2015 (147): 13 - 35.

[8-5] Dai, Q. Two - and three - dimensional micromechanical viscoelastic finite element modeling of stone - based materials with X - ray computed tomography images [J]. Construction and Building Materials,

2011, 25 (2): 1102 - 1114.

[8-6] Ju, Y., L. Wang, H. Xie, et al. Visualization of the three - dimensional structure and stress field of aggregated concrete materials through 3D printing and frozen - stress techniques [J]. Construction and Building Materials, 2017 (143): 121 137.

[8-7] Wang, A. J., Z. L. Yuan, J. Zhang, et al. Effect of raw material ratios on the compressive strength of magnesium potassium phosphate chemically bonded ceramics [J]. Mater Sci Eng C Mater Biol Appl, 2013, 33 (8): 5058 - 63.

[8-8] Li, Y., J. Sun, J. Li, et al. Effects of fly ash, retarder and calcination of magnesia on properties of magnesia - phosphate cement [J]. Advances in Cement Research, 2015, 27 (7): 373 - 380.

[8-9] Oliver, W. C., G. M. Pharr. An improved technique for determining hardness and elastic modulus using load and displacement sensing indentation experiments [J]. Journal of Materials Research, 2011, 7 (06): 1564 - 1583.

[8-10] Sun, X., Q. Dai, K. Ng. Computational investigation of pore permeability and connectivity from transmission X - ray microscope images of a cement paste specimen [J]. Construction and Building Materials, 2014 (68): 240 - 251.

[8-11] Bish, D. L., S. A. Howard. Quantitative phase analysis using the Rietveld method [J]. Journal of Applied Crystallography, 1988, 21 (2): 86 - 91.

[8-12] Mori, T., K. Tanaka. Average stress in matrix and average elastic energy of materials with misfitting inclusions [J]. Acta Metallurgica, 1973, 21 (5): 571 - 574.

[8-13] Kröner, E. Berechnung der elastischen Konstanten des Vielkristalls aus den Konstanten des Einkristalls [J]. Zeitschrift Für Physik, 1958, 151 (4): 504 - 518.

[8-14] Budiansky, B. On the elastic moduli of some heterogeneous materials [J]. Journal of the Mechanics & Physics of Solids, 1965, 13 (4): 223 - 227.

[8-15] Hill, R. Theory of mechanical properties of fibre - strengthened materials—III. self - consistent model [J]. Journal of the Mechanics & Physics of Solids, 1965, 13 (4): 189 - 198.

[8-16] Li, Y., G. Zhang, Z. Wang, et al. Integrated experimental - computational approach for evaluating elastic modulus of cement paste corroded in brine solution on microscale [J]. Construction and Building Materials, 2018 (162): 459 - 469.

[8-17] Guo, Z. Principles of reinforced concrete [M]. Beijing: Tsinghua university press, 2013.

[8-18] Le Rouzic, M., T. Chaussadent, et al. On the influence of Mg/P ratio on the properties and durability of magnesium potassium phosphate cement pastes [J]. Cement and Concrete Research, 2017 (96): 27 - 41.

第9章 六水磷酸钾镁的抗压细观模拟

MPC 是一种无碳和新型环保水泥，在生产过程中不会排放二氧化碳。它是由水、氧化镁和磷酸盐之间的酸碱化学反应形成的胶凝材料，其中六水合磷酸钾镁（MKP）是 MPC 的主要水化产物。此外，MPC 被广泛应用于核废料、重金属的固化和修补加固，故而吸引了众多学者对其水化机理、耐久性和力学性能进行了大量的研究。

纳米压痕技术和 X 射线计算机断层扫描（X-CT）技术是目前测量材料微观力学性能和三维结构分布特征的最新技术。许多学者采用纳米压痕技术研究了水泥石的微观力学性能和蠕变行为，测定了影响纳米压痕试验结果的因素以及水泥浆体各相的接触蠕变函数。此外，利用 CT 技术还可以对水泥浆体中的水和离子侵入进行了原位监测，并从三维角度对侵蚀过程进行可视化。基于 CT 图像，可以得到水泥浆体的孔尺度模型和细观力学模型。X-CT 和有限元相结合可以更精确地模拟材料的性能。

因此，基于纳米压痕和 X-CT 技术，本章研究了 MKP 的微观力学性能和结构分布特征。基于 X-CT 和随机集料投放方法，建立了 MKP 纳米压痕模型。从损伤因子的角度出发，提出了考虑孔隙率和孔隙分布的修正本构关系。首先，基于 X-CT 技术得到了 MKP 的三维结构分布特征，用纳米压痕法测试了 MKP 的弹性模量和压痕载荷-位移曲线。然后，基于 X-CT 图像，得到 MKP 的 3D 结构网格模型，并作为纳米压痕模型导入 ABAQUS 软件。此外，提出了 MKP 本构模型中孔对损伤因子的影响方程。详细研究了孔隙率和孔分布对 MKP 损伤的影响，验证了考虑孔隙率和孔分布的修正 MKP 本构关系。最后，基于随机集料投放法（RAP），建立了 MKP 的纳米压痕模型，并预测了孔分布对纳米压痕结果的影响。

9.1 六水磷酸钾镁有限元模型的建立

9.1.1 原材料和研究方法

1. 原材料

试验材料为六水磷酸钾镁（$MgKPO_4 \cdot 6H_2O$，MKP）。MKP 颗粒剂纯度在 99% 以上。

2. 样品制备

采用纳米压痕法和 X-CT 法分别研究了 MKP 的弹性模量和内部结构。纳米压痕试验前，需要对 MKP 样品进行预处理：MKP 颗粒与环氧树脂的质量比为 1/10，搅拌 5min，6h

后硬化的环氧树脂作为纳米压痕试验的样品。由于纳米压痕试验要求样品表面具有较高的平整度，因此有必要对样品进行平滑预处理。样品表面按 400～4000 目砂纸、帆布、丝绸依次抛光。用原子力显微镜对抛光样品的表面粗糙度进行测试。结果表明，抛光样品的表面粗糙度小于 100nm。在对 MKP 进行平滑处理后，对检测区域进行标记。

3. 研究方法

（1）X-CT 试验。X 射线计算机断层扫描（X-CT）技术是目前最先进的无损检测技术之一，可以获得材料的内部结构。MKP 与孔隙的密度差异导致 X 射线吸收系数和灰度值存在差异。因此，可以根据灰度值来区分这两种材料[9-1]。用钨靶在 150kV 加速电压和 140μA 束流条件下，以 0.32s 的曝光时间获得材料的 X 射线投影。

（2）纳米压痕试验。采用美国 Agilent 公司生产的纳米压痕仪进行试验，用 Berkovich 压头（中心线与侧面夹角为 65.35°的正三角形棱锥）测量样品的弹性模量。纳米压痕试验应选择合适的加载深度和压痕间距。由于本研究模拟了纳米压痕试验，因此需要很大的压痕深度来匹配 X-CT 分辨率以获得足够数量的有限元网格。本研究所使用的纳米压痕仪最大压痕深度为 20μm，因此将压痕深度设定为 20μm，压痕点间距设定为 200μm。

图 9-1（a）显示了纳米压痕的典型扫描电子显微镜（SEM）图像。然而，压痕区域不仅包括基体 MKP，还包括孔，如图 9-1（b）所示。因此，材料性能、基体体积分数和孔隙分布特征都会影响纳米压痕试验的结果。纳米压痕过程可分为三个阶段：一是样品在加载阶段发生弹性变形，随着载荷的增加发生塑性变形。二是当达到最大压痕深度时，进入恒定加载阶段。最后，进入卸载阶段，压痕点出现弹性恢复。纳米压痕的典型载荷-位移曲线如图 9-1（c）所示。曲线由加载阶段、恒定加载阶段和卸载阶段三部分组成。加载阶段加载时间为 1000s，当压痕深度达到 20μm 时，恒定加载时间为 100s，卸载阶段为 300s，接触刚度由卸载曲线的上弹性部分拟合。根据 Oliver-Phar 原理[9-2]，压痕点的弹性模量可由式（9-1）计算。

$$E = \frac{1-\nu^2}{\frac{2\gamma}{S}\sqrt{\frac{A}{\pi}} - \frac{1-\nu_i^2}{E_i}} \tag{9-1}$$

式中　E、ν——材料的弹性模量和泊松比；

　　　γ——修正系数，$\gamma=1.034$；

　　　S——接触刚度；

　　　A——接触面积；

　　　ν_i、E_i——压头参数，$\nu_i=0.07$，$E_i=1141$GPa。

（3）随机集料投放法（RAP）。在水泥基材料细观数值分析中，研究直接影响材料力学性能的集料、孔隙等组分的数值形态和级配具有重要意义[9-3]。为了提高数值模拟细观力学性能的精度，文献［9-4］提出了一种基于网格预生成的三维随机凹凸集料建模方法。在投放集料前，需要对网格分区来记录模型中的所有节点信息和单元信息。在三维极坐标系中，空间任意点的位置都可以由三个参数 r、θ、φ 确定。在数值模拟中，无法使用无限个球形集料表面节点。通过试验计算发现，采用以下方法建立的球形集料可以满足计算要求：r 作为

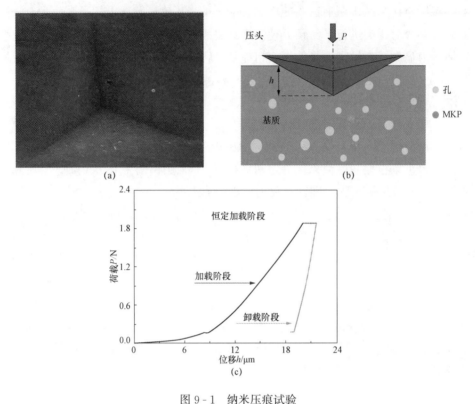

(a)　　　　　　　　　　　　　　　　(b)

图 9-1　纳米压痕试验

（a）纳米压痕的典型扫描电镜图像；（b）纳米压痕的示意图；（c）纳米压痕的典型载荷－位移曲线

集料半径，在 θ 方向和 φ 方向每 45° 处各取一点，在空间中形成 26 节点组成的近似球形区域。三维球形集料共有 26 个节点，表面划分为 48 个三角形区域。当每个集料的顶点相对于其初始位置随机波动时，可以实现凹凸集料的生成。生成单凹凸集料后，可根据所需级配生成集料库。

投放集料的流程如下[9-5]：首先，将要投放的集料按半径由大到小进行分类。其次，根据集料内部是否存在几何边界点，选择非抛掷单元的中心点放置集料。如果存在几何边界点，则投放不成功。第三，如果集料内部不包含被投放集料的几何边界点和外边界元素点，则投放成功。第四，当投放失败时，旋转集料继续判断，并在一定的旋转次数后重新选择位置。如果在所有非抛掷区域中心位置的投放都失败，则集料无法投放。为了防止投放过程进入无限循环，将失败的集料存储在指定的集合中。第五，成功投放后集料信息将被更新。在本研究中，当采用 RAP 建立 MKP 纳米压痕模型时，孔隙被视为集料并放入 MKP 基质中。

9.1.2　试验结果与 RAP 结果

1. X-CT

用 X-CT 扫描 MKP 样品，共 15 个压痕区，每次 X-CT 扫描获得分辨率为 1000×1000 像素的 320 个二维 CT 切片，空间分辨率为 0.5 μm 体素。然后利用 AVIZO 软件对图像进行处理，得到各压痕区各相的结构分布特征和体积分数。随后，将 AVIZO 软件生成的四面体网格作为 MKP 的 X‐CT 纳米压痕模型导入 ABAQUS 软件。

将 MKP 的 X‐CT 图像导入 AVIZO 软件。根据 MKP 与孔隙的灰度值差异，将切片分为两个相。相阈值的确定是正确区分 MKP 与孔隙的前提，因此，分别用压汞仪（MIP）和 X‐CT 对粒径约为 3mm 的 MKP 颗粒进行了测试。从 MIP 得到的 MKP 颗粒孔隙率为 28.43%。然后对颗粒 X‐CT 切片的阈值进行调试。结果发现，采用灰度范围为 0~149 和 149~207 划分孔隙和 MKP 时，MKP 和孔隙的体素数分别为 5.33×10^8 和 2.12×10^8。也就是说，MKP 颗粒的孔隙率为 2.12E8/（2.12E8+5.33E8）＝28.46%，与试验结果基本一致。因此，区分 MKP 与孔隙的灰度阈值为 149。例如，在处理 P_{14} 压痕点区域的 X‐CT 数据时，使用灰度值 149 作为分割 MKP 和孔隙的阈值。P14 压痕点的第 160 片如图 9‐2（a）所示，深灰色区域是孔隙，浅灰色区域是 MKP。图 9‐2（b）显示第 160 个切片的阈值分割的结果，其中红色部分表示孔隙，蓝色部分表示 MKP。P_{14} 压痕点的孔隙分布特征如图 9‐2（c）所示。图 9‐2（d）中的绿色曲线表示统计孔隙尺寸分布，黄色曲线显示了孔隙分布函数曲线，这将在第 9.2.2.2 节中详细讨论。另外，两个相的体素数分别为 2.9412×10^8 和 2.528×10^7。换言之，阈值分割后 MKP 和孔隙的体积分数分别为 $2.9412 \times 10^8 / (2.9412 \times 10^8 + 2.528 \times 10^7) = 92.1\%$ 和 $2.528 \times 10^7 / (2.9412 \times 10^8 + 2.528 \times 10^7) = 7.9\%$。同理，可以得到每个压痕点区域的孔隙率。共有 15 个压痕点，编号为 $P_{11} \sim P_{35}$，见表 9‐1。

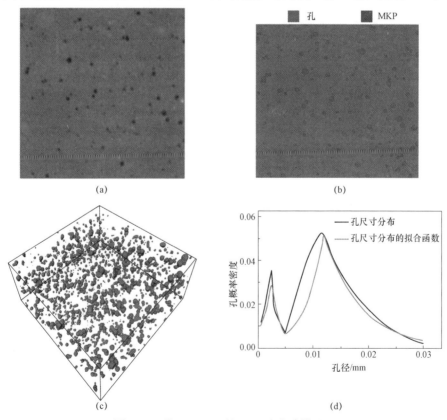

图 9‐2 基于 X‐CT 的 P_{14} 压痕点建模过程

（a）P_{14} 压痕点第 160 片；（b）第 160 片阈值分割结果；（c）孔隙分布特征；（d）孔隙大小分布曲线

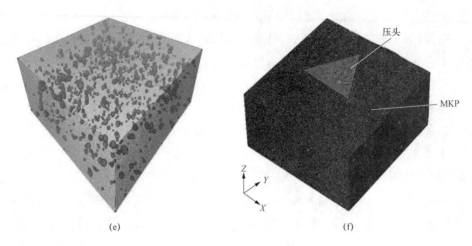

图 9-2　基于 X-CT 的 P_{14} 压痕点建模过程（续）

（e）基于 X-CT 模型的四面体网格；（f）MKP 的 X-CT 纳米压痕模型

表 9-1　　　　　　　　　　　　15 个压痕点的孔隙率　　　　　　　　　　　　（%）

P_{ij}	P_{i1}	P_{i2}	P_{i3}	P_{i4}	P_{i5}
P_{1j}	10.8	5.1	22.6	7.9	9.8
P_{2j}	12.6	18.5	14.3	20.7	12.4
P_{3j}	3.4	15.9	6.6	9.1	16.5

最后，根据 X-CT 模型生成四面体网格，如图 9-2（e）所示，其中灰色部分表示 MKP，红色部分表示孔隙。将四面体网格模型导入有限元软件 ABAQUS 中，删除孔隙集合，剩余的 MKP 集合被用作纳米压痕模型的压缩矩阵。利用计算机辅助设计技术，建立了一个高度为 $30\mu m$ 的三角形棱锥模型，并将其作为纳米压痕模型的压头导入有限元软件 ABAQUS 中。MKP 的 X-CT 纳米压痕模型通过用三角形棱锥压头组装 MKP 矩阵获得，如图 9-2（f）所示，其中绿色部分表示 MKP 矩阵，黄色部分表示三角形棱锥压头。当压头与 MKP 基板组装时，三角锥压头的上表面与 MKP 基板的上表面平行，压头的中心轴与 MKP 基板的中心轴重合。第 9.2 节讨论了 X-CT 纳米压痕模型的其他细节。

2. 纳米压痕

在本研究中，在 MKP 样品上选择 15 个标记区域进行纳米压痕试验，压痕点编号为 P_{11}～P_{35}，弹性模量和峰值载荷见表 9-2，每个压痕点有两个数据，分别是弹性模量和峰值载荷。例如，压痕点 P_{11} 的数据"22.52，1.91"表示压痕点 P_{11} 的弹性模量和峰值载荷分别为 22.52GPa 和 1.91N。由表可知，所有压痕点的弹性模量在 17.66～26.14GPa 之间。压痕点的平均弹性模量为 21.91GPa。此外，峰值载荷在 1.57～2.23N 范围内波动，平均峰值载荷为 1.88N。弹性模量和峰值载荷的波动主要是由于压痕区基体和孔隙的体积分数和分布特征的差异造成的。

表 9 - 2	纳米压痕点的弹性模量（GPa）和峰值载荷（N）				
P_{ij}	P_{i1}	P_{i2}	P_{i3}	P_{i4}	P_{i5}
P_{1j}	22.52，1.91	25.26，2.19	17.66，1.57	23.88，2.04	22.98，1.96
P_{2j}	21.71，1.85	19.24，1.67	20.98，1.78	18.38，1.61	21.80，1.85
P_{3j}	26.14，2.23	20.30，1.74	24.51，2.12	23.31，1.99	20.05，1.72

3. RAP

首先在 ABAQUS 中建立了 $500\mu m \times 500\mu m \times 160\mu m$ 的基体部分，网格单元尺寸为 $1.5\mu m$，单元类型为线性六面体单元 C3D8R，然后基于 RAP，建立了 P_{14} 压痕点的 RAP 纳米压痕模型。将孔隙随机置于基体中，孔隙率设为 7.9%。从而得到了对应于 X - CT 纳米压痕模型的 RAP 纳米压痕模型。如图 9 - 3（a）所示，蓝色部分表示 MKP 集合，白色部分表示孔隙集合。随后，删除孔隙集合，用三角锥压头组装余下的 MKP 基体。基于此，P_{14} 压痕点的 RAP 纳米压痕模型显示在图 9 - 3（b）中，其中蓝色部分表示 MKP 基体，黄色部分表示三角形棱锥压头。当压头与 MKP 基体组装时，三角锥压头的上表面与 MKP 基体的上表面平行，压头的中心轴与 MKP 基体的中心轴重合。第 9.3 节讨论了模型的其他细节。同样，还得到了其他压痕点的 RAP 纳米压痕模型。

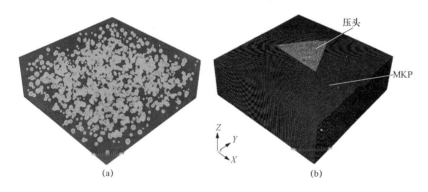

图 9 - 3　基于 RAP 的 P_{14} 压痕点建模过程

（a）孔隙分布特征；（b）MKP 的 RAP 纳米压痕模型

9.2　基于 X - CT 的六水磷酸钾镁纳米压痕试验模拟

在 9.2 节中，基于 X - CT 纳米压痕模型模拟了 MKP 的纳米压痕试验。首先确定了 X - CT 模型的输入参数和边界条件。其次，考虑孔隙对损伤的影响，提出了修正的 MKP 本构关系，并将其输入到 X - CT 纳米压痕模型中，提出了孔隙率和孔分布对损伤因子的影响方程。最后，将数值结果与试验结果进行比较，验证了修正后的损伤因子方程的正确性，平均相对误差为 3.2%。

9.2.1　X-CT 纳米压痕模型

1. 输入参数及边界条件

由于金刚石压头的弹性模量远大于 MKP 的弹性模量，压头在压入过程中的变形可以忽略不计。因此，纳米压痕模型中的压头被设置为刚体，并与 $5\mu m$ 的网格尺寸啮合。压头与 MKP 接触时，假设接触面光滑。材料特性是有限元模型极为关键的输入参数，压头作为刚体不需要材料参数。本文应用了已经验证的 MKP 材料性能：密度为 $1.864g/cm^3$，弹性模量为 37.3GPa，泊松比为 0.2，抗压强度和抗拉强度分别为 75.6MPa 和 11.3MPa[9-6]。上述 MKP 材料参数被输入到纳米压痕模型中。

在 X-CT 纳米压痕模型中，MKP 基底表面所有节点的 6 个自由度被限制为零，表明其完全固定，而其他 5 个表面的节点不受限制。压头的 5 个自由度除 Z 方向外都受到限制，只能在加载和卸载方向移动。此外，以刚性压头尖端为参考点，施加约 $20\mu m$ 的位移，采用 ABAQUS 动态分析法求解模型，总运行时间为 1.4×10^{-6}（有限元分析时间无单位）。加载时间振幅符合下列规定，当时间在 $0\sim 10^{-6}$ 之间时，压头处于加载阶段，位移在 $0\sim 20\mu m$ 之间；当时间在 $(1.0\sim 1.1)\times 10^{-6}$ 范围内时，压头处于恒定加载状态，无运动。在 $(1.1\sim 1.4)\times 10^{-6}$ 期间，压头处于卸载阶段，位移从 $20\mu m$ 减小到 $16.2\mu m$。振幅与时间的关系如下：

当 $t\leqslant 10^{-6}$

$$A = t\times 10^6 \tag{9-2}$$

当 $10^{-6}<t<1.1\times 10^{-6}$

$$A = 1 \tag{9-3}$$

当 $1.1\times 10^{-6}<t<1.4\times 10^{-6}$

$$A =- 2.1(t-10^{-6})^2\times 10^{12}+1 \tag{9-4}$$

式中　A——振幅；

t——时间。

2. MKP 的本构关系

MKP 本构关系是塑性损伤模型，在先前的研究中确定如下：

$$\varepsilon_c = (700+172\sqrt{f_c})\times 10^{-6} \tag{9-5}$$

当 $\varepsilon<0.4\varepsilon_c$

$$\sigma/f_c = 1.08\varepsilon/\varepsilon_c \tag{9-6}$$

当 $0.4\varepsilon_c\leqslant\varepsilon\leqslant\varepsilon_c$

$$\sigma/f_c = 1.46\varepsilon/\varepsilon_c - 0.08(\varepsilon/\varepsilon_c)^2 - 0.54(\varepsilon/\varepsilon_c)^3 \tag{9-7}$$

当 $\varepsilon>\varepsilon_c$

$$\sigma/f_c = \frac{\varepsilon/\varepsilon_c}{2.4(\varepsilon/\varepsilon_c - 1)^2+\varepsilon/\varepsilon_c} \tag{9-8}$$

式中　ε_c——相应的峰值压缩应变；

f_c——MKP 的抗压强度，$f_c=75.6$MPa。

$$\varepsilon_t = f_t^{0.65} \times 65 \times 10^{-6} \tag{9-9}$$

当 $\varepsilon \leqslant \varepsilon_t$

$$\sigma/f_t = \varepsilon/\varepsilon_t \tag{9-10}$$

当 $\varepsilon > \varepsilon_t$

$$\sigma/f_t = \frac{\varepsilon/\varepsilon_t}{15.3(\varepsilon/\varepsilon_t - 1)^{1.7} + \varepsilon/\varepsilon_t} \tag{9-11}$$

式中　ε_t——相应的峰值拉伸应变；

　　　f_t——MKP 的峰值拉伸强度，$f_t = 11.3$MPa。

3. MKP 的损伤因子和模拟结果

根据文献 [9-7]，经典损伤因子可由式（9-12）～式（9-14）计算：

$$d = 1 - \frac{\sigma E^{-1}}{\varepsilon^{pl}(1/b - 1) + \sigma E^{-1}} \tag{9-12}$$

$$\varepsilon^{in} = \varepsilon - \sigma E^{-1} \tag{9-13}$$

$$\varepsilon^{pl} = b\varepsilon^{in} \tag{9-14}$$

式中　d——MKP 的损伤因子；

　　　σ——应力；

　　　E——弹性模量；

　　　ε^{in}——非弹性应变；

　　　ε^{pl}——塑性应变；

　　　b——常数，$b_c = 0.7$，$b_t = 0.1$。

由于 MKP 的弹性模量为 37300MPa，因此 MKP 的压缩和拉伸损伤系数表示为：

$$d_c = 1 - \frac{\sigma/37300}{0.3\varepsilon^{in} + \sigma/37300} \tag{9-15}$$

$$d_t = 1 - \frac{\sigma/37300}{0.9\varepsilon^{in} + \sigma/37300} \tag{9-16}$$

式中，σ 和 ε 和之间的关系可由式（9-6）～式（9-11）计算。因此，经典损伤因子曲线如图 9-4 中的曲线所示。

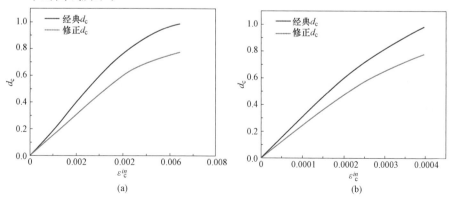

图 9-4　压缩和拉伸损伤因子曲线

（a）压缩因子；（b）拉伸因子

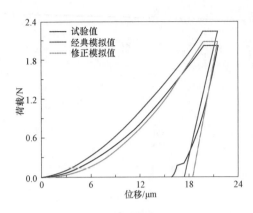

图 9-5　试验结果与模拟结果比较 P_{14}
压痕点的载荷-位移曲线

将上述边界条件、MKP 材料参数、本构关系和损伤因子输入 P_{14} 压痕点的 X-CT 纳米压痕模型。然后，基于经典损伤因子的模拟载荷-位移曲线表示为图 9-5 中的红色曲线，其中模拟峰值荷载为 2.25N。图 9-5 中的蓝色曲线表示峰值荷载为 2.04N 的试验荷载位移曲线。使用相对差比较模拟峰值荷载和试验峰值荷载，定义为：

$$R = \frac{|L_E - L_S|}{L_E} \times 100\% \quad (9-17)$$

式中　L_E——试验峰值荷载；

　　　L_S——模拟峰值荷载。

计算得到经典模拟的峰值荷载相对误差为 10.3%，经典模拟的荷载-位移曲线高于试验曲线，原因是经典模拟没有考虑孔隙的损伤。由于纳米压痕模型中的基体包含两个相：MKP 和孔隙，孔隙不可避免地影响模拟结果，因此本研究引入了孔隙对损伤因子的影响系数 χ。然后，考虑孔隙影响的修正损伤因子表示为：

$$d_c = \chi\left(1 - \frac{\sigma/37300}{0.3\varepsilon^{in} + \sigma/37300}\right) \quad (9-18)$$

$$d_t = \chi\left(1 - \frac{\sigma/37300}{0.9\varepsilon^{in} + \sigma/37300}\right) \quad (9-19)$$

对 P_{14} 压痕点的影响系数进行了调试。结果表明，影响系数为 1.262 的模拟结果最接近试验结果。影响系数 χ 为 1.262 的修正损伤因子如图 9-4 所示，修正的模拟载荷-位移曲线如图 9-5 所示。修正后的模拟峰值荷载为 2.11N，与实测结果之间的相对误差仅为 3.4%。因此，改进后的模拟精度有了很大提高，说明有必要考虑孔隙对损伤的影响。修改后的有限元模拟云图如图 9-6 所示。

图 9-6（a）显示了时间为 10^{-6} 时模型的模拟应力云图。可以看出，由于应力集中，压痕区呈三角形棱锥，与压头三边接触的网格变形严重。压痕区底部应力较大，向上应力逐渐减小。由于压头的挤压，压痕区域的上端产生拥挤效应。图 9-6（b）分别显示了时间 0 和 10^{-6} 时 X 方向中间部分的应力分布。可见，压头下部应力较大，并向远侧逐渐减小。应力云图呈椭圆形，并呈层状向外延伸。在加载过程中，压头下部的孔隙受到挤压，严重变形，如红色标记的孔隙从最初的准圆形挤压成长条形。此外，孔隙的存在可能导致应力集中，就像孔隙周围的应力突然增加一样，以黄色为标志，认为孔隙可能影响应力传递的路径。例如，粉红色的孔隙阻碍了应力的发展。图 9-6（c）是当时间为 10^{-6} 时模型压缩损伤的分布。观察到压头周围较大区域范围内单元的损伤严重，即压头的压入对其周围区域的应力状态影响很大。图 9-6（d）分别显示了时间 0 和 10^{-6} 时 Y 方向中间部分的压缩损伤分布，还可以看出，压头的加载导致孔隙严重变形，例如带有绿色标记的孔隙明显变平。另外，损伤的发展可能受到孔隙的影响，如损伤在粉红色标记区域的传播路径受到孔隙的影响。

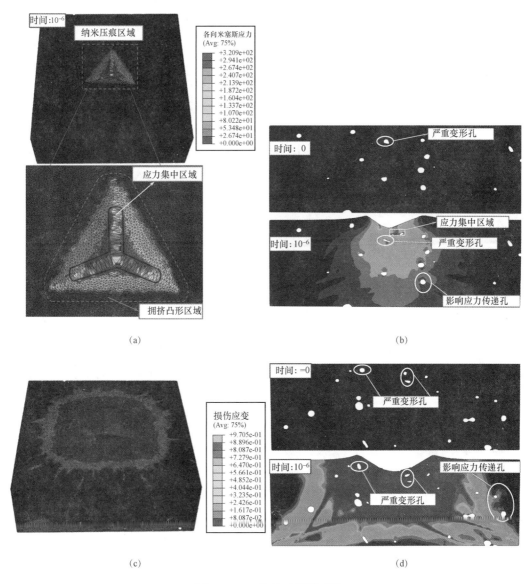

图 9-6　P$_{14}$的修正模拟云图

（a）模型的应力分布；（b）X 方向中段的应力分布；（c）模型的压缩损伤分布；
（d）Y 方向中段的压缩损伤分布

与本小节中 P$_{14}$压痕点影响系数 1.262 的调试过程相同，研究人员调试了其他压痕点模型孔隙率对损伤因子的影响系数，使模拟结果与试验结果一致，因此得到了各压痕点的最佳影响系数值和最佳模拟峰值荷载见表 9-3。每个压痕点有两个数据，分别是最佳影响系数值和最佳模拟峰值荷载。例如，压痕点 P$_{11}$的数据"1.248，1.84"表明，压痕点 P$_{11}$的最佳影响系数值和最佳模拟峰值载荷分别为 1.248 和 1.84N。X-CT 纳米压痕模型模拟峰值载荷与实测荷载的平均相对误差为 3.8%，表明在调试了最佳影响系数后，模型的精度有了很大提高。

表 9 - 3		各压痕点的最佳影响系数和模拟峰值载荷		（N）
P_{ij}	P_{i1}	P_{i2}	P_{i3}	P_{i4}
P_{1j}	1. 248, 1. 84	1. 061, 2. 31	1. 537, 1. 63	1. 262, 2. 11
P_{2j}	1. 381, 1. 93	1. 266, 1. 74	1. 335, 1. 85	1. 415, 1. 71
P_{3j}	0. 966, 2. 27	1. 413, 1. 70	1. 150, 2. 05	1. 220, 2. 04

9.2.2　孔隙率和孔径分布对损伤因子的影响

孔隙对损伤因子的影响主要来自两个方面：一方面，孔隙越大，损伤因子越大；另一方面，在相同的孔隙率下，不同的孔径分布会导致损伤因子的差异。因此，孔隙对损伤因子的总影响系数 χ 是孔隙和孔径分布影响的综合反映。本文定义孔隙率和孔径分布对损伤因子的影响系数分别为 β 和 λ，三个系数的关系假定为：

$$\chi = \beta\lambda \tag{9 - 20}$$

考虑到孔隙率和孔径对损伤因子的影响，修正后的 MKP 损伤因子表示如下：

$$d_c = \chi \times \left(1 - \frac{\sigma/37300}{0.3\varepsilon^{in} + \sigma/37300}\right) = \beta\lambda \times \left(1 - \frac{\sigma/37300}{0.3\varepsilon^{in} + \sigma/37300}\right) \tag{9 - 21}$$

$$d_t = \chi \times \left(1 - \frac{\sigma/37300}{0.9\varepsilon^{in} + \sigma/37300}\right) = \beta\lambda \times \left(1 - \frac{\sigma/37300}{0.9\varepsilon^{in} + \sigma/37300}\right) \tag{9 - 22}$$

在得到全部压痕点的总孔隙影响系数后，进一步讨论了孔隙率和孔径分布对损伤因子的影响。

1. 孔径分布对损伤因子的影响

材料的强度不仅受孔隙率的影响，还受孔隙率分布的影响。材料的孔隙结构复杂，孔径反映了孔隙结构的主要特征[9-8]。因此，选择孔径作为影响损伤因子的重要参数。考虑到孔尺寸的分布和贡献，λ 定义了孔分布对损伤因子的影响。

首先，材料的实际孔径分布很复杂。以往的研究表明，水泥基材料和岩体的孔径分布函数相似，均为指数函数分布[9-9]。故假设 MKP 的孔径分布符合指数函数分布，如式（9 - 23）所示：

$$p(D) = E\mathrm{e}^{-\frac{D}{F}} \tag{9 - 23}$$

式中　D——孔径，mm；

E、F——指数函数的参数。

根据 X - CT 统计数据，E 和 F 的参数值可以通过拟合孔结构结果求解。

其次，灰色关联分析是一种反映各因素之间相关性的较好方法，可以用来研究孔径大小对强度的影响。相关值与孔径呈幂函数关系，孔径越大，材料的强度越低[9-10,9-11]。此外，当孔径为零时，影响系数为零。因此，假定孔径的影响函数为：

$$\lambda(D) = GD^H \tag{9 - 24}$$

式中　$\lambda(D)$——与孔径相关的影响系数；

G、H——影响函数的参数。

通过灰色关联分析，拟合强度与孔结构测试结果的关系，确定参数 G 和 H 值。

将 MKP 孔分布函数与孔径影响函数相结合，得到孔径分布对损伤因子的影响系数如下：

$$\lambda = \frac{\int_{d_{\min}}^{d_{\max}} \lambda(D) p(D) \mathrm{d}D}{\int_{d_{\min}}^{d_{\max}} p(D) \mathrm{d}D} \tag{9-25}$$

式中　λ——取决于孔径分布的影响系数；

$d_{\min}$、$d_{\max}$——孔的最小直径和最大直径，mm。

由于积分过程的复杂性，为了简单起见，将式（9-25）替换为式（9-26）：

$$\lambda = \frac{\sum_{i=1}^{n} c_i \lambda_i}{c} \tag{9-26}$$

式中　c_i、λ_i——将孔径范围划分为 n 个层段时的孔隙度和第 i 层段影响系数。

c_i 与孔径分布有关，即 $c_i = \sum_{D_i}^{D_{i+1}} p(D) \mathrm{d}D$。$\lambda_i$ 值是该层段孔隙中值的影响系数。c 表示总孔隙度，即 $c = \sum_{i=1}^{n} c_i$。间隔越小，等式（9-26）与式（9-25）越相近。

2. 孔隙率对损伤因子的影响

根据 X-CT 统计的孔隙率结果，MKP 纳米压痕区的孔隙率在 3%～23% 之间。因此，本研究的最大孔隙率设为 30%。根据图 9-2（d）中 P_{14} 的孔隙分布曲线，拟合出 P_{14} 压痕点的孔隙分布函数，如式（9-27）所示。图 9-2（d）中的黄色曲线显示了孔隙分布函数曲线。

$$p(D) = \begin{cases} 0.0079\mathrm{e}^{518D}, & 0.0005 < D < 0.0025 \\ 0.125\mathrm{e}^{-587D}, & 0.0025 < D < 0.005 \\ 0.00154\mathrm{e}^{292D}, & 0.005 < D < 0.012 \\ 0.31\mathrm{e}^{-150D}, & 0.012 < D < 0.03 \end{cases} \tag{9-27}$$

根据式（9-27），孔径范围被分为 9 个区间，见表 9-4。分级孔隙度表示该层段孔隙体积分数的百分比。通过拟合各压痕点载荷与孔径分布的关系，得到式（9-24）中参数 G 和 H 的回归值，分别为 2.4 和 0.18。根据式（9-26）确定参数 λ_1，λ_2，λ_3，λ_4，λ_5，λ_6，λ_7，λ_8 和 λ_9 分别为 0.745，0.878，0.976，1.052，1.102，1.137，1.170，1.207 和 1.253。因此，孔径分布的影响系数 λ 为 1.06。由于 P_{14} 的总孔隙影响系数 χ 为 1.262，根据式（9-21），孔隙对损伤的影响系数 β 为 1.191。同样，每个压痕点的孔隙率的最佳影响系数见表 9-3。图 9-7 显示了影响系数 β 和孔隙率之间关系的散点图。然后通过拟合散点图得到孔隙度与影响系数 β 之间的关系：

$$\beta = \frac{17c+1}{9c+1} \tag{9-28}$$

式中　c——孔隙度。

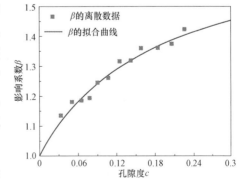

图 9-7　影响系数和孔隙率之间的关系

R^2 为拟合方程的相关系数，R^2 值为 0.98，说明拟合曲线具有较高精度。

考虑到孔隙率和孔径对损伤因子的影响，修正后的 MKP 损伤因子表示如下：

$$d_c = \beta\lambda \times \left(1 - \frac{\sigma/37300}{0.3\varepsilon^{in} + \sigma/37300}\right) = \frac{17c+1}{9c+1} \times \frac{\sum_{i=1}^{n} c_i\lambda_i}{c} \times \left(1 - \frac{\sigma/37300}{0.3\varepsilon^{in} + \sigma/37300}\right)$$

$$(9-29)$$

$$d_t = \beta\lambda \times \left(1 - \frac{\sigma/37300}{0.9\varepsilon^{in} + \sigma/37300}\right) = \frac{17c+1}{9c+1} \times \frac{\sum_{i=1}^{n} c_i\lambda_i}{c} \times \left(1 - \frac{\sigma/37300}{0.9\varepsilon^{in} + \sigma/37300}\right)$$

$$(9-30)$$

3. 修正损伤因子方程的验证

将损伤因子计算公式（9-29）和式（9-30）输入 X-CT 纳米压痕模型，分别模拟 P_{15}、P_{25} 和 P_{35} 三个压痕点，验证修正损伤因子方程的准确性。表 9-4 显示了一些输入参数和仿真结果。三个压痕点的模拟峰值载荷分别为 1.90N、1.89N 和 1.79N，相对误差分别为 3.1%、2.4% 和 4.2%。平均相对误差为 3.2%。因此，影响系数 β 和 λ 间的关系、MKP 孔隙服从指数分布以及孔径分布的影响函数的相关假设是正确的。也就是说，考虑孔隙影响的修正损伤因子方程是有效的。

表 9-4　考虑孔隙影响后的模拟结果

压痕点		P_{14}	P_{15}	P_{25}	P_{35}
总孔隙率/(%)		7.9	9.8	12.4	16.5
分段孔隙率/(%)	0.0005～0.0025mm	0.66	1.86	0.68	2.15
	0.0025～0.005mm	0.47	2.06	0.93	2.48
	0.005～0.0085mm	0.62	0.95	1.12	1.82
	0.0085～0.012mm	1.74	1.57	2.48	3.14
	0.012～0.0145mm	1.48	1.37	2.05	2.54
	0.0145～0.017mm	1.02	0.98	1.8	1.98
	0.017～0.02mm	0.81	0.62	1.61	1.32
	0.02～0.024mm	0.64	0.21	1.02	0.68
	0.024～0.03mm	0.46	0.12	0.73	0.41
试验峰值荷载/N		2.04	1.96	1.85	1.72
影响系数 χ		1.26	1.18	1.4	1.37
X-CT 的模拟结果/N		2.11	1.9	1.89	1.79
相对差/(%)		3.4	3.1	2.4	4.2

9.3　基于随机集料投放法的六水磷酸钾镁模拟纳米压痕试验模拟

9.3.1　RAP 纳米压痕模型的验证

基于 RAP 模拟了 P14 的纳米压痕试验。RAP 纳米压痕模型的相关参数设置与第 9.2.1

节中 X-CT 纳米压痕模型的参数设置相同。MKP 材料性能与 X-CT 模型相同：MKP 密度为 $1.864g/cm^3$，弹性模量为 37.3GPa，泊松比为 0.2，抗压强度和抗拉强度分别为 75.6MPa 和 11.3MPa。此外，还设置了相同的边界条件：基体底部是固定的，压头只能沿 Z 方向移动。此外，考虑孔隙的修正损伤因子被输入 RAP 模型。最后，用 RAP 模型模拟 P_{14} 的峰值负荷为 2.17N，相对误差为 6.4％。RAP 模型的模拟云图如图 9-8 所示。

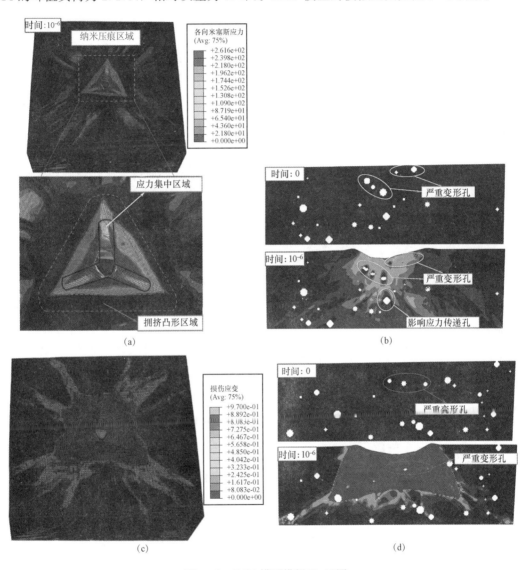

图 9-8　RAP 模型模拟 P_{14} 云图

(a) 模型应力分布；(b) X 方向中段应力分布；(c) 模型压缩损伤分布；(d) Y 方向中段压缩损伤分布

可见 RAP 纳米压痕模型还表现出应力集中、严重的网格变形和拥挤效应。此外，压头下部孔隙变形严重，影响应力传递和损伤。也就是说，RAP 纳米压痕模型的模拟结果与 X-CT 模型的模拟结果是一致的。根据上述步骤，利用 RAP 模型得到了 P_{15}、P_{25}、P_{35} 的仿真结果，见表 9-5。计算出峰值载荷的平均相对误差为 5.9％，验证了 RAP 纳米压痕模型的有效性。

表 9 - 5　　　　　　　　　　　　　　RAP 纳米压痕模型的模拟结果

压痕点	总孔隙率/(%)	试验峰值荷载/N	RAP 模拟结果/N	相对差/(%)
P_{14}	7.9	2.04	2.17	6.4
P_{15}	9.8	1.96	1.86	5.1
P_{25}	12.4	1.85	1.98	6.9
P_{35}	16.5	1.72	1.82	5.7

9.3.2　纳米压痕行为的预测

孔隙分布对纳米压痕试验结果有一定的影响，但在 X - CT 模型中很难找到相同孔隙率的压痕点来研究孔隙分布对结果的影响。因此，RAP 模型可以通过控制孔隙度和孔隙分布特征来研究孔隙分布的影响。在相同孔隙率为 9% 的条件下，利用影响函数 $k(D) = 2.45D^{0.18}$，预测了孔分布对总影响系数和峰值荷载的影响。首先，孔分布在 $0.0005 \sim 0.03$mm 之间。分别设定了以小孔隙、中孔隙和大孔隙为主的孔隙分布，见表 9 - 6。随后，根据方程式（9-29）和式（9-30），总影响系数和峰值荷载预测结果见表 9 - 6，图 9 - 9 显示了模拟的位移荷载曲线。结果表明，在相同孔隙率下，随着大孔径分布的增大，MKP 的总影响系数增大，峰值荷载减小，荷载-位移曲线整体较低。结果表明，孔径对峰值荷载的影响不容忽视。

表 9 - 6　　　　　　　　　　　　　　孔隙分布效应预测表

总孔隙率/(%)		9	9	9
分段孔隙率/(%)	0.0005～0.0025mm	2.16	0.32	0.11
	0.0025～0.005mm	1.81	0.63	0.27
	0.005～0.0085mm	1.49	1.17	0.45
	0.0085～0.012mm	1.17	2.07	0.68
	0.012～0.0145mm	0.87	1.62	0.87
	0.0145～0.017mm	0.68	1.35	1.17
	0.017～0.02mm	0.45	0.99	1.49
	0.02～0.024mm	0.27	0.59	1.81
	0.024～0.03mm	0.11	0.27	2.16
影响系数 χ		1.18	1.33	1.43
RAP 的模拟结果/N		2.09	1.87	1.73

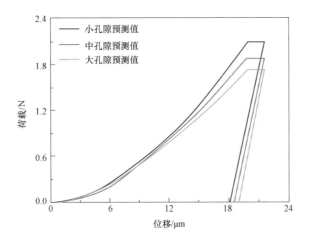

图 9 - 9   模拟位移－荷载曲线

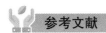 参考文献

[9 - 1]   Sun，X.，Q. Dai，K. Ng. Computational investigation of pore permeability and connectivity from transmission X - ray microscope images of a cement paste specimen［J］. Construction and Building Materials，2014（68）：240 - 251.

[9 - 2]   Oliver，W. C.，G. M. Pharr. An improved technique for determining hardness and elastic modulus using load and displacement sensing indentation experiments［J］. Journal of Materials Research，2011，7（06）：1564 - 1583.

[9 - 3]   Wang，X.，M. Zhang，A. P. Jivkov. Computational technology for analysis of 3D meso - structure effects on damage and failure of concrete［J］. International Journal of Solids and Structures，2016（80）：310 - 333.

[9 - 4]   Wang，B.，H. Wang，Z. Zhang，et al. Study on mesoscopic modeling method for three - dimensional random concave - convex concrete aggregate［J］. Chinese Journal of Applied Mechanics，2018，35（5）：1072 - 1076.

[9 - 5]   Wang，B.，H. Wang，Z. Q. Zhang，et al. Mesoscopic modeling method of concrete aggregates with arbitrary shapes based on mesh generation［J］. Chinese Journal of Computational Mechanics，2017，34（5）：591 - 596.

[9 - 6]   Li，Y.，G. Zhang，Z. Wang，et al. Experimental - computational approach to investigate compressive strength of magnesium phosphate cement with nanoindentation and finite element analysis［J］. Construction and Building Materials，2018（190）：414 - 426.

[9 - 7]   Birtel，V.，P. Mark. Parameterised Finite Element Modelling of RC Beam Shear Failure［J］. 2006.

[9 - 8]   Hou，D.，D. Li，P. Hua，et al. Statistical modelling of compressive strength controlled by porosity and pore size distribution for cementitious materials［J］. Cement and Concrete Composites，2019（96）：11 - 20.

[9 - 9]   Ju，Y.，Y. Yang，Z. Song，et al. A statistical model for porous structure of rocks［J］. Science in China Series E：Technological Sciences，2008，51（11）：2040 - 2058.

[9 - 10]   Li，D.，Z. Li，C. Lv，et al. A predictive model of the effective tensile and compressive strengths of

concrete considering porosity and pore size [J]. Construction and Building Materials, 2018 (170): 520-526.

[9-11] Zhang, Y., X. Zhang. Grey correlation analysis between strength of slag cement and particle fractions of slag powder [J]. Cement and Concrete Composites, 2007, 29 (6): 498-504.

第 10 章　六水磷酸钾镁在氯化钠溶液中的微观动力学模拟

MPC 常常应用于固化有毒物质和核废料。镉污染也是一种危害人类健康和环境的重金属污染。何元金等研究了 Cd^{2+} 对 MPC 早期水化过程的影响，结果表明 MPC 在稳定/固化镉污染物和快速降低镉离子的环境毒性方面具有良好的潜力[10-1]。放射性废液是核工业的产物，具有重大的环境危害性。应用 MPC 基体固化液体放射性废物（LRW）是最具有前途的处理方法之一。与硅酸盐水泥相比，MPC 基质对 ^{137}Cs、^{90}Sr、^{239}Pu 和 ^{241}Am 表现出较高的水解稳定性和较高的放射性废液盐填充率。Vinokurov 等研究发现 MPC 基质用于固化含锕系元素和稀土元素的放射性废物也是可行的[10-2]。侯东帅等[10-3]研究了 MPC 的耐水性，发现 MPC 水解效应导致力学性能下降，且通过分子动力学的方法模拟研究了 MPC 主要水化产物 MKP 的结构和动力学性能，揭示了水解削弱效应和失效机理：水侵蚀导致氢键和 K-O 键失去化学稳定性，解释了 MPC 耐水性差的现象。

综上可知，关于 MPC 固化重金属元素及耐久性主要取决于微观上离子溶液与 MPC 基质的相互作用，如：离子的吸附和脱附、固液界面的分子的扩散系数和化学键。因此本章应用分子动力学方法建立了 MPC 的主要水化产物 MKP 与氯化钠溶液的界面模型，分析 MKP 与氯化钠溶液界面模型在不同方向上的以下特性：①固液界面的水分子的结构特征；②界面对离子的吸附性；③离子的动态性质。具体步骤为：首先分别在 MKP 晶体的 ［001］方向、［010］方向和 ［100］方向上建立了 MKP 晶体在与氯化钠溶液的界面模型。随后通过水分子的密度、等高线图、偶极矩、偶极角和氢键分布，分析了固液界面的水分子的结构特征。然后通过分子构型、离子密度分布和配位数，讨论了界面对离子的吸附性。最后通过时间相关函数和均方位移，研究了氯化钠中离子的动态性质。本研究在分子尺度上解释了水分子和离子在 MKP 晶体表面上的吸附和脱附机理。

10.1　六水磷酸钾镁－氯化钠溶液分子动力学模型建立

10.1.1　分子动力学模型建立

MKP 晶体结构的模拟是基于 Graeser 提供的 MKP 晶胞[10-4]。MKP 原始晶胞如图 10-1（a）所示，MKP 晶体为正交晶型，空间群为 $Pmn2_1$，晶型参数 $a=6.903\text{Å}$，$b=6.174\text{Å}$，$c=11.146\text{Å}$。另外，可以从图 10-1（a）可知 MKP 晶体是非对称结构，分别在 X 方向

（［100］）、Y方向（［010］）、Z方向（［001］）具有不同的原子空间分布，则在MKP晶体不同方向上的表面附近的氯离子迁移和吸附行为可能是不同的。因此本文分别建立了MKP晶体在［001］方向、［010］方向和［100］方向的界面模型，探讨其对离子的吸附行为特征。

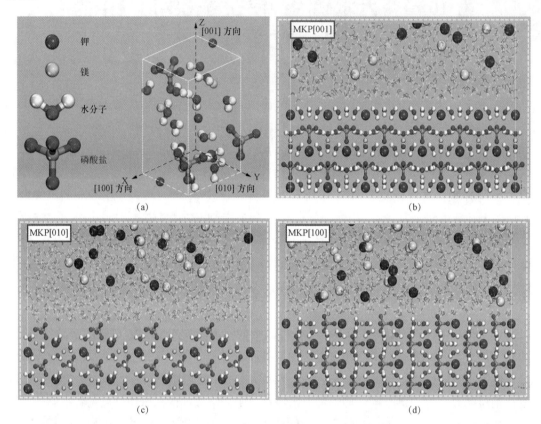

图10-1　MKP-NaCl溶液分子动力学模型

（红色和白色的杆代表水分子；紫红色的杆代表磷酸盐四面体；紫色、绿色、淡绿色、
蓝色球分别代表钾离子、镁离子、氯离子和钠离子。下文图中彩色的球和杆表示相同的含义）

（a）MKP的原始晶胞；（b）MKP［001］方向的界面模型；（c）MKP［010］方向的界面模型；

（d）MKP［100］方向的界面模型

对于MKP［001］方向模型，首先建立 $6 \times 7 \times 9$ 的MKP超晶胞。超晶胞的尺寸为 $a=41.238$Å，$b=43.12$Å，$c=99.783$Å，$\alpha=90°$，$\beta=90°$，$\gamma=90°$。然后沿着［001］面把MKP超晶胞模型切开，得到在 Z 方向上厚度为2.1nm的晶体基质和厚度为6.9nm的真空区。其次将2495个水分子随机分布在MKP晶体上方厚度为4.2nm的真空区内，并将38个 Na^+ 和38个 Cl^- 离子随机分布在水溶液中，从而得到浓度为0.85mol/L的NaCl溶液。即在MKP［001］方向界面模型中，MKP基质厚度为2.1nm，NaCl溶液厚度为4.2nm，真空区厚度为3.7nm。MKP［001］模型的界面区域如图10-1（b）所示。

相似地，对于MKP［010］方向模型，首先建立包含 $6 \times 16 \times 4$ 的MKP超晶胞。超晶

胞的尺寸为 $a=41.238\text{Å}$，$b=98.56\text{Å}$，$c=44.348\text{Å}$，$\alpha=90°$，$\beta=90°$，$\gamma=90°$。然后沿着 [010] 面把 MKP 超晶胞模型切开，得到在 Y 方向上厚度为 2nm 的晶体基质和厚度为 6.7nm 的真空区。随后将 2627 个水分子随机分布在 MKP 晶体上方厚度为 4.3nm 的真空区内，并将 40 个 Na^+ 和 40 个 Cl^- 离子随机分布在水溶液中，从而得到浓度为 0.85mol/L 的 NaCl 溶液。即在 MKP [010] 方向界面模型中，MKP 基质厚度为 2nm，NaCl 溶液厚度为 4.3nm，真空区厚度为 3.6nm。MKP [010] 模型的界面区域如图 10 - 1（c）所示。

相似地，对于 MKP [100] 方向模型，首先建立包含 15×7×4 的 MKP 超晶胞。超晶胞的尺寸为 $a=103.95\text{Å}$，$b=43.12\text{Å}$，$c=44.348\text{Å}$，$\alpha=90°$，$\beta=90°$，$\gamma=90°$。然后沿着 [100] 面把 MKP 超晶胞模型切开，得到在 X 方向上厚度为 2.2nm 的晶体基质和厚度为 8.2nm 的真空区。其次将 2811 个水分子随机分布在 MKP 晶体上方厚度为 4.4nm 的真空区内，并将 43 个 Na^+ 和 43 个 Cl^- 离子随机分布在水溶液中，从而得到浓度为 0.85mol/L 的 NaCl 溶液。即在 MKP [100] 方向界面模型中，MKP 基质厚度为 2.2nm，NaCl 溶液厚度为 4.4nm，真空区厚度为 3.8nm。MKP [010] 模型的界面区域如图 10 - 1（d）所示。

10.1.2　力场和分子动力学过程模拟

Randall T 等开发了一个通用力场 ClayFF，适用于模拟水化和多组分矿物系统及其与水溶液的界面[10-5]。由于 ClayFF 力场具备良好的可迁移性和可靠性，已广泛应用于矿物与溶液界面的模拟、各种水泥水化产物的分子结构模拟、氢氧化物表面对阳离子和阴离子的吸附特性模拟等。尤其是 ClayFF 力场已经多次应用于模拟研究 MKP 的结构、动力学和力学性能，验证了其适用于 MKP 体系的合理性[10-3]。

LAMMPS 为大量原子/分子大规模并行模拟器，可对 MKP 与氯化钠溶液的界面模型进行模拟。整个模拟过程采用 NVT 系综，温度为 300K，采用时间步长为 1fs 的 Verlet 算法对原子运动方程进行积分。分子动力模拟（Molecular Dynamic Simulation，MDS）过程由三个阶段组成：首先，将 MKP 晶体基质设为刚体，溶液体系自由运动 1000ps；随后松开刚体，基体和溶液均进行 3000ps 的平衡自由运动；最后，再继续进行 3000ps 的 NVT 模拟。三个模型每 0.1ps 记录一次轨迹信息，包括原子坐标和速度。结构和动力学分析是基于最后 3000ps 模拟产生的数据。基于 MATLAB 程序，分析模型的以下性质：①固液界面的水分子的结构特征；②界面对离子的吸附性；③水分子和离子的动态性质。

10.2　水 分 子 的 界 面 结 构

10.2.1　水的密度分布

原子密度分布可以显示垂直基质方向的水分子结构。由于三个方向的 MKP 基质厚度稍有差别，为了便于描述，下文中提到的垂直基质方向上的坐标都是以各方向模型中的界面线为参考坐标，即以固液界面线坐标为 0，界面线以上溶液的坐标为正值，界面线以下固体基质的坐标为负值。MKP［001］、MKP［010］和 MKP［100］方向模型水分子在垂直基质方向上的密度分布分别如图 10-2（a）、（b）和（c）所示。界面磷氧四面体的位置被定义为固液界面，用图中绿线表示。

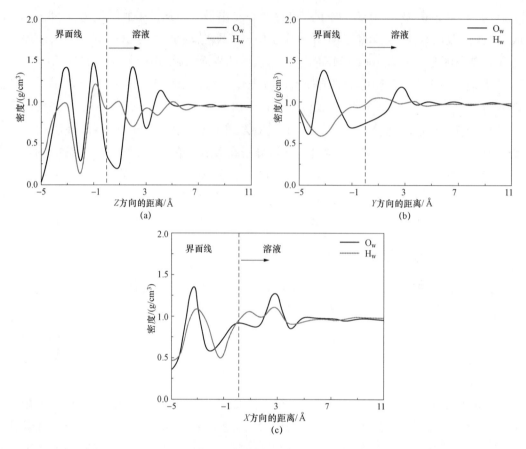

图 10-2 MKP 模型水分子在垂直基质方向上的密度分布

（a）MKP［001］方向模型；（b）MKP［010］方向模型；（c）MKP［100］方向模型

O_w—水分子中的氧原子；H_w—水分子中的氢原子

从图 10-2（a）可知，MKP［001］模型的水分子密度在界面区域有明显的振荡，O_w原子密度分布在 1.95Å 和 3.87Å 处有两个峰值。在远离基质 7Å 时，密度振荡逐渐消失，趋于 1g/cm³。H_w原子密度分布在 0.94Å、2.97Å 和 4.88Å 处有三个峰值。原子密度峰值表示界面水分子的分层堆积。需要说明的是，和 O_w 密度峰相比，H_w 的第一个峰位置更接近基质 1Å，意味着在第一个水分子层，氢原子分布更接近于固体基质。氢原子的亲和力就意味着 MKP 表面的亲水性，这主要归因于 MKP 晶体的［001］表面上的磷酸盐四面体提供了大量的非桥接氧原子。在低于界面线以下的区域，高强度尖锐的水分子密度峰表示了 MKP 晶体中的水分子有规律分层排列。

从图 10-2（b）和（c）可知，MKP［010］和 MKP［100］模型的水分子密度在界面区域也有明显的振荡，并在远离基质的过程中，密度振荡逐渐消失，趋于 1g/cm³。另外，在 MKP［010］和 MKP［100］模型中，第一个水分子层的氢原子分布都更接近于固体基质，也表明了 MKP 表面的亲水性。

10.2.2　水分子的等高面

界面水分子的组织和排列可以通过等高面来反应。MKP［001］、MKP［010］和 MKP［100］方向模型水分子在垂直基质方向上的 0~1.5Å 范围内的等高面分别如图 10-3（a）、（b）和（c）所示。其中每个图中黑色菱形图案是表示相应模型中最上层 P 原子的等高面，红色等高线表示水分子的等高面。以 P 原子相对固定的位置为参考，分析界面附近水分子的分布。从图 10-3 可知，三个模型中最上层 P 原子的等高面高度集中且有序分布，说明晶体区域的 P 原子的运动受到强烈的限制。在界面 0~1.5Å 范围内的水分子受到磷氧四面体氢键及负电荷的吸引，在磷酸四面体周围流动。

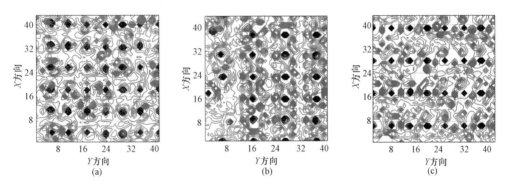

图 10-3　MKP 模型水分子在垂直基质方向上的 0~1.5Å 范围内的等高面

（a）MKP［001］方向模型；（b）MKP［010］方向模型；（c）MKP［100］方向模型

10.2.3　偶极矩

利用水分子偶极矩的大小来评价 MKP 表面的亲水性。MKP［001］方向模型在 Z 方向上 0~2Å、2~4Å 和 20~22Å 范围内的归一化界面水分子的偶极矩分布如图 10-4 所示。与自由水的平均偶极矩（2.44D）相比，MKP 表面附近 0~2Å 和 2~4Å 范围的水分子平均偶极矩分别为 2.49D 和 2.47D。当距离基体 20Å 时，水分子平均偶极矩减小到自由水的值。MKP［010］和 MKP［100］方向在 Y 方向和 X 方向上 0~2Å、2~4Å 和 20~22Å 范围内的水分子偶极矩分布变化趋势和 MKP［001］方向是一样的：三个范围内的水分子平均偶极矩都依次减小。三个模型在 0~2Å 范围内的界面水分子平均偶极矩柱状图如图 10-5 所示。可知 MKP［001］、MKP［010］和 MKP［100］方向的三个模型在 0~2Å 范围内统计的水分子偶极矩分布的平均值分别为 2.492D、2.474D 和 2.467D，统计的标准差分别为 0.1424、0.1441 和 0.1445。MKP 表面附近水分子平均偶极矩大于自由水的平均偶极矩（2.44D），表明 MKP 表面具有亲水性。另外，MKP［001］、MKP［010］和 MKP［100］方向模型的亲水性依次减弱，这是由于 MKP［001］方向界面的磷氧四面体有三个氧突出到溶液中去，负电荷较强，而其他两个方向界面只有一个氧突入溶液，负电荷较弱。

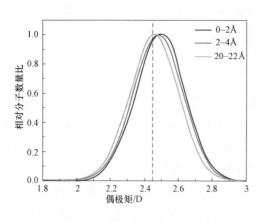
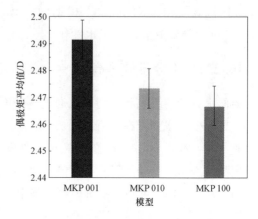

图 10-4　MKP［001］方向模型的水分子　　　图 10-5　三个模型在 0～2 Å 范围内的界面水分子
　　　　　偶极矩分布　　　　　　　　　　　　　　　　　平均偶极矩柱状图

10.2.4　偶极角

偶极角分布可以进一步表征 MKP 表面附近水分子的取向特征。如图 10-6（a）所示，垂直于基底方向的向量为 V_n，水分子中两个氢原子的夹角平分线定义为 V_d，两个向量之间的夹角为偶极角 φ_d[10-6]。MKP［001］、MKP［010］和 MKP［100］方向模型在界面附近的水分子偶极角分布及局部分子构型图分别如图 10-6（b）、（c）和（d）所示。从图 10-6（b）可知，MKP［001］模型距离固体基质 1.5Å 范围内的水分子偶极角分布有两个峰，分别位于在 70°～100°和 140°～180°。第一个峰表示垂直于界面矢量的偶极矢量，主要来自与晶体表面稍微分离的晶体水分子。取向偏好是磷酸四面体上氧的氢键连接和 Mg-Ow 吸引综合作用导致的。第二个峰表示偶极矢量指向固体基质的水分子，磷酸四面体上的氧原子接受这些水分子的氢键。当距离固体基质 1.5～3Å 范围内时，位于 70°～100°之间的第一个峰值消失了，第二个峰值减小到 120°～160°之间，这意味着与镁离子的相互作用变弱，而磷酸四面体由于三个氧原子具有较强的负电荷，在吸引水分子中氢原子的过程中起主导作用。

从图 10-6（c）可知，MKP［010］模型距离固体基质 1.5Å 范围内的水分子偶极角主要分布在 80°～160°，仍然是磷氧四面体的负电荷吸引水分子，导致部分水分子具有较大的偶极角。距离固体基质 1.5～3Å 范围内水分子偶极角只在 130°附近有个微弱峰，整体分布比较均匀。

从图 10-6（d）可知，MKP［100］模型距离固体基质 1.5Å 范围内的水分子偶极角分布有两个峰，分别分布在 40°～70°和 120°～170°。当距离固体基质 1.5～3Å 范围内时，偶极角分布比较均匀，没有明显的峰。可知三个模型在距离固体基质 1.5 范围内，水分子偶极角都是以大于 90°的分布为主，其中 MKP［001］模型在此范围内的水分子偶极角绝大部分都大于 120°，而 MKP［010］模型和 MKP［100］模型中水分子偶极角大于 90°的数量要少很多。另外 MKP［001］模型在距离固体基质 1.5～3Å 范围内，水分子偶极角大于 90°的仍然占多数，但 MKP［010］模型和 MKP［100］模型在此范围内偶极角分布比较均匀，没有明

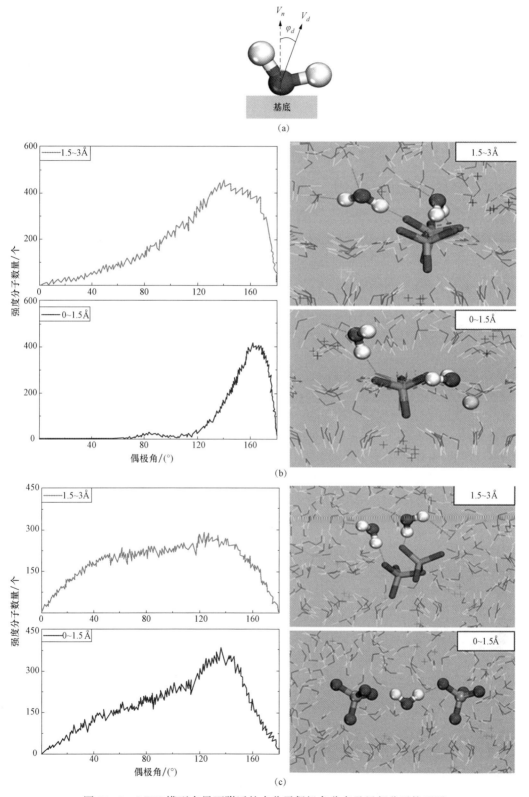

图 10-6　MKP 模型在界面附近的水分子偶极角分布及局部分子构型图

(a) 水的偶极角示意图；(b) MKP [001] 方向模型；(c) MKP [010] 方向模型和

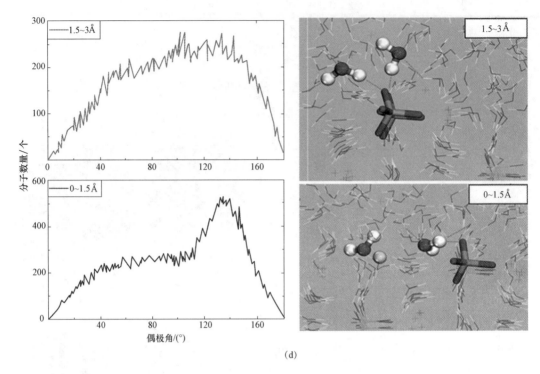

(d)

图 10-6　MKP 模型在界面附近的水分子偶极角分布及局部分子构型图（续）

(d) MKP［100］方向模型

显的峰，这是由于后面两个模型中界面的磷氧四面体只有一个氧突出到溶液中去，界面负电荷较弱，影响的水分子范围有限。而 MKP［010］模型界面处的磷氧四面体分布稀疏，对附近的水分子作用最弱。可知，MKP 三个方向模型偶极角分布不一样，主要是因为三个方向模型中界面处原子分布特征不同及电荷分布不同导致的。

10.2.5　氢键

水分子主要通过与磷氧四面体以及相邻水分子中的氧原子形成氢键而聚集在界面上。如图 10-7 所示，形成氢键的两个条件：相邻的氧原子与氢原子之间的距离小于 2.45Å，且角 O-O-H（受体氧—供体氧—供体氢）的角度应小于 30°。

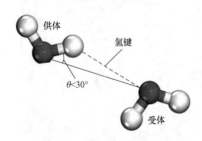

图 10-7　氢键结构示意图

如果满足这两个条件，则提供氢原子以形成氢键的水分子被称为供体，而提供氧原子的水分子则是受体[10-7]。在 MKP 基质表面，磷氧四面体中的 Os 原子和结晶水中的 Ow 原子都可以通过氢键与表面吸附水相连接。MKP［001］、MKP［010］和 MKP［100］模型在垂直基质方向上不同范围内的平均氢键数分别见表 10-1～表 10-3。

用"O_w"表示水分子中的氧原子、"O_s"表示 MKP 基质磷酸四面体中的氧原子、"a"表示受体（accept）、"d"表示供体（donate），则氢键共有三种类型："O_w-d-O_w"表示水分子贡献氢键给周围的水分子，"$O_w\text{-}a\text{-}O_w$"表示水分子从周围水分子处接收氢键，"$O_w\text{-}d\text{-}O_s$"表示水分子贡献氢键给磷酸四面体中的氧原子，"Total"表示所有类型氢键的总数量。

表 10 - 1　　　　　　　　　MKP［001］模型不同范围的氢键分布统计

类型	−3∼0Å	0∼3Å	3∼6Å	18∼21Å
$O_w\text{-}d\text{-}O_w$	0.17	0.78	1.47	1.56
$O_w\text{-}a\text{-}O_w$	0.49	1.04	1.33	1.61
$O_w\text{-}d\text{-}O_s$	1.85	1.07	0.11	0
合计	2.51	2.89	2.91	3.17

表 10 - 2　　　　　　　　　MKP［010］模型不同范围的氢键分布统计

类型	−3∼0Å	0∼3Å	3∼6Å	18∼21Å
$O_w\text{-}d\text{-}O_w$	0.71	0.98	1.42	1.51
$O_w\text{-}a\text{-}O_w$	0.45	1.54	1.53	1.62
$O_w\text{-}d\text{-}O_s$	0.98	0.60	0.15	0
合计	2.14	3.12	3.10	3.13

表 10 - 3　　　　　　　　　MKP［100］模型不同范围的氢键分布统计

类型	−3∼0Å	0∼3Å	3∼6Å	18∼21Å
$O_w\text{-}d\text{-}O_w$	0.67	1.16	1.53	1.52
$O_w\text{-}a\text{-}O_w$	0.57	1.39	1.50	1.59
$O_w\text{-}d\text{-}O_s$	1.01	0.49	0.00	0.00
合计	2.25	3.04	3.03	3.11

从表 10 - 1 可知，在 MKP［001］方向模型界面处（即基质过渡到溶液），$O_w\text{-}d\text{-}O_w$ 和 $O_w\text{-}a\text{-}O_w$ 类型的氢键数量都是急剧上升。值得注意的是，在界面线以上 3Å 的区域内，水分子接受氢键的数量比贡献氢键的数量多。这与此区域水分子 OH 矢量更倾向于基质，且从上层水分子接受氢键相一致。因此，在距离基质 3∼6Å 的区域内，水分子平均贡献氢键数量比接受氢键数量更多一些。距离界面 6Å 以上的区域内，水分子基本贡献 1.6 个氢键并从周围水分子接受 1.6 个氢键。另外，在界面线以上 6Å 区域内，基质过渡到溶液过程，水分子贡献给磷氧四面体中氧的氢键数量（$O_w\text{-}d\text{-}O_s$）逐渐从 1.1 减小为 0。而从基质到溶液中部的过程中，总的氢键数量从 2.5 逐渐增长并稳定在 3.17 左右。

从表 10 - 2 和表 10 - 3 可知，MKP［010］和 MKP［100］模型在界面处，$O_w\text{-}d\text{-}O_w$ 和 $O_w\text{-}a\text{-}O_w$ 类型的氢键数量变化趋势和 MKP［001］模型的一样，都是急剧上升。且距离基质远处的溶液中，水分子贡献的氢键数量和从周围水分子接受的氢键数量几乎一样，都为 1.6 左右。另外，在界面线以上 6Å 区域内，MKP［010］和 MKP［100］模型中 $O_w\text{-}d\text{-}O_s$ 类型的氢键数量分别从 0.60 和 0.49 逐渐减小为 0。三个模型氢键总数量从基质中的大约 2.1 逐渐增加到溶液中的 3.1 左右。

10.3　六水磷酸钾镁表面的离子吸附规律

上节从密度分布、偶极角和氢键分析了界面水分子的分子结构。除水分子外，钾离子、钠离子和氯离子在 MKP 表面附近也表现出局部结构特征。

10.3.1　分子构型

分子构型图能够呈现不同时间的模型原子构型，表征模型稳定性及离子的吸附性和脱附性。图 10-8 为 MKP 模型在 2000ps 时的分子构型图。从图 10-8（a）可知在 2000ps 时，大量钾离子从 MKP［001］方向表面分离，并向溶液中扩散。同时大量钠离子被逐渐吸附在表面区域，并在此区域累积。更有趣地是，少量的磷酸四面体从晶体基质中被拉出来。这意味着表面水分子和钾离子脱附作用可以干扰 MKP 晶体表面原本有序的原子排列。另外，部分钾离子离开晶体基质并留在溶液中。在研究 MPC 固化废物的浸出行为中发现，钾离子是通过扩散而释放[10-8]。另外将 MPC 浸泡在溶液中，水化产物会溶解，并破坏 MPC 的晶体结构[10-3]。

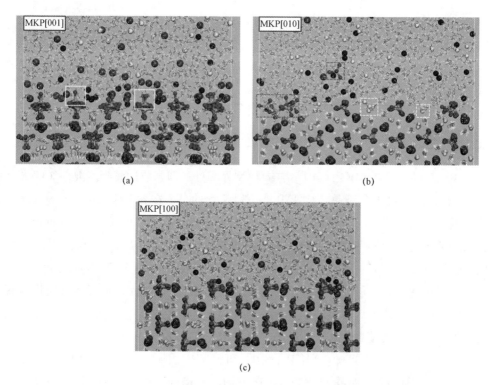

图 10-8　MKP 模型在 2000ps 时的分子构型图

（a）MKP［001］方向模型；（b）MKP［010］方向模型；（c）MKP［100］方向模型

从图 10-8（b）可知 MKP［010］模型在 2000ps 时，个别钾离子从 MKP 表面分离，并向溶液中扩散。同时大量钠离子被逐渐吸附在表面区域，并在此区域累积。同时，少量磷酸四面体有大幅度的振动和旋转，甚至个别的磷酸四面体从晶体基质中被拉出来，如图10-8（b）中用蓝色虚线框里的磷酸四面体所示。另外可以看到一些氯离子扩散到最上层磷酸四面体之间的空位区，与内层的钾离子和镁离子进行结合，如图10-8（b）中用黄色虚线框里的氯离子所示。上述现象说明了 MKP［001］和 MKP［010］方向界面模型的离子吸附性和脱附性是有显著差异的，这主要是 MKP［010］方向界面模型中的磷酸四面体在最外层，可以对内层的钾离子扩散进行约束，但最上层磷酸四面体之间较大的空间使得氯离子可以扩散到此处。

从图10-8（c）可知 MKP［100］模型在2000ps时，微量钾离子从 MKP 表面分离，并向溶液中扩散。同时大量钠离子也被逐渐吸附在表面区域，同时不少氯离子也可以扩散到表面区域。磷酸四面体只是在原位附近振动，并没有发现从晶体基质中被拉出来。这是由于很少量的钾离子解吸附作用，没有干扰到 MKP 晶体表面原本有序的原子排列。由此可知三个模型界面都吸附了大量钠离子，但 MKP［001］模型钾离子扩散到溶液中的量多，界面晶体最无序，对氯离子的排斥作用最强。而 MKP［010］模型钾离子脱附量最少，氯离子可以进入界面的磷酸四面体间的空位区。三个方向模型的原子空间结构分布特征不一样，导致三个模型表现出不同的离子脱附性、吸附性以及晶体无序性。

10.3.2　离子密度分布

离子密度剖面图可以很好地表征离子在界面处的分布，反映了离子在界面上的吸附和脱附行为。图10-9（a）、（b）和（c）分别为 MKP［001］、MKP［010］和 MKP［100］模型的离子密度分布图。从图10-9（a）可知在 MKP［001］模型中，钾离子在晶体区域具有高强度的尖峰，而表面钾离子具有两个小强度峰，且分布较宽。说明部分表面钾离子最初与磷氧四面体结合，然后从 MKP 基体解离。不少钠离子在 MKP 表面累积，在密度分布图上形成双峰。表明磷氧四面体对钾离子和钠离子均有很强的吸引力。另一方面，氯离子距离 MKP 晶体以上3Å 范围内无分布，这说明 MKP［001］方向界面对阴离子具有很强的排斥作用。镁离子在晶体区域具有高强度的尖峰，意味着镁离子在晶体区域有序排列。而磷原子在晶体区域也有一个高强度的尖峰，但在界线处分支出一个缓峰，意味着界面处的一部分磷原子往溶液中移动，这与图10-8（a）中观察到 MKP［001］模型界面少量的磷酸四面体从晶体基质中被拉出来的现象一致，表面水分子和钾离子解吸附作用可以干扰 MKP 晶体表面原本有序的原子排列。

从图10-9（b）可知在 MKP［010］模型中，钾离子同样在晶体区域具有高强度的尖峰，而表面钾离子具有一个分布较宽的小强度峰，意味着少量表面钾离子从 MKP 基体脱附。另外 MKP 表面累积了较多的钠离子，表面磷氧四面体对钠离子有较强的吸引力。另一方面，氯离子密度分布第一个峰的位置，大约深入晶体1Å，这是由于氯离子扩散到界面处磷酸四面体间的空位区域，与内层的钾离子和镁离子进行结合。MKP［010］方向模型界面处的氯离子分布情况与 MKP［001］和 MKP［100］方向模型界面处的氯离子分布均有显著差异。

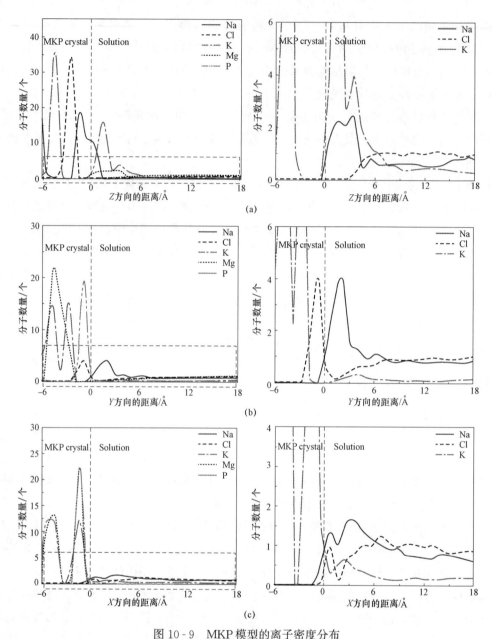

图 10 - 9　MKP 模型的离子密度分布

(a) MKP [001] 方向模型；(b) MKP [010] 方向模型；(c) MKP [100] 方向模型

从图 10 - 9 (c) 可知在 MKP [100] 模型中，钾离子在晶体区域有序排列，而表面钾离子有一个小强度峰，意味着表面微量钾离子从 MKP 基体脱附。然而 MKP [001] 模型界面处钾离子密度峰比钠离子密度峰更高，而 MKP [100] 模型界面处钾离子密度峰比钠离子密度峰更低，这也验证了图 10 - 8 (c) 中观察到 MKP [100] 方向模型中只有很少量表面钾离子扩散到溶液中去。另一方面，在界面处氯离子第一个峰的位置与钠离子第一个峰位置重合，这是由于氯离子被界面处大量的镁离子和钾离子吸附在表面。氯离子第二个峰的位置比钠离子第二个峰位置更远一些，第二个峰处的氯离子是与表面阳离子（包括吸附的钠离子和扩散的钾离子）形成离子对。MKP［100］模型界面的氯离子分布情况与 MKP［001］和 MKP［010］模型的有显著差异，这是因为 MKP［100］方向模型界面处负电荷较弱，且表面有大量镁离子和钾离子暴露在溶液中。

10.3.3　配位数

通过分析离子周围的配位数（Coordination Number，CN）可以更好地理解离子与界面之间的相互作用。配位数表示在前面径向分布函数（Radial Distribution Function，RDF）曲线第一个最小值区域范围内的离子数量。三个模型在垂直基质方向上 0～5Å 范围内的离子平均配位数分布见表 10-4～表 10-6。

表 10-4　K 的配位数

类型		MKP［001］	MKP［010］	MKP［100］
K	O_w	7.23	5.09	6.94
	O_s	0.35	0.00	1.00
	Cl	0.04	0.23	0.05
合计		7.62	5.32	7.99

表 10-5　Na 的配位数

类型		MKP［001］	MKP［010］	MKP［100］
Na	O_w	5.18	5.00	4.56
	O_s	0.77	0.67	1.07
	Cl	0.02	0.10	0.07
合计		7.62	5.97	5.77

表 10-6　Cl 的配位数

类型		MKP［001］	MKP［010］	MKP［100］
Cl	O_w	2.14	6.60	7.72
	K	0.45	0.06	0.44
	Na	0.07	0.27	0.15
合计		7.62	2.66	6.93

表 10-4 为三个方向模型在界面 5Å 范围内的钾离子配位数。MKP［001］模型中，每个钾离子周边平均有 7.23 个水分子、0.35 个磷酸氧原子和 0.04 个氯离子。而 MKP［010］模型，钾离子有 5.32 个配位原子，包括 5.09 个水分子和 0.23 个氯离子。而 MKP［100］模型中，有 6.94 个水分子、1.00 个磷酸氧原子和 0.05 个氯离子分布在钾离子周边。其中，MKP［100］模型中钾离子周边的 Os 数目最多，这是由于 MKP［100］模型中只有很少量的钾离子从基质脱附，并且扩散到溶液中的距离较近，因此钾离子周围有较多的 Os 数量。另外，MKP［010］模型中钾离子周边的 Cl 数目最多，这是由于一些氯离子进入基质空位区域，从而有较多的 Cl 分布在钾离子周边，而 MKP［001］模型和 MKP［100］模型界面对氯离子有一定的排斥性。以上配位数的结果与 10.1.1 节观察到的现象相一致。

三个方向模型在界面 5Å 范围内的钠离子的配位数见表 10-5。MKP［001］模型、MKP［010］模型和 MKP［100］模型的钠离子总配位数分别为 5.97、5.77 和 5.70。和钾离子相比，水化半径较小的钠离子的周围配位数更少。

表 10-6 展示了三个方向模型在界面 5Å 范围内的氯离子的配位数。MKP［010］模型和 MKP［100］模型的氯离子总配位数分别为 6.93 和 8.31，而 MKP［001］模型氯离子总配位数为 2.66，配位数最少。这是由于 MKP［001］模型界面负电荷最强，对氯离子的排斥性也最强，则氯离子的配位数最少。

10.4 界面区水和离子的动力学性质

10.4.1 时间相关函数 (TCF)

时间相关函数（TCF）可以描述不同化学键的动力学特性和探讨各种化学键的稳定性，表征离子固化程度。TCF 被定义为：

$$C(t) = \frac{\langle \delta b(t) \delta b(0) \rangle}{\langle \delta b(0) \delta b(0) \rangle} \tag{10-1}$$

$$\delta b(t) = b(t) - \langle b \rangle$$

式中 $\delta b(t)$——单个二元算子在 t 时间的值与全部二元算子在所有时间的平均值差；

$\delta b(0)$——单个二元算子在初始时间的值与全部二元算子在所有时间的平均值差；

$b(t)$——二元算子，如果原子之间形成键，值为 1，否则为 0；

$\langle b \rangle$——b 在所有时间的平均值。

随着模拟时间的推移，化学键断裂或形成。如果化学键相对稳定，基本没有断裂，则 TCF 值为 1。反之，如果化学键频繁断裂，则 TCF 值会逐渐降低。通过比较不同模型中离子的时间相关函数曲线，可以评价键的稳定性。

对式（10-1）进行积分，可以得到一个原子在中心原子周围的驻留时间（τ_{res}）。

$$\tau_{res} = \int_0^\infty C(t) dt \tag{10-2}$$

驻留时间描述了原子从中心原子附近逃逸所需的时间。不同模型中离子对的驻留时间如表 10-7 所示。图 10-10（a）、（b）和（c）分别为 MKP［001］、MKP［010］和 MKP［100］方向界面模型的化学键时间相关函数。从图 10-10 可知，MKP［001］、MKP［010］和 MKP［100］模型在 100ps 时，K-Cl 的 TCF 分别下降到 0.11、0.59 和 0.34，而 Na-Cl 的时间相关函数的分别迅速下降到 0.00、0.31 和 0.10。则在三个方向模型中，Na-Cl 的 TCF 比 K-Cl 的下降更快，这是由于钠原子的半径更小，Na-Cl 离子键更不稳定。在三个方向模型中，MKP［010］模型中 K-Cl 的 TCF 曲线下降最慢，且从表 10-7 可知，K-Cl 在 MKP［001］、MKP［010］和 MKP［100］模型中的驻留时间分别为 36.78ps、63.67ps 和 59.17ps。则 K-Cl 离子键的稳定性在不同模型中的排序为：MKP［010］＞MKP［100］＞MKP［001］。这是由于在 MKP［010］模型中，一些氯离子的进入基质空位区，氯离子迁移率低，与钾离子形成的离子键不易断裂，同时氯离子与钠离子的驻留时间在三个模型中也是最长的。而 MKP [001] 模型中，界面对氯离子有较强的排斥性，导致 K‐Cl 和 Na‐Cl 离子键的稳定性较弱。

表 10‐7　　　　　　　　　　　K‐Cl 和 Na‐Cl 的驻留时间（单位：ps）

离子对类型	MKP [001]	MKP [010]	MKP [100]
K‐Cl	36.78	63.67	59.17
Na‐Cl	24.46	45.01	37.62

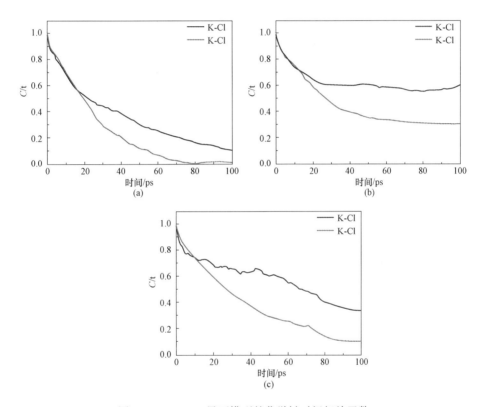

图 10‐10　MKP 界面模型的化学键时间相关函数

（a）MKP [001] 方向界面模型；（b）MKP [010] 方向界面模型；（c）MKP [100] 方向界面模型

10.4.2　水分子和离子的均方位移

均方位移（Mean Square Displacement，MSD）是粒子轨迹随时间的统计平均值。它可以用来评价水分子和离子的运动特性，是动力学分析的一个重要参数。均方位移被定义为：

$$MSD(t) = \sum_{i=1}^{n} \langle \mid r_i(t) - r_i(0) \mid^2 \rangle \qquad (10‐3)$$

式中　n——需要统计原子的个数；

　　$r_i(t)$——第 i 个原子在时刻 t 的位置；

　　$r_i(0)$——第 i 个原子的初始位置。

　　三个方向模型中的离子均方位移如图 10 - 11 所示。图 10 - 11（a）展示了钾离子在三模型中的 MSD 曲线。钾离子在不同模型中运动速率排序为：MKP［010］＞MKP［100］＞MKP［001］。这是由于 MKP［001］模型界面具有较强的负电荷，对钾离子具有较强的吸附性，同时 MKP［001］模型从基质脱附的钾离子量最多，大量的钾离子也会相互阻碍移动能力。而 MKP［010］模型界面负电荷较弱，且只有极个别钾离子从基质中脱附，因此钾离子可以较快速移动。氯离子在三模型中的 MSD 曲线如图 10 - 11（b）所示。可知 MKP［010］模型的氯离子最初扩散很慢，这是由于氯离子在磷酸四面体空位区里运动，受到周围原子的约束。直到 600ps，氯离子从空位区逃逸出来，便可自由运动，因此 MSD 曲线陡增。而 MKP［001］模型界面具有强负电荷，对氯离子具有较强的排斥性，因此氯离子可以较快地移动。三个模型中的钠离子均方位移如图 10 - 11（c）所示。可知 MKP［010］模型的钠离子运动较慢，这是由于钠离子与空位区的氯离子之间有库伦相互作用，10.4.1 节结果也显示 MKP［010］模型的 Na - Cl 的驻留时间最长，因此受到氯离子的影响，钠离子具有较弱的移动能力。

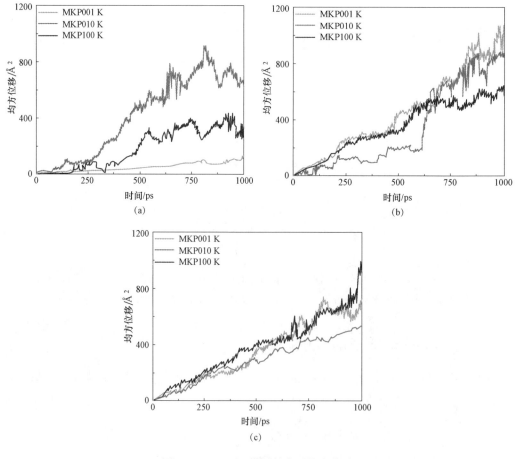

图 10 - 11　MKP 模型的离子均方位移

（a）钾离子；（b）氯离子；（c）钠离子

参考文献

［10-1］ He，Y.，Z. Lai，T. Yan，et al. Effect of Cd2＋ on early hydration process of magnesium phosphate cement and its leaching toxicity properties ［J］. Construction and Building Materials，2019（209）：32-40.

［10-2］ Vinokurov，S. E.，S. A. Kulikova，B. F. Myasoedov. Magnesium Potassium Phosphate Compound for Immobilization of Radioactive Waste Containing Actinide and Rare Earth Elements ［J］. Materials（Basel），2018，11（6）.

［10-3］ Hou，D.，H. Yan，J. Zhang，et al. Experimental and computational investigation of magnesium phosphate cement mortar ［J］. Construction and Building Materials，2016（112）：331-342.

［10-4］ Graeser，S.，W. Postl，H. - P. B. Bojar，et al. Struvite-（K），KMgPO46H2O，the potassium e-quivalent of struvite a new mineral ［J］. European Journal of Mineralogy，2008，20（4）：629-633.

［10-5］ Cygan，R. T.，J. J. Liang，A. G. Kalinichev. Molecular Models of Hydroxide，Oxyhydroxide，and Clay Phases and the Development of a General Force Field ［J］. Journal of Physical Chemistry B，2004，108（4）：1255-1266.

［10-6］ Hou，D.，C. Lu，T. Zhao，et al. Structural，dynamic and mechanical evolution of water confined in the nanopores of disordered calcium silicate sheets ［J］. Microfluidics and Nanofluidics，2015，19（6）：1309-1323.

［10-7］ Li，D.，W. Zhao，D. Hou，et al. Molecular dynamics study on the chemical bound，physical ad-sorbed and ultra - confined water molecules in the nano - pore of calcium silicate hydrate ［J］. Con-struction and Building Materials，2017（151）：563-574.

［10-8］ Torras，J.，I. Buj，M. Rovira，et al. Semi - dynamic leaching tests of nickel containing wastes stabi-lized/solidified with magnesium potassium phosphate cements ［J］. J Hazard Mater，2011，186（2-3）：1954-60.

第四篇　磷酸镁水泥的实际应用

第 11 章　磷酸镁水泥在轻质混凝土中的应用

高层建筑、海洋结构物和大跨度桥梁等现代建筑对轻质混凝土的需求越来越大。由于密度低，应用轻质混凝土可以减少基础构造，结构形式更加优雅和经济，同时作为保温材料，满足节能需求。

泡沫混凝土是由硅酸盐水泥、水、发泡剂、压缩空气和填料组成一种轻质建筑材料，泡沫混凝土使用的胶凝材料除了普通硅酸盐水泥外，还可应用快硬硅酸盐水泥、高铝水泥和硫铝酸盐水泥来缩短凝结时间和提高泡沫混凝土的早期强度。尽管泡沫混凝土在 1923 年首次获得专利[11-1]，但作为一种轻质的非结构和半结构用材料，在过去几年中应用领域才有所增加。目前大多数泡沫混凝土的密度为 $1600 \sim 400 kg/m^3$，导热系数大于 $0.07W/(m \cdot K)$，不能满足日益增长的建筑保温要求。因此，需要一种密度和导热系数分别低于 $400 kg/m^3$ 和 $0.07W/(m \cdot K)$ 的新型泡沫混凝土材料。

在过去开发的各种轻质混凝土中，将高性能浆料与毫米级聚苯乙烯（EPS）珠混合制成的轻质混凝土表现出良好的工程性能，如良好的吸能特性、易改性以及适于现场生产等。因此，EPS 混凝土被广泛应用于各类构件，如覆面板、幕墙、复合地板、路面底基层材料、浮式海洋结构物和结构物保护层等。EPS 混凝土主要由水泥、砂和聚苯乙烯骨料组成。EPS 混凝土的研究可以追溯到 1973 年，当时库克将 EPS 作为混凝土中天然骨料的替代材料[11-2]。近年来，EPS 混凝土的力学性能已被广泛研究，结果表明，在混凝土基体中掺入钢纤维、硅灰、粉煤灰或黏结剂，或减小 EPS 集料粒径，可以显著改善 EPS 混凝土的力学性能。例如，Casa Grande 开发了一种称为 Grancrete 的材料，将 MPC 浆体喷洒在垂直竖立的泡沫聚苯乙烯板上，结果表明 MPC 与 EPS 之间的结合强度较高，可以在极短时间内建造住宅[11-3]。

综上所述，本章研究了两种轻质混凝土：一是密度低于 $400 kg/m^3$ 的超轻泡沫混凝土，使用 MPC 代替硅酸盐水泥作为胶凝材料，分析了以细砂和粉煤灰为填料的 MPC 超轻泡沫混凝土的新拌性能、强度、耐水性和导热性能，此外研究了泡沫体积分数和粉煤灰掺量对 MPC 超轻泡沫混凝土干密度、抗压强度、耐水性和导热性能的影响。二是采用 MPC 代替硅酸盐水泥生产 EPS 混凝土，研究了 MPC-EPS 轻质混凝土的抗压强度、干缩和吸水率等性能，探讨了 EPS 掺量对轻质混凝土性能的影响。

11.1　磷酸镁水泥在超轻泡沫混凝土中的应用

11.1.1　磷酸镁水泥在超轻泡沫混凝土中的应用试验

1. 原材料

MPC 由煅烧镁砂、磷酸二氢钾和缓凝剂按不同比例混合而成，与普通硅酸盐水泥使用方式相同；直径小于 $300\mu m$ 的粉状河砂（密度 $2500kg/m^3$）；高钙粉煤灰化学成分见表 11-1；蛋白基发泡剂，与水按体积比为 1∶140 稀释，然后充气至密度 $40kg/m^3$。

表 11-1　　　　　　　　　　　粉煤灰的化学成分　　　　　　　　　　　（％）

原材料	MgO	Al_2O_3	SiO_2	P_2O_3	CaO	Fe_2O_3	Na_2O	K_2O	SO_3	烧失量
粉煤灰	1.8	25.8	54.9	—	8.7	6.9	0.3	0.1	0.6	0.2

2. 试件制备

采用粉煤灰（FA）代替质量比 0～100％的砂，同时使泡沫体积达到（80％～90％），制备的泡沫混凝土混合物的水固比控制在 0.30。所有 MPC 泡沫混凝土的配合比见表 11-2。

表 11-2　　　　　　　　　　　MPC 超轻泡沫混凝土配合比

编号	设计密度 /(kg/m³)	粉煤灰 /(％)	泡沫体积 /(％)	配合比					新拌密度 /(kg/m³)
				MPC/kg	砂/kg	粉煤灰/kg	水/kg	泡沫体积/m³	
1	400	0	75	129.5	129.5	0	111	0.75	410
2	350	0	80	111.3	111.3	0	95.4	0.80	362
3	300	0	85	93.1	93.1	0	79.8	0.85	315
4	250	0	90	74.9	74.9	0	64.2	0.90	268
5	400	20	75	129.5	103.6	25.9	111	0.75	408
6	350	20	80	111.3	89.0	22.3	95.4	0.80	358
7	300	20	85	93.1	74.5	18.6	79.8	0.85	313
8	250	20	90	74.9	59.9	15.0	64.2	0.90	260
9	400	40	75	129.5	77.7	51.8	111	0.75	402
10	350	40	80	111.3	66.8	44.5	95.4	0.80	353
11	300	40	85	93.1	55.9	37.2	79.8	0.85	305
12	250	40	90	74.9	44.9	30.0	64.2	0.90	255
13	400	60	75	129.5	51.8	77.7	111	0.75	398
14	350	60	80	111.3	44.5	66.8	95.4	0.80	350
15	300	60	85	93.1	37.3	55.9	79.8	0.85	298
16	250	60	90	74.9	30.0	44.9	64.2	0.90	250
17	400	80	75	129.5	25.9	103.6	111	0.75	385
18	350	80	80	111.3	22.3	89.0	95.4	0.80	344
19	300	80	85	93.1	18.6	74.5	79.8	0.85	290
20	250	80	90	74.9	15.0	59.9	64.2	0.90	243

续表

编号	设计密度 /(kg/m³)	粉煤灰 /(%)	泡沫体积 /(%)	配合比					新拌密度 /(kg/m³)
				MPC/kg	砂/kg	粉煤灰/kg	水/kg	泡沫体积/m³	
21	400	100	75	129.5	0	129.5	111	0.75	390
22	350	100	80	111.3	0	111.3	95.4	0.80	348
23	300	100	85	93.1	0	93.1	79.8	0.85	300
24	250	100	90	74.9	0	74.9	64.2	0.90	248

　　泡沫混凝土的制备方式是用强制式搅拌机拌和预制泡沫和基础混合材料。搅拌顺序如下：将 MPC 和填料（砂/粉煤灰）与水混合，以获得均匀的基础混合材料；制备出适当重量的泡沫，并立即添加到基础混合材料中，最短时间内进行高速搅拌直到拌和物表面没有泡沫为止，此时所有泡沫已经均匀分布于混凝土拌和物中。

　　3. 试验方法

　　(1) 新拌泡沫混凝土混合物的稠度和稳定性测试。根据《水凝水泥试验用流量表的标准规范》（ASTM C230），使用标准流量锥确定拌和物的稠度。将拌和物填充圆锥体后，在不升高或降低工作台的情况下，提升圆锥体并测量混凝土的平均流量，避免影响拌和物中夹带的泡沫稳定性。将拌和物填充于标准容器中，测量新拌泡沫混凝土的密度，计算密度比，并与目标密度进行比较。

　　(2) 热性能和力学性能的测定。考虑到非稳态法在接触电阻、功率和发射信号持续时间方面具有一定优势，因此选用非稳态法测量材料的导热系数，干燥试件的尺寸为 20cm×20cm×5cm，试验装置由瞬态平面源（TPS）单元、惠斯通电桥电源、采集电源站和数据控制与处理微机组成。为了保护探针不受损坏，并确保电流均匀分布在测量试件表面，在 TPS 传感器和两个 20cm×20cm×5cm 试块之间引入两片厚度为 1mm、面积为 5cm×5cm 的铜板。为了减小接触电阻的影响，对试件表面进行了抛光，使用卡盘装置确保各元件之间的良好接触。热导率由计算机直接计算得出，每种混凝土混合物至少测量三个试件。在测试之前，所有试件都在 60℃ 的热风炉中烘干直至恒重。

　　用于抗压强度试验的试件为 100mm×100mm×100mm 立方体试件。浇筑后 3h 脱模，然后在 20℃±1℃ 和 50%±5% 相对湿度的试验室中养护。在加载速率为 3kN/s 的 MTS 伺服液压试验机上测试 1d、3d、7d 和 28d 的抗压强度。

11.1.2　磷酸镁水泥在超轻泡沫混凝土中的应用试验结果和讨论

　　1. 新拌混凝土特性

　　与普通混凝土不同，MPC 超轻泡沫混凝土不能经受任何形式的压实或振动。表征泡沫混凝土新拌特性的指标是其流动性和自密实性。此外，泡沫混凝土的稠度也是影响混合料稳定性的重要指标。稠度值较低表明混合物太硬，容易导致气泡破裂，但如果浆体过少则不能容纳气泡，容易导致气泡离析。因此，只有当泡沫混凝土在特定稠度时才能达到设计密度。已有评估泡沫混凝土稠度的研究包括：Jones 等人[11-4]按照 BS 4551-1 标准进行的扩展度试验；Kearsley 和 Mostert[11-5]按照 ASTM 方法测试了水泥浆体的流动度，该方法是通过测量一定体积的浆料流出带有小开口的圆锥体所需的时间来表征浆体流动度。在本研究中，采用 ASTM C230 的流动锥试验测试 MPC 的流动度。

图 11-1 显示了粉煤灰含量和泡沫体积分数（FV）对 MPC 超轻泡沫混凝土的流动度影响。对于具有给定粉煤灰含量的混合物，当泡沫体积分数增加时，流动性减小，稠度降低，

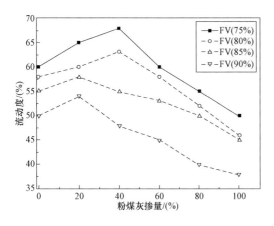

图 11-1　粉煤灰含量和泡沫体积分数对 MPC 超轻泡沫混凝土流动度的影响

原因是空气导致混合物的重量减轻和黏聚力增强。混合物中气泡和固体颗粒之间的黏附增大了浆体的硬度，降低了流动度。但是，对于具有给定泡沫体积分数的混合物，随着粉煤灰含量的增加，MPC 超轻泡沫混凝土的稠度继续增加，直到粉煤灰含量达到一定值（对于泡沫体积分数大于 85％的混合物，该值为 20％，泡沫体积分数低于 85％的混合物为 40％），此时稠度开始下降。与粉状河砂相比，粉煤灰对混合料稠度的影响体现在两个方面：①光滑的粉煤灰微珠在浆体中起到了滚动轴承的

作用，提高了其流动性；②由于粉煤灰中细颗粒含量较大，高比表面积的粉煤灰需要更多的水包裹颗粒表面，降低了其流动性。因此，在粉煤灰含量较低的情况下，滚动轴承作用占主导地位，流动性提高。当粉煤灰含量超过 40％后，粉煤灰的吸附水作用占主导地位，导致拌和物流动性降低。

水固比对于设计密度的实现起着重要作用[11-6]。在本研究中，所有 MPC 超轻泡沫混凝土的水固比保持在 0.30，稠度在 38％～68％之间。图 11-2 显示了具有不同泡沫体积分数的混合物密度比（实测密度/设计密度）随粉煤灰掺量的变化情况，结果显示密度比一般在 1.07～0.96 之间，表明制备的 MPC 超轻泡沫混凝土材料在水固比为 0.30 时，密度比达到

或接近 1。同时，图 11-2 还显示密度比随着粉煤灰掺量的增加而降低。本研究中所制备的泡沫混凝土，除了用粉煤灰代替砂子外，所有组成材料的数量保持不变。在相同的泡沫体积分数下，用粉煤灰代替细砂的混合料新拌密度会低于设计密度，这是由于粉煤灰的相比密度（2.09）小于细砂的相比密度（2.52）。因此，为了使拌和物的密度相同，掺粉煤灰试样所需的泡沫体积较小。

2. 抗压强度

图 11-3 给出了泡沫体积分数分别为

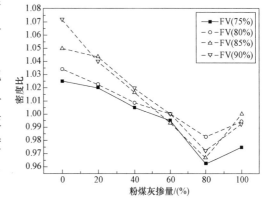

图 11-2　不同泡沫体积分数的 MPC 超轻泡沫混凝土密度比随粉煤灰掺量的变化

75％、80％、85％和90％的 MPC 超轻泡沫混凝土在不同龄期的抗压强度。MPC 超轻泡沫混凝土强度与泡沫体积分数之间关系的变化趋势基本一致，无论泡沫体积分数是多少，MPC 超轻泡沫混凝土的抗压强度在早期都表现出快速增长。对于泡沫体积分数相同的试件，不同龄期的强度增长率随粉煤灰掺量的变化而变化。以泡沫体积分数为80％的 MPC 泡沫混凝土为例，表 11-3 给出了不同粉煤灰含量下不同龄期的强度增长率（R），当养护龄期为 1d 时，无粉煤灰的 MPC 超轻泡沫混凝土的抗压强度约为 28d 时抗压强度的52％。

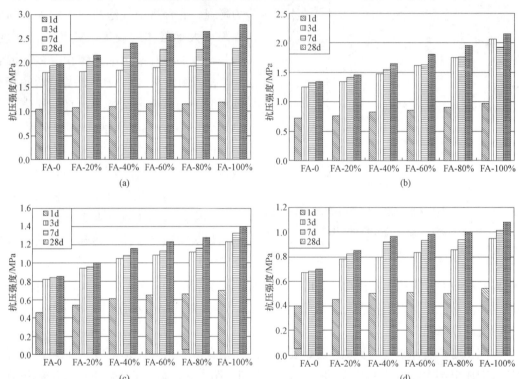

图 11-3　不同泡沫体积分数的 MPC 超轻泡沫混凝土的抗压强度

（a）泡沫体积分数 75％；（b）泡沫体积分数 80％；（c）泡沫体积分数 85％；（d）泡沫体积分数 90％

表 11-3　　不同龄期及粉煤灰掺量对 MPC 超轻泡沫混凝土强度增长率的影响

粉煤灰含量/（％）		0	20	40	60	80	100
R_{28}/MPa		2.00	2.15	2.40	2.60	2.65	2.80
1d	R_1/MPa	1.04	1.07	1.10	1.15	1.16	1.18
	R_1/R_{28}	0.52	0.49	0.45	0.44	0.44	0.42
3d	R_3/MPa	1.80	1.83	1.85	1.90	1.95	2.0
	R_3/R_{28}	0.90	0.85	0.77	0.73	0.73	0.71
7d	R_7/MPa	1.96	2.02	2.27	2.27	2.28	2.35
	R_7/R_{28}	0.98	0.94	0.94	0.87	0.86	0.84

相比之下，在养护龄期为 1d 时，粉煤灰含量为 20％、40％、60％、80％和 100％的 MPC 超轻泡沫混凝土的抗压强度约为 28d 抗压强度的 49％、45％、44％、44％和 42％。结果表明，随着粉煤灰掺量的增加，混凝土早期强度的提高速率减小。但是，随着粉煤灰掺量

的增加，不同龄期的 MPC 超轻泡沫混凝土的抗压强度有所提高，其中 28d 时的抗压强度有较大的提高。与不掺粉煤灰的试件相比，粉煤灰掺量为 100％试件抗压强度提高约 40％。

　　本研究以粉煤灰代替细砂。与细砂相比，粉煤灰对 MPC 超轻泡沫混凝土性能的影响主要表现在两个方面：①粉煤灰主要由活性低于 MgO 的 CaO、SiO_2 或 Al_2O_3 等金属氧化物组成，粉煤灰早期不参与水化反应，因此试件抗压强度随粉煤灰的加入而降低。随着水化时间的延长，粉煤灰以与 MgO 相同的方式参与凝结反应，粉煤灰和磷酸钾镁可以形成由 CaO、P_2O_5、SiO_2、Al_2O_3、MgO 和 K_2O 组成的多组分非晶态无定形物质，填充空隙并将基质结合在一起，从而提升 MPC 试件的抗压强度。②粉煤灰的掺入可以更加细化泡沫混凝土的孔结构，减少有害孔的体积。在 20× 放大倍数的光学显微镜下观察试件切割面如图 11 - 4 显示，对于含粉煤灰的泡沫混凝土，孔隙分布相对均匀，而对于不含粉煤灰的混合物，孔隙较大且不规则。因此，用粉煤灰代替砂可以使气泡均匀分布，从而提高试件强度。

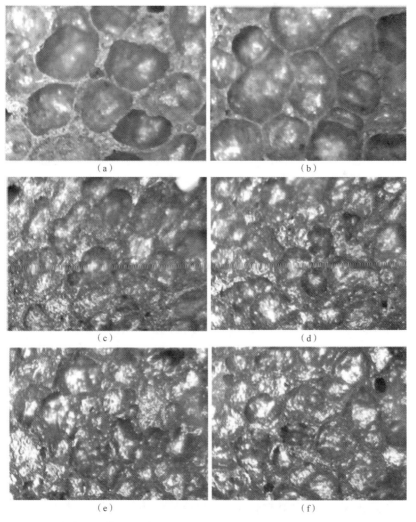

图 11 - 4　含粉煤灰泡沫体积分数为 80％MPC 超轻泡沫混凝土孔隙分布的光学显微图像

（a）粉煤灰含量 0％；（b）粉煤灰含量 20％；（c）粉煤灰含量 40％；（d）粉煤灰含量 60％；

（e）粉煤灰含量 80％；（f）粉煤灰含量 100％

图 11-5 显示了 MPC 超轻泡沫混凝土的干密度与抗压强度之间的关系。与预期一样，随着干密度的增加，MPC 超轻泡沫混凝土试件的抗压强度增加。同时，粉煤灰含量的增加会提升试件的强度。通过对比表11-4 中不同配合比的强度与干密度比，可以得出以下结论：①对于给定的配合比，强度与密度的比值随 MPC 超轻泡沫混凝土设计密度的增加而增大；②对于所有的泡沫混凝土设计密度值，含粉煤灰的 MPC 超轻泡沫混凝土具有更高的强度/密度比；③与其他密度相近的轻质混凝土相比，MPC 超轻泡沫混凝土具有更高的强度/密度比[11-7]。

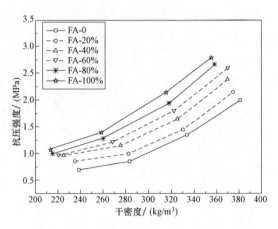

图 11-5　不同粉煤灰含量 MPC 超轻泡沫混凝土
干密度与抗压强度的关系

表 11-4　　　　　**MPC 超轻泡沫混凝土强度/密度比**　　　　　$[MPa/(kg/m^3)\times1000]$

设计密度 /(kg/m³)	不同粉煤灰含量的 MPC 泡沫混凝土的强度/密度比					
	0	20%	40%	60%	80%	100%
400	5.24	5.74	6.48	7.03	7.40	7.88
350	4.05	4.39	5.07	5.59	6.13	6.82
300	3.00	3.55	4.18	4.60	4.92	5.43
200	2.94	3.62	4.22	4.45	4.65	5.07

3. 耐水性

MPC 的耐水性较差，浸泡在水中强度会降低[11-8]。在本研究中，泡沫混凝土中胶凝材料为 MPC，为此，采用强度保持系数评价了泡沫混凝土的耐水性。强度保持系数体现了泡沫混凝土在水中的强度随时间的相对变化，该值越大、则耐水性越好。强度保持系数由式（11-1）定义：

$$W_n = R_{cn}/R_c \qquad\qquad (11-1)$$

式中　W_n——浸水 n 天后的强度保持系数；

　　　R_{cn}——浸水 n 天后湿试件的强度；

　　　R_c——浸水前在空气中养护 28d 干试件的强度。

将不同混合料制备的 MPC 超轻泡沫混凝土试件在空气中养护 28d，然后浸泡在水中 28d 和 60d，由于其相比密度小于 0.4，故将一些重物放在顶部，使其浸入水中。然后测试这些试件的强度 R_c、R_{c28} 和 R_{c60}，并计算它们的强度保持系数 W_{28} 和 W_{60}。表 11-5 和表 11-6 分别给出了设计密度为 400kg/m³ 和 250kg/m³ 试件的试验结果。

表 11 - 5　　　　　设计密度 400kg/m³ 的 MPC 超轻泡沫混凝土强度和强度保持系数

粉煤灰含量/(%)		0	20	40	60	80	100
R_c/MPa		2.00	2.15	2.40	2.60	2.65	2.80
浸水 28d	R_{c28}/MPa	1.60	1.82	2.11	2.40	2.46	2.66
	W_{28}	0.80	0.85	0.88	0.92	0.93	0.95
浸水 60d	R_{c60}/MPa	1.50	1.68	1.99	2.26	2.38	2.57
	W_{60}	0.75	0.78	0.83	0.87	0.90	0.92

表 11 - 6　　　　　设计密度 250kg/m³ 的 MPC 超轻泡沫混凝土强度和强度保持系数

粉煤灰含量/(%)		0	20	40	60	80	100
R_c/MPa		0.70	0.85	0.96	0.98	1.00	1.08
浸水 28d	R_{c28}/MPa	0.75	0.84	0.90	0.93	1.02	2.66
	W_{28}	0.88	0.88	0.92	0.93	0.94	0.95
浸水 60d	R_{c60}/MPa	0.70	0.82	0.86	0.90	0.99	2.57
	W_{60}	0.82	0.85	0.88	0.90	0.92	0.92

　　由表 11 - 5 和表 11 - 6 可以看出：①不含粉煤灰的试件强度随着浸水时间的增加而急剧下降。对于设计密度为 400kg/m³ 的试件，不掺粉煤灰的 MPC 超轻泡沫混凝土的强度保持系数 W_{28} 和 W_{60} 分别为 0.80 和 0.75。随浸泡时间的延长，掺粉煤灰试件强度随其掺量的增加而略有下降，且强度保持系数大于未掺粉煤灰试件。例如，粉煤灰含量为 100% 的 MPC 超轻泡沫混凝土的强度保持系数 W_{28} 和 W_{60} 分别为 0.95 和 0.92。因此，粉煤灰的加入大大提高了 MPC 泡沫混凝土的耐水性。②在相同的浸泡时间内，随着粉煤灰质量分数的增加，强度保持系数增加到 80% 以上，过量粉煤灰对强度保持系数影响不大。先前的研究表明，MPC 浆体中残留了过多的 PO_4^{3-}，不参与凝结反应，是耐水性差的主要原因。由于粉煤灰中含有 CaO、SiO_2、Al_2O_3 等金属氧化物，参与了凝结反应，消耗了 MPC 浆体中过量的 PO_4^{3-}，因此粉煤灰的加入可以提高 MPC 超轻泡沫混凝土的耐水性；③对于无粉煤灰的试件，设计密度为 400kg/m³ 的 MPC 超轻泡沫混凝土的强度保持系数低于设计密度为 250kg/m³ 的试件。这可能是由于设计密度为 250kg/m³ 的试件中 MPC 浆体含量较低所致。因此，影响 MPC 超轻泡沫混凝土耐水性的因素与 MPC 浆体含量有关。

　　4. 热导率

　　材料的热导率是指单位温度梯度下，在垂直于单位横截面积的方向上通过单位厚度所传递的热量。在本研究中，使用非稳态方法来测定热导率，每个测试结果代表同一批次三个不同试件的平均值。图 11 - 6 显示了泡沫含量对 MPC 超轻泡沫混凝土导热性的影响。如图所示，热导率随泡沫含量的增加呈线性下降。孔隙率是影响混凝土热导率的因素之一，由于空气热导率低，封闭的孔隙降低了混凝土的热导率。对于相同的泡沫体积分数，随着粉煤灰掺量的增加，热导率降低，这种影响可能是由于混合料中存在粉煤灰而增大微孔含量。气孔的数量和分布是影响隔热的关键因素，气孔越细，隔热效果越好[11-9]。

热导率、干密度和抗压强度之间的关系如图 11‑7 所示。许多文献对泡沫混凝土的导热性能进行了报道，本研究制备的 MPC 超轻泡沫混凝土热导率较其他密度或强度相近的轻质混凝土要低一些。Bouvard 等人[11‑10]研发了强度为 2.5MPa、导热系数为 0.206W/m·K 的 EPS 混凝土。相比之下，强度相近的 MPC 超轻泡沫混凝土的导热系数仅为 0.06W/(m·K)。蒸压多孔混凝土（ACC）一直被认为是一种高强度的保温材料。例如，干密度为 400kg/m³ 的 ACC 抗压强度和导

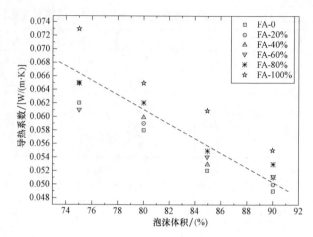

图 11‑6　泡沫含量对 MPC 超轻泡沫混凝土导热性能的影响

热系数通常在 1.3~2.8MPa 和 0.07~0.11W/(m·K) 范围内。在本研究中，MPC 超轻泡沫混凝土的干密度为 355kg/m³，强度为 2.8MPa，但其导热系数仅为 0.062W/(m·K)。此外，Proshin 等人通过用 EPS 颗粒适度填充多孔砂浆，研制出干密度为 200kg/m³、导热系数为 0.06W/(m·K) 的泡沫混凝土[11‑11]。在本研究中，干密度为 200kg/m³ 的 MPC 超轻泡沫混凝土的导热系数较低，为 0.049W/(m·K)。因此，与其他轻质混凝土相比，MPC 超轻泡沫混凝土具有更优的热学和力学性能，在建筑领域具有广阔的应用前景。

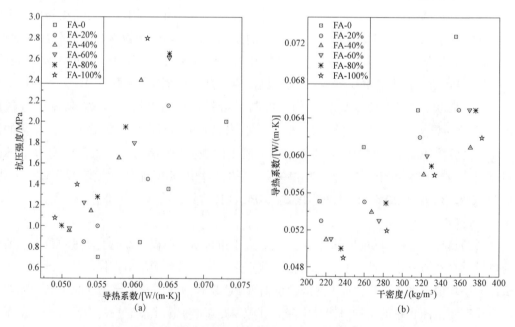

(a)　(b)

图 11‑7　MPC 超轻泡沫混凝土热导率、干密度和抗压强度之间的关系

（a）热导率和抗压强度的关系；（b）干密度和热导率的关系

11.2　磷酸镁水泥－聚苯乙烯在轻质混凝土中的应用

11.2.1　磷酸镁水泥－聚苯乙烯在轻质混凝土中的应用试验

1. 原材料

本应用研究所用原材料为煅烧镁砂、磷酸二氢钾、粉煤灰、木质素磺酸减水剂和硼酸，集料为天然砂石，EPS 为三种市售单粒径球形 EPS 珠（A 型、B 型和 C 型）。

2. 试件制备

所用 MPC 是由煅烧镁砂、磷酸二氢钾、粉煤灰、木质素磺酸减水剂和硼酸按一定比例组成。用于制备 MPC 混凝土的集料级配见表 11-7。三种市售单粒径球形 EPS 珠（A、B 和 C 型）部分替代天然集料，以制备 MPC-EPS 混凝土。用 A 型 EPS 珠代替细集料，用 B 型和 C 型 EPS 珠代替粗集料。EPS 珠的级配和性能见表 11-8。在本研究中，制备了一种对照混凝土（C）和三种 MPC-EPS 混凝土。这三种 MPC-EPS 混凝土分别用等量的 EPS 珠取代对照混凝土中 20％、40％和 60％的普通集料。表 11-8 总结了混凝土的配合比。

表 11-7　　　　　　　　　　集料级配

筛孔尺寸	集料累计通过级配/（％）				
	粗集料	细集料	EPS 珠		
			A 型	B 型	C 型
9.5mm	100	100	100	100	100
4.75mm	30	100	100	100	100
2.36mm	5	100	100	100	0
1.18mm	0	83	100	0	0
600μm	—	55	0	0	0
300μm	—	30	0	0	0
150μm	—	3	0	0	0
密度/（kg/m³）	2500	2650	33	19	17

表 11-8　　　　　　　MPC-EPS 混凝土的配合比　　　　　　　（kg/m³）

编号	MPC	水	粗集料	细集料	EPS			EPS 体积 /（％）	新拌密度 /（kg/m³）
					A 型	B 型	C 型		
C	450	135	1135	611	—	—	—	0	2340
E20	450	135	754	450	1.98	1.52	1.02	20	1800
E40	450	135	372	291	3.96	3.04	2.04	40	1260
E60	450	135	0	132	5.94	4.56	3.06	60	740

混凝土的制备过程为：EPS 珠被自来水润湿，水固比控制为 30％（按质量计）。然后加入 MPC，与润湿的 EPS 珠充分混合约 1min，再逐渐加入剩余材料和水，继续搅拌直到获得均匀流动的混合物。搅拌后立即测量新拌混凝土的密度。最后将新拌混凝土在试模中浇筑成型，并压实。

3. 试验方法

(1) 收缩率试验。每批浇筑 30 个尺寸为 100mm×100mm×100mm 的立方体和 3 个尺寸为 100mm×100mm×515mm 的棱柱体试件。将试件放在相对湿度为 60％±3％、温度为 22℃±2℃的养护箱中养护 1h。

棱柱体试件用于收缩率试验，将试件脱模，并在温度为 20℃±3℃、相对湿度大于 60％的试验环境中立即测量其长度。之后，将试件放回养护箱进行养护，在不同龄期进行收缩率测量。每次测试时要用湿布擦去试件表面的水分，再测量试件的长度，并根据《硬化水泥浆、灰浆和混凝土长度变化测定用仪器使用的标准实施规程》（ASTM C490）计算长度变化引起的收缩应变。

(2) 吸水试验。按《硬化混凝土的密度、吸收性及空隙度的标准试验方法》（ASTM C642）进行吸水试验。将饱和面干的立方体试件置于 60℃的热风炉中，直至试件达到恒定质量。尽管 ASTM 标准推荐的烘干温度范围为 100～110℃，但本研究中使用了 60℃的低温，这是因为 EPS 在高于 100℃的温度下会分解蒸发。烘干后将试件浸入水中，直到达到恒定质量。为了评估混凝土质量，测量了浸泡 30min 和饱和时混凝土的质量（饱和定义为浸泡时间间隔 12h，混凝土试件的两次质量测量值的差异可忽略不计）。

(3) 抗压强度试验。无侧限抗压强度试验的试件为 100mm×100mm×100mm 的立方体，测试龄期分别为 1h、3h、7h、1d、3d、7d、14d、28d 和 60d。28d 吸水率和劈裂抗拉强度试验的试件为 100mm×100mm×100mm 的立方体。收缩试验为 100mm×100mm×515mm 棱柱体，测试龄期分别为 1h、3h、7h、3d、7d、14d、28d 和 60d。抗压强度试验在 2000kN 的试验机上进行，加载速率为 2.5kN/s。

为了研究干湿循环对 MPC - EPS 混凝土强度的影响，将 30 次干湿循环后的 100mm×100mm×100mm 的立方体试件进行无侧限抗压强度试验。每一个干湿循环周期持续 24h，其中在水中浸泡 12h，在空气（室温）中自然干燥 12h。

为了研究冻融循环对 MPC - EPS 混凝土强度的影响，对 50 次冻融循环后的 100mm×100mm×100mm 的立方体试件进行无侧限抗压强度试验。每次冻融循环包括试件温度从室温降低至−20℃±2℃并恒温 4h，然后将温度升至 20℃±5℃，并解冻试件 4h。

11.2.2　磷酸镁水泥—聚苯乙烯在轻质混凝土中的应用试验结果和讨论

1. 抗压强度

(1) 养护龄期的影响。图 11 - 8 显示了 MPC - EPS 混凝土抗压强度随养护龄期的变化情况。无论 EPS 体积分数是多少，几乎所有 MPC - EPS 混凝土试件的抗压强度在早期都表现出快速增长。强度增长率在水化初期最大，随龄期增长而逐渐降低。EPS 的掺量对早期强度增长有影响，对于不含 EPS 的 MPC 混凝土，1h、3h、7h 和 1d 的抗压强度分别为 28d 抗压强度的 21%、49%、69% 和 83%。相比之下，在养护龄期 1h、3h、7h 和 1d，含有 20% 体积 EPS（$\varphi_{EPS}=0.20$）的 MPC-EPS 混凝土的抗压强度分别为 28d 抗压强度的 24%、53%、74% 和 87%。含有 40% 体积 EPS（$\varphi_{EPS}=0.40$）的 MPC-EPS 混凝土的在上述各养护龄期的抗压强度约为 28d 抗压强度的 26%、52，70% 和 87%。以上比较表明，MPC-EPS 混凝土的强度增长在前 3h 最大，且强度增长速率随 EPS 含量的增加而增大。这些特性可能是由于：MPC 的水化过程是放热反应，水化初期释放出大量的热量，而 EPS 混凝土的比热容较低，导致混凝土的热损失降低，综合作用使试件的水化温度较高，促进了强度的提升。由图 11-8 可以看出，EPS 含量小于 40% 的 MPC-EPS 混凝土在 3h 内抗压强度超过 10MPa，说明 MPC-EPS 混凝土是一种很有前途的快速施工材料。

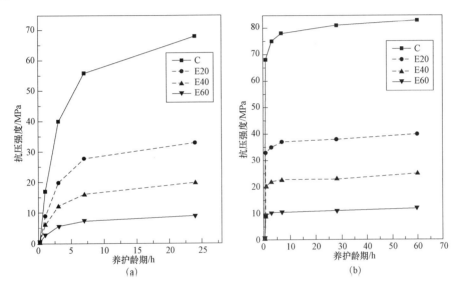

图 11-8　MPC-EPS 混凝土抗压强度与龄期的关系
(a) 短期；(b) 长期

（2）密度和 EPS 体积分数的影响。不同密度和 EPS 体积分数的 MPC-EPS 混凝土的抗压强度如图 11-9 所示。EPS 混凝土的抗压强度随新拌混凝土密度的增加呈线性增长，随 EPS 体积分数的增加呈线性下降，这与 Babu 的研究结果一致[11-12]。对照 MPC 混凝土（不含 EPS 的 MPC 混凝土）的塑性密度为 2340kg/m³，抗压强度为 81.0MPa。EPS 体积分数为 20%、40% 和 60% 的 MPC-EPS 混凝土的抗压强度分别为对照 MPC 混凝土抗压强度的 50%、30% 和 15%，塑性密度分别为对照 MPC 混凝土塑性密度的 75%、54% 和 32%。与硅酸盐水泥生产的 EPS 混凝土相比，当 EPS 体积分数为 20% 时，MPC-EPS 混凝土的抗压强度较高，当 EPS 体积分数为 60% 时，MPC-EPS 混凝土的抗压强度较低。试验结果表明，EPS 体积分数为 20% 的 MPC-EPS 混凝土在 1750kg/m³ 的密度时，抗压强度大于 40MPa，是一种很有前途的结构用轻质混凝土。

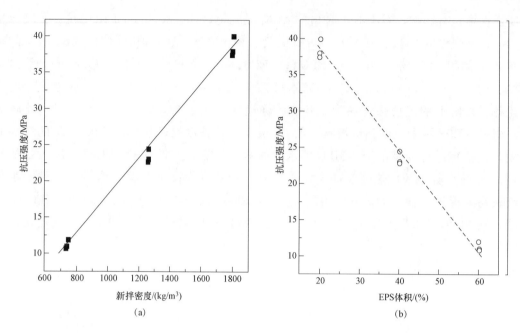

图 11-9　MPC 混凝土抗压强度随 EPS 体积和表观密度的变化

(a) 表观密度；(b) EPS 体积

2. 劈裂抗拉强度

与抗压强度相似，MPC-EPS 混凝土的劈拉强度也随着 EPS 体积分数的增加而降低。但是，劈裂抗拉强度（f_t）和抗压强度（f_c）之间的比值随着 EPS 体积分数的增加而增加，如图 11-10 所示。对照 MPC 混凝土（试件 C）的 f_t/f_c 为 0.088，MPC-EPS 混凝土（试件 E20、E40 和 E60）的 f_t/f_c 分别为 0.10、0.13 和 0.14。结果表明，EPS 的引入有助于提高试件的塑性。试验还发现，EPS 体积较大的 MPC-EPS 混凝土在劈裂抗拉强度试验中没有出现突然开裂破坏现象，而对照 MPC 混凝土出现了突然开裂破坏。

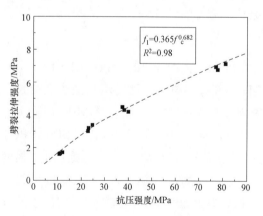

图 11-10　MPC-EPS 混凝土劈裂抗拉强度与
抗压强度的关系

混凝土劈裂抗拉强度与抗压强度的关系可用式（11-2）表示[11-13]：

$$f_t = a f_c^b \qquad (11-2)$$

式中　f_t——劈裂抗拉强度；

f_c——抗压强度；

a、b——拟合系数。

加拿大混凝土设计手册建议硅酸盐水泥混凝土使用 $a=0.23$ 和 $b=0.67$。Babu 等人[11-14]发现 $a=0.358$ 和 $b=0.675$ 对 EPS 混凝土的试验结果最为吻合。本研究发现以下方程式最适合 MPC-EPS 混凝土的试验结果：

$$f_t = 0.365 f_c^{0.682} \tag{11-3}$$

上述比较表明，高强 MPC 对 EPS 混凝土的抗压强度与劈拉强度的关系没有本质影响。

3. 干缩

众所周知，影响混凝土收缩的两个最重要因素是：①集料的约束程度，比如集料的弹性模量；②混合料中浆体/骨料的体积比，掺加 EPS 颗粒会增大收缩[11-12]。图 11-11（a）显示了 EPS 体积分数对 EPS 混凝土干燥收缩应变的影响。与普通硅酸盐水泥生产的 EPS 混凝土相似，MPC-EPS 混凝土的收缩应变随 EPS 体积分数的增加而增大。此外，对照品 MPC 试件在 28d 后的收缩应变趋于恒定，而 MPC-EPS 混凝土试件的收缩应变在 28d 后继续发展。养护龄期 60d 时，MPC-EPS 混凝土的干缩小于 800×10^{-7}，而对照品 MPC 混凝土的干缩仅为 300×10^{-7}。相比之下，波特兰水泥生产的 EPS 混凝土在 60d 龄期的干缩通常在 $(400 \sim 1000) \times 10^{-6}$ 范围内[11-12]。此外，MPC-EPS 混凝土在水化早期显示出少量膨胀，如图 11-11（b）所示，这在一定程度上补偿了后期的干燥收缩。因此，采用 MPC 作为 EPS 混凝土的胶凝材料，可以有效地降低 EPS 混凝土的干燥收缩。

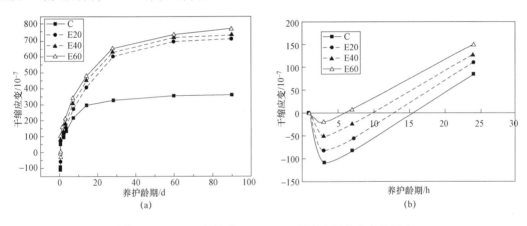

图 11-11　EPS 含量对 MPC-EPS 混凝土干缩应变的影响
（a）长期；（b）短期

4. 吸水率

混凝土的吸水率主要与混凝土的孔隙率有关，是混凝土耐久性的重要指标。混凝土的初始吸水率（前 30min 的吸水率）是评价混凝土质量的重要指标。MPC-EPS 混凝土的 30min（初始）吸水率和最终吸水率如图 11-12 所示。结果表明，MPC-EPS 混凝土的初始吸水率小于 0.5%，最终吸水率小于 2%，低于硅酸盐水泥制备的 EPS 混凝土。当 EPS 体积分数小于 60% 时，随着 EPS 体积分数增加，EPS 混凝土对水的吸附能力降低，这是由于 EPS 的憎水特性。但是，我们发现 EPS 体积分数为 60% 试件的吸水能力高于 EPS 体积分数较低的其他试件，这是因为在以如此高的 EPS 体积分数浇筑混凝土时，大量的空气被引入到混凝土基体中，导致吸水能力增强。然而，无论 EPS 掺量如何，MPC-EPS 混凝土表现出比普通硅酸盐水泥制备的 EPS 混凝土（吸水率通常在 8%～25% 之间）更低的吸水率和更好的耐久性[11-15]。

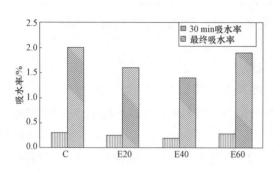

图 11 - 12 MPC - EPS 混凝土吸水率

5. 冻融和干湿循环的影响

为了研究干湿循环和冻融循环对 MPC - EPS 混凝土抗压强度的影响，将其养护 28d 后分为 3 组。一组进行 30 次干湿循环，一组进行 50 次冻融循环，另一组在正常条件下养护。测定了干湿循环和冻融循环后试件的抗压强度，并与同一龄期正常养护的试件进行了比较。

三组试件的抗压强度比较结果见表 11 - 9。可见，50 次冻融循环后，试件的抗压强度略有下降，但 MPC - EPS 混凝土的表面仍然完好无损，与冻融循环前的表面一样光滑。结果表明，MPC - EPS 混凝土具有很高的抗冻融性能。混凝土的抗冻融性主要取决于其饱和程度和硬化水泥浆体的孔隙分布[11-16]。如果混凝土中所有孔隙在整个冻融过程中都能保持非饱和状态，结冰产生的膨胀压力不会累积，混凝土就不太可能因冻融循环而受损。MPC - EPS 混凝土的高抗冻融循环性能归因于两个因素：①MPC - EPS 混凝土的致密微结构。在 MPC - EPS 混凝土中，许多相互连接的微孔有助于防止混凝土在冻结期间被水饱和；②MPC 混凝土的高抗拉强度，能够适应相对较高的膨胀压力。

表 11 - 9　　　　　　　冻融和干湿循环后 MPC - EPS 混凝土的抗压强度结果比较

混凝土	C	E20	E40	E60
正常养护试件	1	1	1	1
50 次冻融循环后	0.98	0.96	0.95	0.92
30 次干湿循环后	1	0.98	0.98	0.95

试验结果还表明，干湿循环对 MPC - EPS 的负面作用很小，尽管长时间浸水后 MPC - EPS 混凝土的抗压强度会有所下降，但其强度降低率小于 5.0%，说明 MPC - EPS 混凝土适用于干湿交替环境。

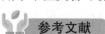 **参考文献**

[11-1] Valore，R. C.，Cellular concrete part 1 composition and methods of production [J]. Journal of American Concrete Institute，1954，25（6）：773-795.

[11-2] Cook，D. J.，Expanded polystyrene beads as lightweight aggregate for concrete [J]. Precast Concrete Institute Journal，1973（4）：691-693.

[11-3] Wagh，A.，Chemically Bonded Phosphate Ceramics [M]. Netherland：Elsevier. 2004.

[11-4] Jones，M.，M. McCarthy，A. McCarthy. Moving Fly Ash Utilisation in Concrete Forward：A UK Perspective. in International Ash Utilization Symposium [C]. Center for Applied Energy Research，Univ. of Kentucky，Lexington，KY. 2003.

[11-5] Kearsley，E. P.，H. F. Mostert. Designing mix composition of foamed concrete with high fly ash

contents. Use of Foamed Concrete in Construction: Proceedings of the International Conference [C]. Scotland, UK University of Dundee. 2005.

[11-6] Kunhanandan, E. K. K. Ramamurthy, Fresh State Characteristics of Foam Concrete [J]. Journal of Materials in Civil Engineering, 2008, 20 (2): 111-117.

[11-7] Abdulkadir, K. D. Ramazan, A novel material for lightweight concrete production [J]. Cement & Concrete Composites, 2009, 31 (7): 489-495.

[11-8] Deng, D., The mechanism for soluble phosphates to improve the water resistance of magnesium oxychloride cement [J]. Cement & Concrete Research, 2003, 33 (9): 1311-1317.

[11-9] Bave, G. Aerated light weight concrete-current technology. Proceedings of 2nd Internatianl Symposium on Lightweight Concretes [C]. London: CRC Press. 1980.

[11-10] Bouvard, D., et al., Characterization and simulation of microstructure and properties of EPS lightweight concrete [J]. Cement & Concrete Research, 2007, 37 (12): 1666-1673.

[11-11] Proshin, A. P., et al. Unautoclaved foam concrete and its constructions adapted to regional conditions. in International Conference on Use of Foamed Concrete in Construction [M]. London: Thomas Telford, 2005.

[11-12] Babu, K. G. and D. S. Babu, Behaviour of lightweight expanded polystyrene concrete containing silica fume [J]. Cement & Concrete Research, 2003, 33 (5): 755-762.

[11-13] Miled, K., K. Sab, and R. L. Roy, Particle size effect on EPS lightweight concrete compressive strength: Experimental investigation and modelling [J]. Mechanics of Materials, 2007, 39 (3): 222-240.

[11-14] Babu, D. S., K. G. Babu, and T. H. Wee, Properties of lightweight expanded polystyrene aggregate concretes containing fly ash [J]. Cement & Concrete Research, 2005, 35 (6): 1218-1223.

[11-15] Chen, B. and C. Fang, Mechanical properties of EPS lightweight concrete [J]. Construction Materials, 2011, 164 (CM4): 236-241.

[11-16] Zhu, D. and L. Zongjin, Study of High Early Strength Cement based on Fly Ash, Magnesia and Phosphate [J]. Materials Technology, 2005, 20 (3): 136-141.

第 12 章　磷酸镁水泥黏结碳纤维增强复合材料在混凝土结构及砌体结构中的应用

钢材表面钝化层的稳定性显著影响钢筋混凝土耐久性，而氯离子会导致钢筋表面钝化膜破裂，造成钢筋在水分和空气存在的情况下发生腐蚀。目前常采用氧涂层、覆盖层、膜浸渍和抑制剂等各种方法防止新建钢筋混凝土结构腐蚀。对于既有建筑，传统的修复技术是通过电位标测技术定位腐蚀区域，确定腐蚀和钝化区域的氯离子浓度，去除被氯离子污染的混凝土。电化学氯离子萃取（Electrochemical Chloride Extraction，ECE）是一种防止钢筋锈蚀的无损检测方法，这种方法是在钢筋（阴极）和放置在混凝土表面碱性电解质中的外电极（阳极）之间施加电场，借助于混凝土中微孔的传输特性[12-1]，在电场的驱动下，氯离子可以通过微孔传输到混凝土外部，钾离子、钠离子等阳离子迁移到阴极，如图 12-1 所示。影响 ECE 应用效果的主要因素是阳极系统是否合适[12-2]，目前常用阳极系统包括：热喷锌、钛阳极、钛网阳极、导电涂料和涂层覆盖阳极等。

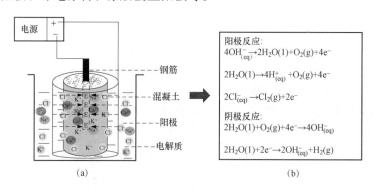

图 12-1　ECE 的原理

(a) ECE 装置（E 是电场）；(b) 反应方程

碳纤维增强塑性材料（Carbon Fiber Reinforced Plastic，CFRP）具有强度比高、耐腐蚀、便于现场处理等特点，在建筑行业中已广泛应用于混凝土结构加固改造，其加固混凝土柱的原理是用黏结剂将 CFRP 黏结缠绕在柱表面形成约束，提高抗压和抗变形能力。目前混凝土结构常用的黏结材料多为有机结构胶（Epoxy Adhesive，EP），有机胶在施工和黏结效果上具有一定优势，CFRP 加固混凝土结构的研究均是基于有机胶黏结剂，但 EP 也存在着耐久性和耐火性差、不环保、不经济等问题。李元[12-3]等应用 MPC 作为黏结剂黏结玄武岩纤维布加固素混凝土棱形梁、圆形柱，进行了破坏模式和极限承载力的研究，并对加固梁的耐高温和抗折强度进行试验研究，肯定了加固混凝土的效果，但对于其强度提高理论和规律未进行深入总结。

砌体结构常用水泥砂浆和混合砂浆作为黏结材料，但砌体和砂浆的长期性能存在着黏结力退化、易风化等不足，从而影响结构承载力。用 C 于 FRP 补强加固砌体结构的研究较多，CFRP 与砌体基体的黏结常用改性环氧树脂、不饱和聚酯或乙烯基脂等有机材料，其优点是与各种纤维都能很好相容且具有良好的力学性能，但有机胶黏结也存在着耐火性能差、容易老化、产生气味和有毒性等缺点。MPC 作为修补加固材料的应用研究已经较多，但主要集中于混凝土结构的修补加固领域，用于砌体结构的相关研究报道很少。

CFRP 具有良好的导电性和电化学性能，在 ECE 体系中可能成为一种潜在的阳极材料。已有研究人员提出采用 CFRP 加固钢筋混凝土并同时作为 ECE 处理材料[12-4]。Gadve 等人介绍了以 CFRP 为阳极的 ECE 试验[12-5]，通过研究 CFRP 在模拟 ECE 系统中的电学和力学行为后[12-6]，发现碳纤维阳极的性能取决于其表面的尺寸和形状。有学者研究了 CFRP 在 NaCl 和 NaOH 溶液中加速极化时的力学和电化学性能，发现 CFRP 在 ECE 体系中可以成功地作为阳极使用，而不会显著降低其力学性能[12-7]。通过多项试验研究了 CFRP 在 ECE 过程中暴露于 NaOH 的劣化率，当模拟电流为 4mA 时，CFRP 劣化率约为 $12.4 \sim 13.6\mu m/d$，故 CFRP 的使用寿命预计大于 23 年[12-8]。扫描电镜（SEM）和红外光谱（FTIR）测试结果表明，含环氧树脂的 CFRP 阳极发生了降解，C-N 键断裂导致环氧树脂转变为细粉体。Van Nguyen 等人[12-9]采用碳纤维布对锈蚀钢筋混凝土梁进行结构加固和 ECE 试验，研究了碳纤维布和碳纤维杆作为外加电流阳极的性能，结果表明，CFRP 加固和 ECE 处理的试件极限强度比单纯加固的试件略有降低。表面贴装 CFRP 杆作为腐蚀钢筋混凝土梁的 ECE 阳极是可行的，钢筋的电位衰减符合 ECE 标准，并提高了受损梁的极限强度。CFRP 阳极在 ECE 体系中往往与改性环氧树脂胶黏剂相结合，但该类阳极具有较高的电阻，导致电能浪费，并且改性环氧胶黏剂属于易老化的有机材料，难以满足耐久性的要求。

本研究采用 MPC 黏结 CFRP 作为 ECE 系统的阳极，设定不同的 ECE 电流密度和通电时间，探索了 ECE 对钢筋混凝土柱轴向抗压强度、混凝土中离子浓度和钢筋－混凝土界面黏结强度、热重－差热分析和微观结构等，旨在基于 MPC 材料的优点实现氯离子萃取和钢筋混凝土结构加固的双重功能。此外，本章用两种 MPC 分别黏结 CFRP 加固素混凝土梁进行抗折试验，并与 EP 黏结 CFRP 加固素混凝土梁进行对比分析。同时，还用 MPC 代替有机胶黏结 CFRP 加固砌块砖，并进行了抗压、抗折和抗剪试验。

12.1　磷酸镁水泥黏结碳纤维增强复合材料电化学除氯－加固混凝土柱的应用

12.1.1　MPC 黏结 CFRP 电化学除氯－加固混凝土柱的试验

1. 原材料

镁砂粉煅烧温度＞1600℃，平均粒径约 $20\mu m$，其化学成分见表 12-1。磷酸二氢钾

（KH_2PO_4）为工业级、缓凝剂为硼砂（$Na_2B_4O_7 \cdot 10H_2O$）、拌和水为自来水。

表 12 - 1　　　　　　　　　　　镁砂的化学成分及物理性质

样品	MgO /（%）	CaO /（%）	SiO_2 /（%）	Al_2O_3 /（%）	Fe_2O_3 /（%）	相比密度	比表面积 /（m^2/kg）
镁砂	91.7	1.6	4	1.4	1.3	3.46	805.9

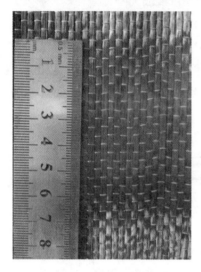

图 12 - 2　CFRP 纤维

混凝土用胶凝材料为 P.II 型硅酸盐水泥。粗骨料为表观密度为 $2.7g/cm^3$、5～20mm 的连续级配碎石。细骨料为河砂，表观密度为 $2.7g/cm^3$，细度模数为 2.56，粒径分布为 0.16～5mm。减水剂为萘系高效减水剂，减水率为 23%。氯化钠为化学纯。

I 级碳纤维布（CFRP）厚度为 0.111mm，抗拉强度标准值 3457MPa，受拉弹性模量 2.6×10^5 MPa，伸长率 1.7%。如图 12 - 2 所示。

2. 试件制备

（1）MPC - CFRP 混凝土柱抗压强度试验试件。将磷酸二氢钾、缓凝剂和水按一定比例称量混合，搅拌 60s，然后将镁砂加入搅拌机，以 800r/min 搅拌 30s，然后以 2000r/min 搅拌 60s。混合均匀后，将 MPC 倒入模具中，振动压实养护 60min 后脱模，在 20℃±2℃ 和 50%±1% 的相对湿度下继续养护至试验龄期。MPC 配合比和性能列于表 12 - 2 中。

表 12 - 2　　　　　　　　　　MPC 材料配合比及抗压强度

镁砂 /kg	KH_2PO_4 /kg	硼砂 /kg	水 /kg	抗压强度/MPa			
				3h	1d	7d	28d
1	0.75	0.05	0.28	22	30	42	53

混凝土制备过程中将 NaCl 混入混凝土原材料，加入量为 Cl^- 质量占混凝土质量的 0.75%。所有混凝土柱成型（ϕ100mm×200mm）24h 后脱模，在 20℃±2℃ 的温度和 90% 以上的相对湿度环境下养护 28d。混凝土配合比及力学性能见表 12 - 3。

表 12 - 3　　　　　　　　　　混凝土配合比及力学性能

水泥 /（kg/m^3）	细集料 /（kg/m^3）	粗集料 /（kg/m^3）	水 /（kg/m^3）	减水剂 /（kg/m^3）	NaCl /（kg/m^3）	水灰比	28d 抗压强度 /MPa
300	640	1290	160	1.6	29.5	0.53	35.1

将切好尺寸的 CFRP 浸入 MPC 浆体中一分钟，反复挤压，使 MPC 浆体充分浸入

CFRP。然后将待测试样品放入模具中，养护 1d 后脱模。在 20℃±1℃和 50%±1%的相对湿度下养护 7d 后，样品尺寸如图 12-3 所示。

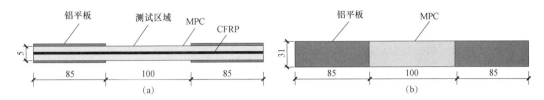

图 12-3　CFRP 电极示意图

(a) 侧视图；(b) 俯视图

在混凝土柱中心（尺寸：$\phi100\times200mm$）设置直径为 8mm、极限抗拉强度为 380MPa 的 HRB335 螺纹钢筋作为 ECE 系统的阴极。钢筋埋在混凝土中的深度为 150mm，其余 100mm 留作电极连接。先在清理干净的混凝土表面涂抹一层 MPC，厚度为 2.5mm 左右。然后，将切好的 CFRP 包裹在柱体周围，反复压平，排出气泡，将 MPC 完全压入 CFRP。之后，在 CFRP 表面均匀涂抹一层 MPC 作为阳极的保护层，厚度约为 2.5mm 左右。最后，柱体表面形成 230mm 宽的碳纤维布保护层，同时在一端留出一个长约 30mm 未覆盖 MPC 的 CFRP 用于阳极连接。将混凝土柱浸入饱和 Na_2CO_3（浓度 106g/L）溶液中，每 2d 更换一次溶液，为 ECE 系统提供稳定的碱性环境。通电时，由直流稳压电源（HY3005ET，0～30VDC，0～5ADC，电流分辨率：1mA）提供稳定电流。MPC 黏结 CFRP 形成 ECE 系统的混凝土柱如图 12-4 所示。

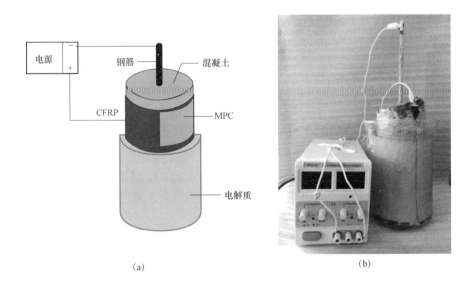

(a)　　　　　　　(b)

图 12-4　ECE 处理 CFRP 作电极的腐蚀钢筋混凝土柱

(a) 示意图；(b) 测试装置

在电流密度 $i=4A/m^2$ 和 $8A/m^2$（面积与钢筋表面有关）下，对试件分别通电 $t=14$、28、42d。MPC 黏结 CFRP 柱被放置于室内环境中。试件标记规则为"YATB"。对照品试件为未包裹 CFRP 的素混凝土柱，字母 Y 表示抗压柱，字母 A 和 B 分别是电流密度（即 4 和 8A/m²）和通电时间（即 0、14、28 和 42d）。例如，Y0T0 表示未通电除氯的 MPC - CFRP 混凝土柱，其抗压强度为 28d 抗压强度测量值。Y8T42 则表示在电流密度为 8A/m²、通电时间为 42d 的混凝土柱。测试时，每组 3 个试件，各组试件的测试结果误差须小于 5%。

（2）MPC - CFRP 混凝土柱拉拔试验及微观试验试件。以往的研究表明，当 KH_2PO_4/MgO 摩尔比（P/M）、硼砂（B）和水胶比（W/C）分别为 1/4～1/5、4～8% 和 0.14～0.16 时，MPC 的性能相对较好。在 MPC - CFRP 混凝土柱拉拔试验及微观试验中，MPC 的配合比见表 12 - 4。

表 12 - 4　　　　　　　　　　　　MPC 配合比

P/M	硼砂/(%)	水灰比	抗压强度/MPa				孔隙率/(%)
			3h	1d	7d	28d	
1/4.5	5	0.14	>20	>30	>40	>60	15～18

水灰比为 0.57 的混凝土配合比见表 12 - 5。将水泥质量 3% 的 NaCl 加入搅拌水中，形成含氯离子混凝土。

表 12 - 5　　　　　　　　　　　　混凝土配合比及性能

水泥 /(kg/m³)	集料 /(kg/m³)	砂 /(kg/m³)	水灰比	减水剂 /(kg/m³)	NaCl /(kg/m³)	28d 抗压强度 /MPa
325	1228	662	0.57	0.65	9.75	34.2

用于 MPC - CFRP 混凝土柱拉拔试验试件的制备方法同抗压柱的制备方法。室温养护 28d 后，所有试件均进行 ECE 处理。

在 ECE 过程中，钢筋和 MPC - CFRP 分别是阴极和阳极。为了保持一定的碱度，防止氯从 $Ca(OH)_2$ 溶液中溢出，每 2d 更换一次电解质。使用加热棒将电解液温度分别保持在 15℃、25℃、35℃下，温度误差为 ±1℃，研究了温度变化对 ECE 处理效果的影响。此外，在容器的开口处覆盖了保鲜膜，以防止电解液蒸发。用直流稳压电源（HY3005ET，0～30VDC，0～5ADC，电流分辨率：1mA）对混凝土试件施加电流，电流密度分别为 1A/m²、2A/m² 和 3A/m²，持续 28d。试件标记规则为"CATB"。字母 C 表示抗拉拔柱，字母 A 和 B 分别是电流密度和电解液温度。例如，C2T25 则表示在电流密度为 2A/m²、电解液温度为 25℃的抗拉拔柱。在 ECE 过程中，在每个脱氯条件下使用三个试件，所得结果为测试结果的平均值。

3. 试验方法

（1）MPC - CFRP 混凝土柱抗压强度试验。经过 ECE 处理后，将混凝土柱上表面的钢筋露出部分进行切割，抛光混凝土表面后，进行轴压试验。通过加载台之间的千分表测试压缩位移，加载速率为 0.2MPa/s，如图 12-5 所示。

（2）MPC-CFRP 混凝土柱的拉拔强度试验及微观试验。

1）拉拔试验。采用钢筋拉拔试验对钢筋混凝土柱的界面黏结性能进行了测试。采用万能试验机和反力架进行钢筋拔出试验，位移速度为 0.05mm/min，试验过程中将混凝土置于反力架底板上，钢筋穿过底板孔，并用机械夹紧。拉拔试验的装置如图 12-6 所示。钢筋混凝土的黏结强度按式（12-1）计算，所得结果为三个试件测试结果的平均值。

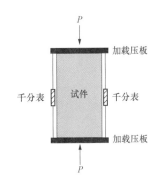

图 12-5　混凝土柱轴心受压试验示意图

$$f_{max} = \frac{F_{max}}{A_{steel}} \qquad (12-1)$$

式中　f_{max}——钢筋混凝土的最大黏结强度；

　　　F_{max}——最大荷载力；

　　　A_{steel}——混凝土中钢筋的表面积。

2）混凝土界面显微硬度试验。经 ECE 处理后，用精密锯（SYJ-200）将试件的试验区域切成片，如图 12-7 所示。然后从钢筋混凝土的接触面提取界面混凝土，埋入环氧树脂中，如图 12-8 所示。样品用粒度分别为 400、800、1200 和 2000 的碳化硅纸打磨，露出一个新的表面，然后用超声波清洗机在酒精中清洗。抛光后，用 FM-700 显微硬度计测定界面混凝土硬度。在测试过程中，每个样品测试了 5 个点。所得结果除去最大值和最小值，取剩余试验结果的平均值。

图 12-6　混凝土柱拉拔试验装置

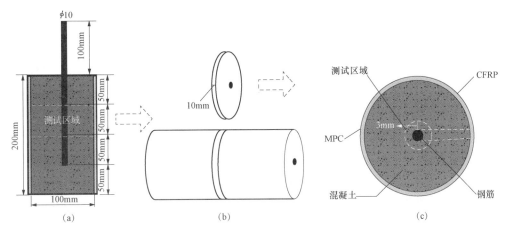

图 12-7　取样示意图

（a）混凝土柱试件；（b）切片切割；（c）一个切片

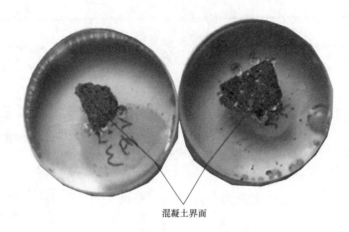

混凝土界面

图 12-8　环氧树脂密封的混凝土界面

3）离子含量。经 ECE 处理后，将样品的检测区域仔细切成薄片，再将切片切成条状，从距钢筋表面 3mm 范围内取出混凝土块，如图 12-7（c）所示。然后将混凝土块在研钵中压碎并移除石块。研磨后取 5g 粉末，用质量比为 1∶10 的去离子水浸泡，用加热的磁力搅拌器搅拌 25min。放置 24h 后，用滤纸过滤。所得滤液用于测定 Cl^-、OH^-、K^+ 和 Na^+ 的浓度。其中，用离子色谱仪（C440，流速范围：0.001～10mL/min，检测范围：0～15000μS，分辨率：0.0047nS/cm）测定 Cl^-、K^+ 和 Na^+ 浓度。试验过程中，打开氮气瓶，将压力表调至 0.2MPa，将洗脱液上的减压阀调至 5psi（1psi＝6895Pa）。待基线稳定后，分别用阴离子分离柱和阳离子分离柱测定 Cl^-、K^+ 和 Na^+。用式（12-2）计算水泥中氯离子的质量百分比，所得结果为三个样品测试结果的平均值。

$$Cl^- \% = \frac{C_{cl^-} \times V_0}{M \times W} \times 100\%$$
（12-2）

式中　Cl^-——滤液的氯化物浓度；

　　　V_0——用于浸泡水泥砂浆粉末的去离子水的体积；

　　　M——水泥砂浆粉末的质量；

　　　W——水泥砂浆粉末中水泥的质量百分比。

滤液的 pH 值用 pH 计测定，精度为 ±0.2pH，分辨率为 0.1pH，测量范围为 0～60pH，OH^- 浓度用式（12-3）计算。所得结果为三个样品测试结果的平均值。

$$C_{OH^-} = 10^{(pH-14)}$$
（12-3）

4）热重—差示扫描量热分析。从钢筋混凝土界面提取水泥砂浆粉末，用 45μm 细筛进行筛分，并去除砂子。所得粉末用 TG 系统进行热分析。在氮气气氛下，以 10℃/min 的升温速率将样品从 30℃ 加热到 800℃。在测试过程中，每次测试的样品质量为 18mg±0.02mg。所得结果为三个样品测试结果的平均值。

5）XRD 分析。用 X 射线衍射仪和 CuKα 射线（λ＝0.154nm）研究了钢筋表面腐蚀产物的晶相特征。以连续模式采集 5°～70° 的数据，用 JADE 软件进行定量分析。

6）微观结构分析。如第显微硬度测试部分所述，从试验区域切下切片，如图 12-9（b）

所示。然后小心地将切片切成图 12 - 9（c）中所示的大小。每个试块，包括钢筋和周围的混凝土，用 400、800、1200 和 2000 目的碳化硅纸打磨，露出新的表面，然后用超声波清洗剂及酒精清洗，防止观察期间对电子显微镜的污染。此外，还观察了从试验区提取的钢筋和混凝土的界面微观结构。所有的微观结构分析都是通过场发射扫描电子显微镜（SEM，NOVA Nano SEM230）和能量色散光谱仪（EDS）进行的。在 EDS 测试过程中，在相似区域选取了三个测试点，原子和元素的含量是三个测试点的平均值。利用 Avizo 软件对钢筋混凝土表面的背散射电子（BSE）图像进行了处理，测量了界面裂纹的最大宽度。

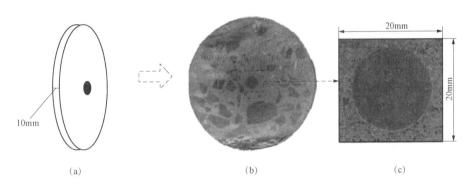

图 12 - 9　混凝土切片和样品制备

（a）示意图；（b）切片；（c）块状样品

12.1.2　MPC 黏结 CFRP 电化学除氯—加固混凝土柱的试验结果和讨论

1. 混凝土柱轴压性能

混凝土柱的轴压破坏模式和荷载—位移曲线如图 12 - 10 和图 12 - 11 所示。图 12 - 11 显示了对照品试件、MPC - CFRP 加固试件中的荷载最小和最大的试验结果，其他试件的试验结果见表 12 - 6。

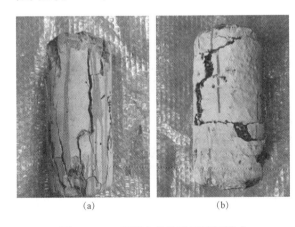

图 12 - 10　混凝土柱的受压破坏模式

（a）素混凝土柱；（b）CFRP 约束混凝土柱

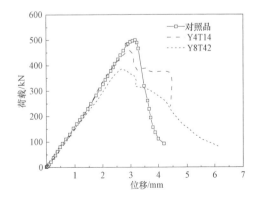

图 12 - 11　混凝土柱荷载—位移曲线

表 12-6　　　　　　　　　　　　　混凝土柱的峰值荷载及变化率

编号	对照品	Y0T0	Y4T14	Y4T28	Y4T42	Y8T14	Y8T28	Y8T42
峰值荷载/kN	213.68	500.18	459.5	442.35	425.35	439.98	400.11	386.53
变化率/(%)	0	134.08	115.04	107.02	99.06	105.91	57.24	80.89

由图 12-11 和表 12-6 可知：①CFRP 电极显著提高了混凝土柱的极限承载力和极限位移。在轴向压力下，混凝土柱向外膨胀变形但受到 CFRP 电极约束限制。因此，受压混凝土柱的所有横截面都受到三维压应力，从而显著提高了 CFRP 电极加固混凝土柱的极限承载力。与对照品相比，未通电除氯的 CFRP 组的极限承载力提高了 134.08%。②随着通电时间和电流密度的增加，极限荷载有一定程度的降低。这是由于钠和钾离子会被阴极吸引并劣化 C-S-H 凝胶结构，导致混凝土抗压强度降低。随着通电时间和电流密度的增加，劣化程度增加。已有研究表明，MPC 浸泡在碱性溶液后强度会逐渐下降，因此导致 CFRP 电极的自身强度及其与混凝土的结合强度降低，这种作用会导致 CFRP 电极在混凝土柱承受轴向压力下的约束效应相应降低，从而降低了 CFRP 约束混凝土柱的极限承载力。但是，CFRP 约束柱的极限抗压强度仍然远高于无约束柱（对照品）。③CFRP 电极既能作为阳极萃取混凝土中氯离子，又能显著提高混凝土柱的极限承载力。与对照品相比，CFRP 组的承载力提高了 80.89%~134.08%。

2. 钢筋混凝土界面黏结强度

ECE 处理 28d 后，钢筋拉拔试验的黏结强度—位移曲线如图 12-12 所示。表 12-7 总结了处理后和未处理样品的最大黏结强度（f_{max}）、最大黏结强度平均值（$\overline{f}_{max}$）、黏结损失（δ_{Loss}）和钢筋混凝土黏结强度结果的标准偏差（S）。根据式（12-4）~式（12-6）计算 $\overline{f}_{max}$、δ_{Loss} 和 S。

$$\overline{f}_{max} = \frac{f_{max1} + f_{max2} + f_{max3}}{3} \qquad (12-4)$$

$$\delta_{Loss} = \frac{\overline{f}_{max-C0Tj} - \overline{f}_{max-GTj}}{\overline{f}_{max-C0Tj}} \times 100\% \qquad (12-5)$$

$$S = \sqrt{\frac{(\overline{f}_{max} - f_{max1})^2 + (\overline{f}_{max} - f_{max2})^2 + (\overline{f}_{max} - f_{max3})^2}{3}} \qquad (12-6)$$

式中　f_{max1}、f_{max2}、f_{max3}——三个试件的最大黏结强度；

$\overline{f}_{max-C0Tj}$——未处理试件最大黏结强度的平均值；

$\overline{f}_{max-GTj}$——处理后试件最大黏结强度的平均值。

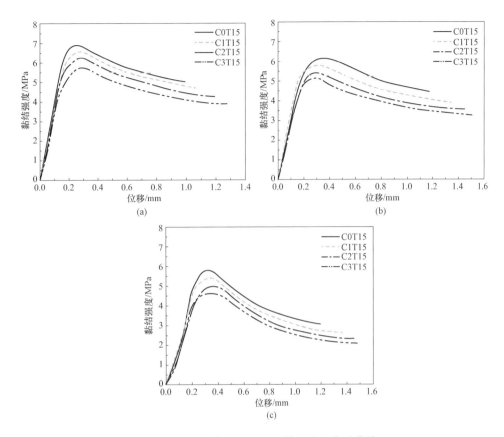

图 12 - 12　钢筋拉拔试验的黏结强度－位移曲线

（a）15℃；（b）25℃；（c）35℃

表 12 - 7　　　　　　　　　　　　钢筋混凝土的最大黏结荷载和黏结损失

试件编号	f_{max1}/MPa	f_{max2}/MPa	f_{max3}/MPa	$\overline{f}_{max}$/MPa	S	δ_{Loss}/(%)
C0T15	7.05	6.83	6.82	6.90	0.11	—
C1T15	6.73	6.52	6.43	6.56	0.13	4.93
C2T15	6.01	6.34	6.31	6.22	0.15	9.84
C3T15	5.62	6.12	5.51	5.75	0.27	16.62
C0T25	5.82	6.26	6.46	6.18	0.27	—
C1T25	5.62	5.76	6.14	5.84	0.22	5.43
C2T25	5.14	5.47	5.62	5.41	0.20	12.37
C3T25	5.11	5.42	4.89	5.14	0.22	16.83
C0T35	5.75	5.53	6.18	5.82	0.27	—
C1T35	5.27	5.48	5.54	5.43	0.12	6.57
C2T35	4.98	4.87	5.18	5.01	0.13	13.87
C3T35	4.98	4.51	4.58	4.69	0.21	19.34

可以看出，黏结强度—位移曲线的变化趋势是相似的。随着电流密度的增加，试件的最大黏结强度减小。此外，温度的升高对界面黏结强度也有不利影响。表 12-7 的结果表明，三个试件的最大黏结强度接近，三个试件的标准偏差值在 0.11 到 0.27 之间。在 15～35℃ 温度范围内，腐蚀电流为 1A/m² 时黏结强度损失分别为 4.93%、5.43% 和 6.57%，腐蚀电流为 2A/m² 时黏结强度损失分别为 9.84%、12.37% 和 13.87%，腐蚀电流为 3A/m² 时黏结强度损失分别为 16.62%、16.83% 和 19.34%。结果表明，电流密度的增加是导致黏结强度降低的主要原因。然而，电流密度的增加与离子迁移量密切相关。阳离子的迁移和再分布可能对钢筋混凝土界面的组成和性能产生不利影响，这是导致黏结强度降低的主要原因。为了明确上述推测，测试了钢筋—混凝土界面显微硬度和成分、钢筋周围离子浓度、钢筋混凝土接触面的微观结构等。

3. 钢筋—混凝土界面显微硬度

经 ECE 处理后，测试了钢筋—混凝土界面的显微硬度。其中，ECE 未处理试件（C0T15、C0T25 和 C0T35）的平均显微硬度值分别为 $\overline{H}_{C0T15} = 58.6$、$\overline{H}_{C0T25} = 57.8$ 和 $\overline{H}_{C0T35} = 56.5$。随着 ECE 电流密度和温度的升高，钢筋—混凝土界面变得疏松，导致界面显微硬度降低。根据式（12-7）计算处理后钢筋混凝土界面显微硬度损失，如图 12-13 所示。

$$H_{Loss} = \frac{\overline{H}_{C0Tj} - \overline{H}_{CiTj}}{\overline{H}_{C0Tj}} \times 100\% \tag{12-7}$$

式中　H_{Loss}——混凝土表面显微硬度损失率；

　　　$\overline{H}_{C0Tj}$——未处理混凝土表面的平均显微硬度值；

　　　$\overline{H}_{CiTj}$——ECE 处理混凝土表面的平均显微硬度值。

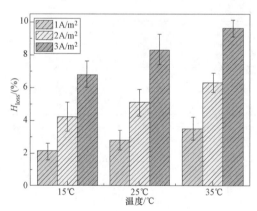

图 12-13　不同电流密度混凝土界面的显微硬度损失

随着电流密度温度的增加，显微硬度损失增加。当温度为 15～35℃ 时，电流密度为 1A/m²、2A/m² 和 3A/m² 时，显微硬度的损失分别为 2.1%、2.8%、3.5% 和 4.2%、5.1%、6.3% 和 6.8%、8.3%、9.6%。结果表明，电流密度越大，显微硬度损失越大。

4. 钢筋周围离子浓度

ECE 处理后，钢筋周围的 OH^-、K^+ 和 Na^+ 浓度如图 12-14 所示。图 12-14（a）显示了钢筋周围的 OH^- 浓度。结果表明，随着温度从 15℃ 升高到 35℃，电流密度为 1A/m² 时，钢筋周围的 OH^- 浓度分别为 12.6、13.2 和 13.4mmol/L；电流密度为 2A/m² 时，OH^- 浓度分别为 14.9、15.6 和 16.4mmol/L；电流密度为 3A/m² 时，OH^- 浓度分别为 17.5mmol/L、18.1mmol/L 和 18.5mmol/L。与对照品相比，经 ECE 处理后，钢筋周围的 OH^- 浓度明显升高。产生这种现象的主要原因是随着电流密度的增加，阴极反应会产生大量的 OH^- 。

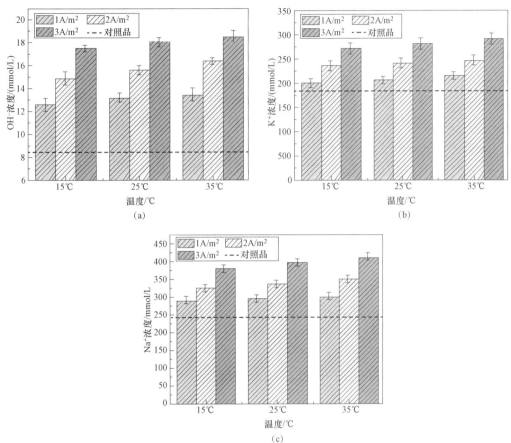

图 12 - 14　不同电流密度的钢筋周围离子浓度

(a) OH^- ；(b) K^+ ；(c) Na^+

图 12 - 14（b）和（c）显示了钢筋周围 K^+ 和 Na^+ 的浓度。结果表明，K^+ 和 Na^+ 的变化趋势相似。与对照品相比，经 ECE 处理后，随着电流密度和温度的增加，钢筋周围的 K^+ 和 Na^+ 浓度显著增加。当除氯温度为 35℃时，电流密度为 3A/m² 时，K^+ 和 Na^+ 的浓度分别为 291.6 和 410.4mg/L。产生这种现象的原因是 K^+ 和 Na^+ 在电场驱动下发生定向迁移，导致离子浓度增加。

上述结果表明，经 ECE 处理后，钢筋周围的 OH^- 、K^+ 、Na^+ 含量明显增加。先前的研究表明，氯离子去除效率越高，钢筋混凝土的黏结强度损失越大。Nustad[12-10] 报道了水化产物在碱性条件下会软化。Ismail[12-11] 指出，显微硬度的降低主要是由于 K^+ 和 Na^+ 的富集。因此，OH^- 、K^+ 、Na^+ 离子的富集和再分布是影响钢筋混凝土界面黏结强度的重要因素之一。

5. 热重—差示扫描量热分析

图 12 - 15 显示了钢筋混凝土界面附近水化产物的 TG - DSC 曲线。结果表明，钢筋混凝土界面热反应过程可划分为四个阶段。本节主要研究了在 70～110℃下 C - S - H 中结合水的

分解过程和在 400～500℃下氢氧化钙（CH）的分解过程。DSC 曲线的峰面积表示吸热或放热反应的焓，它可以反映转化物质的量。因此，根据 DSC 曲线的峰面积，可以确定 ECE 处理前后钢筋混凝土界面 C-S-H 或 CH 的相对含量比。根据式（12-8）计算 C-S-H 或 CH 的相对含量比，如图 12-16 所示。

$$\Delta P = \frac{\overline{S}_{\mathrm{CiTj}}}{\overline{S}_{\mathrm{C0Tj}}} \tag{12-8}$$

式中 ΔP——ECE 处理和未处理样品的 C-S-H 或 CH 峰面积的比值；

$\overline{S}_{\mathrm{CiTj}}$——DSC 曲线中处理样品 C-S-H 或 CH 的平均峰面积；

$\overline{S}_{\mathrm{C0Tj}}$——DSC 曲线中未处理样品 C-S-H 或 CH 的平均峰面积。

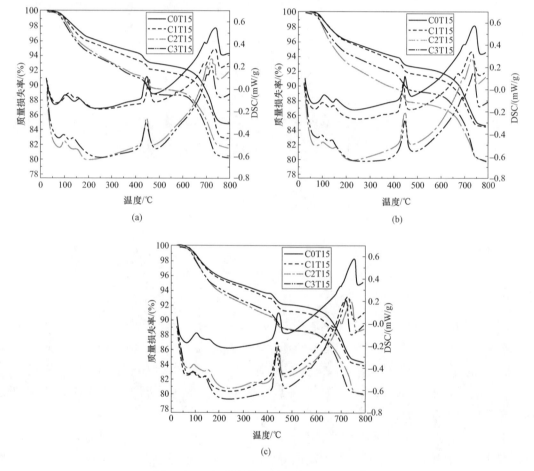

图 12-15 钢筋混凝土界面的 TG-DSC 曲线

(a) 15℃；(b) 25℃；(c) 35℃

图 12-16（a）显示了钢筋混凝土界面中 C-S-H 的相对含量比。结果表明，经 ECE 处理后，界面 C-S-H 含量明显降低。在 35℃下，电流密度由 1A/m² 增加到 3A/m² 时，C-S-H 的相对含量由 0.54 下降到 0.21。因此，ECE 处理后 C-S-H 分解，分解量随电流

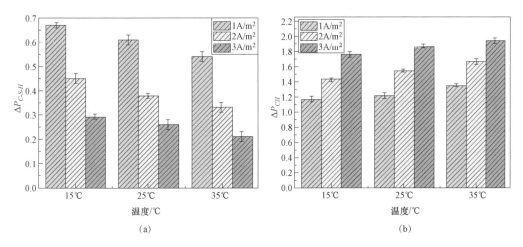

图 12 - 16　ECE 处理前后钢筋混凝土界面 C‐S‐H 或 CH 的相对含量比
(a) C‐S‐H；(b) CH

密度的增加而增加。图 12 - 16 (b) 给出了钢筋混凝土界面 CH 的相对含量比。结果表明，随着温度从 15℃ 升高到 35℃，三种电流密度 ECE 处理后钢筋周围 CH 的相对含量比分别为 1.17、1.22、1.35 和 1.43、1.55、1.67 和 1.76、1.87、1.94。CH 增加的原因主要是 C‐S‐H 分解所提供的 Ca^{2+} 能与阴极产物 OH^- 结合，增加界面碱含量。因此，ECE 处理引起的 C‐S‐H 分解也是导致界面结合性能降低的因素之一。

6. 微观结构和成分分析

试验结果表明，电流密度是 ECE 处理的主要影响因素。因此，本节以脱氯温度 25℃ 为例，研究了不同电流密度下钢筋混凝土接触界面的微观结构和成分。

(1) 钢筋混凝土接触界面的 BSE-EDS 分析。采用背散射电子模式（BSE）的场发扫描电镜观察钢筋混凝土界面。图 12 - 17 (a) 示出了 BSE 图像钢筋/混凝土界面。可以看出，未处理样品（C0T25）分为三个区域，根据 EDS 分析和表 12 - 8 中元素含量，这三个区域分别是混凝土、腐蚀层（T_{CL}）和钢筋。上述结果表明，未处理样品（C0T25）在电解液中浸泡 28d 后，钢筋表面严重腐蚀。经 ECE 处理的样品，浸泡 28d 后，C2T25 和 C3T25 钢筋混凝土表面未观察到腐蚀层。但由于 C1T25 的氯离子去除率较低，钢筋表面被腐蚀。此外，从图 12 - 17 (a) 也可以看出，经过 ECE 处理后，钢筋混凝土界面开裂。样品的最大裂纹宽度分别为 $0.87\mu m$（C0T25）、$1.23\mu m$（C1T25）、$0.69\mu m$（C2T25）和 $3.17\mu m$（C3T25）。膨胀腐蚀产物是钢筋混凝土界面开裂的主要原因之一，以往的研究表明，阴极反应生成的 H_2 富集会增加钢筋混凝土表面的局部应力，导致混凝土开裂。对于未腐蚀的样品，裂纹主要是由于 H_2 富集引起。此外，随着阴极反应产物 H_2 量的增加，局部应力增大。因此，最大裂纹宽度随电流密度的增加而增大。

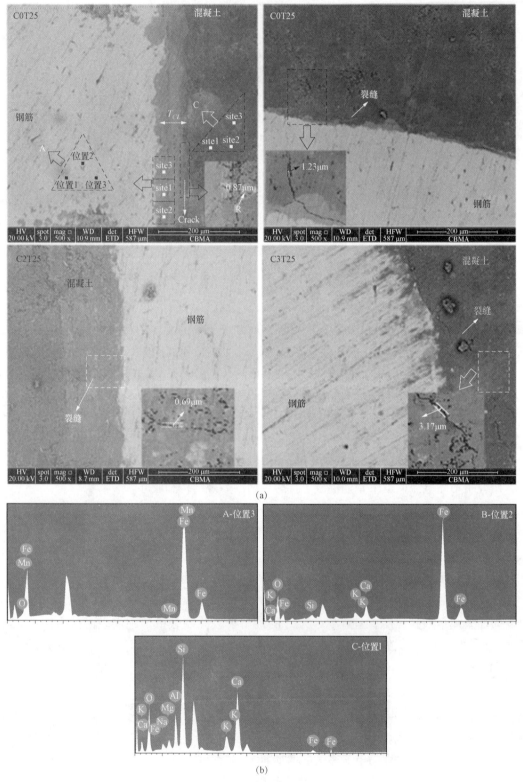

(a)

(b)

图 12 - 17　钢筋混凝土接触界面的 BSE - EDS

（a）BSE；（b）EDS

表 12 - 8　　　　　　　不同位置混凝土的元素质量和原子数百分比　　　　　（%）

位置	百分比	Fe	O	Ca	Si	Mg	Al	K	Na	Mn
A	质量	98.04	1.30	—	—	—	—	—	—	0.66
	原子数	94.95	4.40	—	—	—	—	—	—	0.65
B	质量	82.17	12.54	3.34	0.46	—	—	1.48	—	—
	原子数	61.49	32.76	3.48	0.69	—	—	1.58	—	—
C	质量	2.38	46.34	19.69	17.34	1.78	6.71	4.22	1.54	—
	原子数	0.94	63.74	10.81	13.59	1.61	5.47	2.38	1.47	—

结果表明，在适当的电流密度下，ECE 能有效地去除混凝土中的游离氯离子，降低钢筋的腐蚀风险。但 ECE 处理会导致钢筋混凝土界面开裂，黏结强度降低。

（2）钢筋与混凝土接触面的 SEM - EDS 分析。钢筋表面的 SEM - EDS 分析如图 12 - 18 所示。表 12 - 9 给出了三个测试点的原子和元素的百分比平均值。结果表明，光亮疏松的片状簇合物 A 区（C0T25）主要由 Fe、O、Ca 元素和少量 Si 元素组成，表明该相是钢筋腐蚀产物和水泥水化产物的混合物。图 12 - 19 的 XRD 结果表明，钢筋表面的腐蚀产物主要为 $FeOOH$、Fe_2O_3、Fe_3O_4 和 FeO。B 区元素主要为 O、Ca 和 Si，表明 B 区（C1T25）是附着在钢筋表面水泥浆体的水化产物。同时从 C0T25 和 C1T25 观察到钢筋锈蚀区表面附着的水泥浆明显开裂。随着除氯电流密度的增加，如 C2T25 和 C3T25 所示，C 区的 EDS 分析表明，在嵌入混凝土之前，用碳化硅纸打磨钢筋表面形成条纹依然可见，钢筋上没有腐蚀产物。因此，ECE 处理可以降低钢筋的腐蚀风险。但另一方面，由于钢筋表面附着的水泥浆体减少，导致钢筋混凝土界面黏结强度降低。

混凝土表面的 SEM - EDS 分析如图 12 - 20 所示。表 12 - 10 给出了三个测试点的元素质量和原子数百分比的平均值。结果表明：在 C0T25 和 C1T25 混凝土表面，钢筋锈蚀产物和水泥浆体水化产物相互交织。此外，由于腐蚀产物的影响，混凝土基体的密实度降低。由 C2T25 和 C3T25 可以看到，随着电流密度的增加，观察到表面光滑的 B 区球状物，且无腐蚀产物。EDS 分析表明，该区 Na 元素含量较高，形态与富钠晶体和富钾晶体非常相似。因此，可以确定光滑表面的球状相是碱金属离子富集的凝胶相。同时，还观察到层状相 C 的定向排列。EDS 分析表明，该相的主要元素为 Ca、O 和 Si。因此，证实了层状相是水泥浆体的水化产物。水化产物的 Ca/Si 比为 3.76，高于正常水化产物。此外，混凝土基体也出现了明显的裂缝。

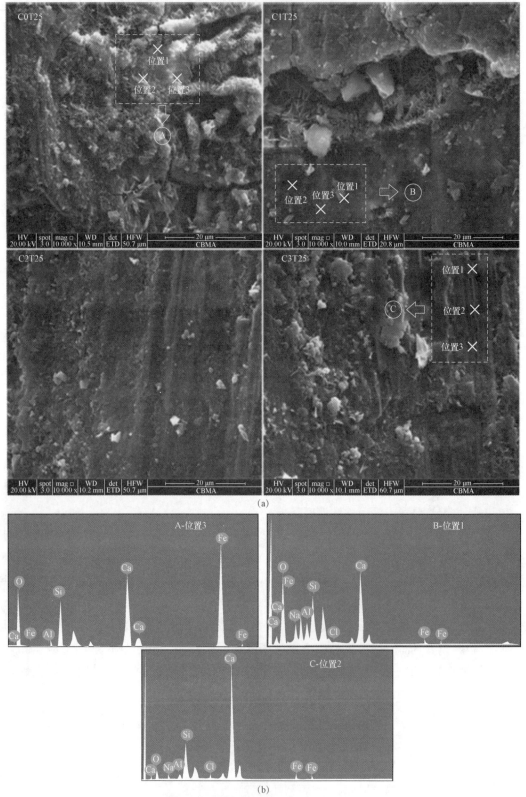

(a)

(b)

图 12 - 18　钢筋表面的 SEM - EDS 分析

(a) SEM；(b) EDS

表 12 - 9　　　　　　　　　　不同位置钢筋表面的元素质量和原子数百分比　　　　　　　　　　（%）

位置	百分比	Fe	O	Ca	Na	Al	Ca	Si	Mn
A	质量	47.76	37.21	0.45	—	3.11	10.20	1.39	—
A	原子数	23.64	64.41	0.35	—	3.19	7.05	1.37	—
B	质量	4.83	43.03	—	1.30	1.39	40.83	7.15	—
B	原子数	2.06	64.12	—	1.34	1.23	24.28	6.07	—
C	质量	93.59	4.41	—	—	—	10.20	1.39	0.54
C	原子数	83.58	13.73	—	—	—	7.05	1.37	0.49

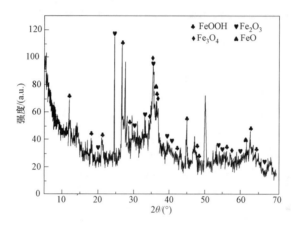

图 12 - 19　钢筋表面腐蚀产物的 XRD 分析

表 12 - 10　　　　　　　　　　不同位置混凝土表面元素质量和原子数百分比　　　　　　　　　　（%）

位置	百分比	Fe	O	Na	Al	Ca	Si
A	质量	37.59	34.65	—	1.05	19.29	7.42
A	原子数	18.53	59.77	—	1.07	26.38	7.31
B	质量	1.26	58.87	6.35	4.01	13.31	8.58
B	原子数	0.45	74.28	5.58	3.00	10.59	6.11
C	质量	1.85	31.23	1.12	1.55	54.16	10.09
C	原子数	0.87	51.4	1.28	1.51	35.55	9.45

　　钢筋和混凝土基体微观结构分析结果表明，经 ECE 处理后，钢筋的腐蚀风险降低，形成富碱金属离子凝胶，水化产物的 Ca/Si 比增大。腐蚀风险降低的原因主要是由于 ECE 处理具有优异的除氯效果。富含碱金属离子的凝胶相可能是碱金属离子与 OH^- 结合并与水化产物发生反应的结果。钙硅比增加的可能原因如下：①在 ECE 过程中，钙离子迁移到钢筋表明，并在钢筋混凝土界面处与 C - S - H 的水化产物结合，形成高 Ca/Si 比的结构；②钢筋

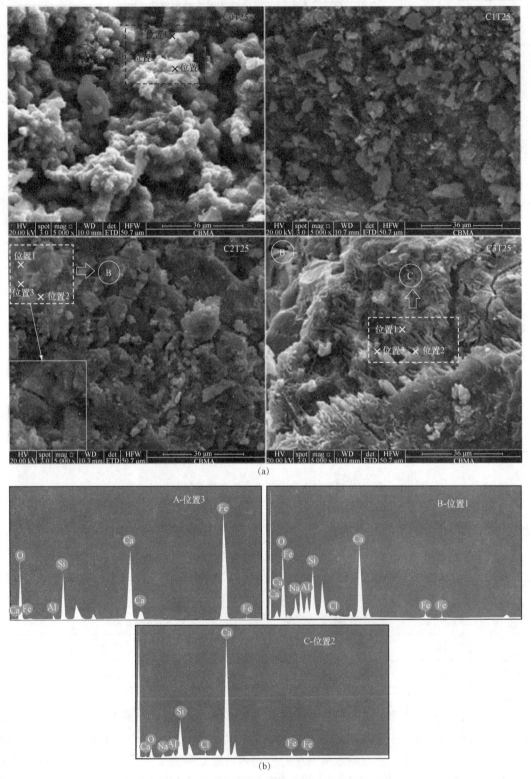

图 12 - 20 混凝土表面的 SEM - EDS 分析

(a) SEM; (b) EDS

混凝土界面处的 C-S-H 分解，硅酸盐离子迁移到外部阳极。然而，钙离子在 ECE 过程中迁移到钢筋混凝土的界面。如果迁移仅仅是钙离子的迁移，则钢筋表面附着的水泥浆体应该更多，或者至少其数量保持不变。但是，图 12-20（a）的观察结果并非如此。因此，可以肯定，在 ECE 过程中，钙离子向阴极的迁移伴随着 C-S-H 的分解。

综上所述，虽然 ECE 能有效地去除混凝土中的氯离子，降低钢筋的腐蚀风险，但对钢筋混凝土的界面黏结性能产生了一定的负面影响。综合考虑氯离子去除率、界面力学性能损失和钢筋的腐蚀风险，ECE 处理的最佳电流密度为 $2A/m^2$。

上述研究为界面黏结性能的降低提供了解释。为了减少这种不利影响，建议在电解液中加入一些具有修复功能的带正电的纳米粒子。这一措施可以实现混凝土内部微观结构的修复与除氯一体化，减少 ECE 处理对混凝土的不利影响。

12.2　磷酸镁水泥黏结碳纤维增强复合材料电化学除氯－加固混凝土梁的应用

12.2.1　MPC 黏结 CFRP 加固混凝土梁的试验

1. 原材料

制备 MPC、混凝土用原材料以及 CFRP 同 12.1.1 节用原材料。有机结构胶（Epoxy Adhesive，EP）采用环氧树脂 A 级胶，抗拉强度大于 33MPa，抗拉弹性模量大于 3500MPa，抗压强度 67MPa，初凝时间为 3h，养护时间为 3d。

2. 试件制备

MPC 制备过程：将称取好的磷酸二氢钾、硼砂和水混合慢速搅拌 60s，然后倒入镁砂和粉煤灰，慢速搅拌 30s，再快速搅拌 60s，得到 MPC 浆体。本研究按表 12-11 所示的配合比制备 MPC1 和 MPC2 两种浆体材料，其中抗压强度、抗折强度分别依据《水泥胶砂强度检验方法（ISO 法）》（GB/T 17671）进行测试。表 12-11 中的 P/M 为磷酸二氢钾和镁砂的摩尔比，缓凝剂硼砂的掺量为它与镁砂的质量百分比。

表 12-11　　MPC1 和 MPC2 配合比及力学性能

材料	P/M	硼砂/(%)	粉煤灰/(%)	水胶比	凝结时间/min	抗压强度/MPa			抗折强度/MPa		
						3d	7d	28d	3d	7d	28d
MPC1	1/4.5	5.5	0	0.15	13	35.2	46.8	50.6	7.1	10.4	10.9
MPC2	1/4.5	5.0	10%	0.16	16	37.5	47.3	52.1	9.2	10.7	11.2

用于加固试验的素混凝土梁的混凝土配合比及其力学性能见表 12-12，其中抗压强度、抗折强度和弹性模量分别依据《混凝土物理力学性能试验方法标准》（GB/T 50081）进行测试。

表 12 - 12　　　　　　　　　　混凝土配合比（kg/m³）及 28d 力学性能

强度等级	水泥/(kg/m³)	砂/(kg/m³)	石子/(kg/m³)	粉煤灰/(kg/m³)	水/(kg/m³)	减水剂/(kg/m³)	抗压强度/MPa	抗折强度/MPa	弹性模量/GPa
C30	260	752	1128	65	195	1.625	35.5	7.1	30.8
C50	389	515	1203	98	195	2.435	52.1	7.9	34.1

将混凝土梁试件底面干燥、打磨、界面除尘处理，用 MPC1、MPC2 和 EP 等三种黏结材料分别黏结 CFRP 于梁底，MPC1 和 MPC2 厚度 1～2mm，EP 充分浸渍 CFRP 即可，粘贴完成后自然养护（10～20℃，相对湿度为 50％±5％）7d。加固后的试件见图 12-21。

(a)　　　　　　　　　(b)　　　　　　　　　(c)

图 12 - 21　MPC1、MPC2 及 EP 黏结 CFRP 加固后的混凝土梁试件

（a）MPC1 试件；（b）MPC2 试件；（c）EP 试件

3. 试验方法

MPC 是一种早强材料，7d 的力学性能能达到 28d 的 90％以上，因此本研究将养护 7d 的加固试件和对比试件同时进行抗折试验，如图 12 - 22 所示，试验参照《混凝土物理力学性能试验方法标准》（GB/T 50081）进行测试，加载速度为 50kPa/s，加载试验前在粘贴 1 层 CFRP 的试件外表面贴应变片，用于底面应变测试，同时记录各试件试验过程中的荷载、位移变化情况。

试件的抗折强度计算公式为：

$$f_t = \frac{Fl}{bh^2} \qquad (12 - 9)$$

式中　f_t——试件抗折强度，MPa；

　　　F——试件抗折极限荷载，kN；

　　　l——支座间跨度，mm；

　　　h——试件截面高度，mm；

　　　b——试件截面宽度，mm。

图 12 - 22　混凝土梁四点弯折试验

12.2.2　MPC 黏结 CFRP 加固混凝土梁的试验结果和讨论

1. 破坏形态

根据被加固试件的开裂走向，将 CFRP 加固受弯试件断裂模式定义为图 12-23 中的 4 种模式：Ⅰ型为素混凝土试件中部竖向断裂；Ⅱ型为混凝土断裂面为弯斜方向，CFRP 失效破坏；Ⅲ型为混凝土断裂面为直斜方向，且开裂未延伸到支点；Ⅳ型为断裂面为斜向直线断裂，开裂延伸至支点破坏。理想黏结条件下，从提高承载力的角度考虑，当混凝土强度等级和加固层数相同时，Ⅰ～Ⅳ型的构件抗折强度会依次提高，Ⅰ型最低，Ⅳ型最高。

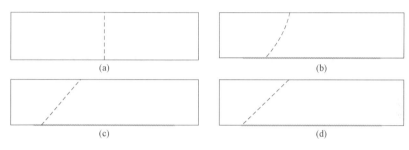

图 12-23　混凝土梁断裂模式

(a) Ⅰ型；(b) Ⅱ型；(c) Ⅲ型；(d) Ⅳ型

通过四点弯折试验后，未加固试件断裂产生在试件中部，为竖向裂缝，断裂为Ⅰ型，见图 12-24。通过 MPC1 黏结加固的试件断裂模式见图 12-25。图 12-25（a）和（b）MPC1 黏结为 1 层 CFRP 加固 2 种强度等级的试件 30-1-1 和 50-1-1，断裂为Ⅱ型；图 12-25（c）和（d）为 MPC1 黏结为 2 层 CFRP 加固 2 种强度等级的试件 30-1-2 和 50-1-2，断裂为Ⅲ型。图 12-26（a）和（b）为 MPC2 黏结 1 层 CFRP 的试件 30-2-1 和 50-2-1，断裂为Ⅱ型。图 12-26（c）和（d）为 MPC2 黏结 2 层 CFRP 的试件 30-2-2 和 50-2-2，试件 30-2-2 断裂为Ⅳ型；试件 50-2-2 断裂同试件 50-2-1 试件，为Ⅱ型。图 12-27 为 EP 黏结 1、2 层 CFRP 时 2 种强度试件的断裂模式，均为Ⅲ型。

图 12-24　未加固试件断裂

(a) 30-0-0；(b) 50-0-0

2. 抗折性能

对极限荷载下各试件的试验结果总结见表 12-13。未加固 C30 试件 30-0-0 的抗折强度为 4.12MPa。经 1 层 CFRP 加固后，黏结材料为 MPC1 和 MPC2 时，30-MPC1-1 和 30-MPC2-1 抗折强度均提高 150%，用 EP 黏结加固时，30-EP-1 抗折强度提高 169%，结果优于 MPC1 和 MPC2 试件。经 2 层加固后，30-MPC1-2 试件抗折强度提高 191%，30-

图 12-25　MPC1 黏结加固试件断裂

(a) 30-MPC1-1；(b) 50-MPC1-1；(c) 30-MPC1-2；(d) 50-MPC1-2

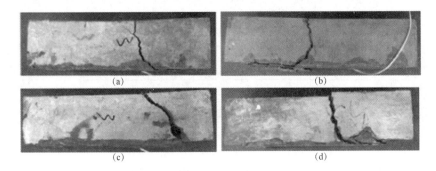

图 12-26　MPC2 黏结加固试件断裂

(a) 30-MPC2-1；(b) 50-MPC2-1；(c) 30-MPC2-2；(d) 50-MPC2-2

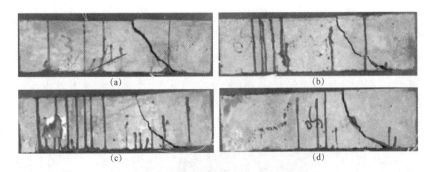

图 12-27　EP 黏结加固试件断裂

(a) 30-EP-1；(b) 50-EP-1；(d) 30-EP-2；(d) 50-EP-2

MPC2-2 试件提高 143%，30-EP-2 试件提高 189%，30-MPC1-2 优于 30-EP-2。

表 12-13　　　　　　　　　　　加固梁抗折试验结果

试件	F/kN	ε/($\times 10^{-6}$)	f_t/MPa	Δ_f/(%)	断裂模式
30-0-0	13.739	247	4.12	0.00	Ⅰ型
30-MPC1-1	34.458	2852	10.34	150.97	Ⅱ型
30-MPC2-1	34.346	2936	10.30	150.00	Ⅲ型

续表

试件	F/kN	$\varepsilon/(\times 10^{-6})$	f_f/MPa	$\Delta_f/(\%)$	断裂模式
30 - EP - 1	36.954	2572	11.09	169.17	Ⅲ型
30 - MPC1 - 2	40.037	—	12.01	191.50	Ⅳ型
30 - MPC2 - 2	33.39	—	10.02	143.20	Ⅳ型
30 - EP - 2	39.749	—	11.92	189.32	Ⅲ型
50 - 0 - 0	14.927	323	4.48	0.00	Ⅰ型
50 - MPC1 - 1	40.535	4049	12.16	171.43	Ⅱ型
50 - MPC2 - 1	40.067	4961	12.02	168.30	Ⅱ型
50 - EP - 1	38.221	3137	11.47	156.03	Ⅲ型
50 - MPC1 - 2	49.406	—	14.82	230.80	Ⅳ型
50 - MPC2 - 2	38.461	—	11.54	157.59	Ⅱ型
50 - EP - 2	46.613	—	13.98	212.05	Ⅲ型

注　ε—抗折试件 CFRP 底面应变；Δ_f—抗折强度增长率。

未加固 C50 试件 50 - 0 - 0 抗折强度为 4.48MPa。经 1 层 CFRP 加固后，50 - MPC1 - 1 试件抗折强度提高 171%，50 - MPC2 - 1 试件提高 168%，50 - EP - 1 试件提高 156%。经 2 层 CFRP 加固后，50 - MPC1 - 2 试件强度提高 230%，50 - EP - 2 试件提高 212%，50 - MPC2 - 2 提高 158%，50 - MPC1 - 2 试件优于 50 - MPCP - 2 试件。

综合以上结果，C30 混凝土黏结 1 层 CFRP 抗折时，EP 黏结的抗折性能优于 MPC1、MPC2 试件，而 C50 混凝土被加固 1 层 CFRP 时，MPC1、MPC2 黏结试件抗折强度提高均比 EP 试件高。黏结 2 层时，两种混凝土试件均表现为 MPC1 的黏结抗折性能优于 EP，而 EP 优于 MPC2。

3. 荷载—位移关系

图 12 - 28 为各强度等级的混凝土被加固后的荷载（F）—位移（u）曲线，图 12 - 28 (a)（b）为 C30 混凝土分别黏结 1、2 层 CFRP 时的曲线。当 C30 混凝土黏结 1 层 CFRP 时，30 - MPC1 - 1 和 30 - MPC2 - 1 试件均比相同荷载下 30 - EP - 1 试件的位移小，表明 MPC1 和 MPC2 黏结 1 层 CFRP 时能提高试件的刚度；EP 黏结时，当荷载低于未加固试件极限荷载时、刚度没有提高，荷载超过未加固试件极限荷载时、刚度比 MPC1 和 MPC2 试件小；当 C30 混凝土黏结 2 层 CFRP 时，未达到被加固试件极限荷载前，30 - MPC2 - 2 试件与 30 - 0 - 0 试件位移曲线基本重合，30 - EP - 2 曲线位移较大，30 - MPC1 - 2 位移最大；荷载超过未加固时的极限荷载后，3 种试件保持相同的规律变化，受弯过程中，黏结 2 层 CFRP 试件表现出较好的变形位移，MPC1 试件位移最大，EP 试件次之，MPC2 试件最小。

图 12 - 28 (c)（d）为 C50 混凝土分别黏结 1、2 层 CFRP 时的荷载—位移曲线。由图可知，当 C50 混凝土黏结 1 层 CFRP 时，试件的刚度增大，MPC1 的刚度最大，EP 黏结的试件居中，MPC2 刚度最小；当 C50 混凝土黏结 2 层 CFRP 时，MPC1 和 MPC2 试件的变形性能较好，其中 MPC2 黏结的试件变形性能最好。

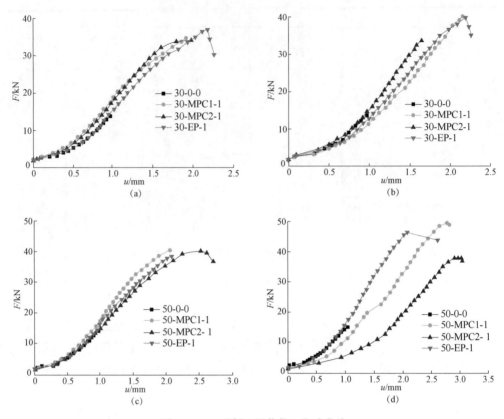

图 12 - 28　混凝土梁荷载－位移曲线

（a）C30 试件 1 层 CFRP；（b）C30 试件 2 层 CFRP；（c）C50 试件 1 层 CFRP；（d）C50 试件 2 层 CFRP

4. 荷载—应变关系

对黏结 1 层 CFRP 的试件进行应变测试，极限应变结果见表 12 - 13，试件荷载（F）—应变（ε）曲线如图 12 - 29 所示。由极限结果可知，对于 C30 和 C50 两种强度试件，MPC2 黏结 CFRP 的试件极限应变最大，MPC1 次之，EP 黏结的 CFRP 极限应变均小于 MPC 黏结试件，但数值均远大于未加固试件。

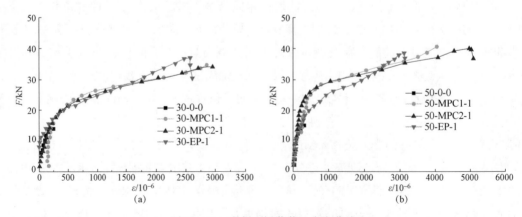

图 12 - 29　混凝土梁荷载－应变曲线

（a）C30 试件 1 层 CFRP；（b）C50 试件 1 层 CFRP

由图 12 - 29（a）可知：MPC1 和 MPC2 黏结 CFRP 加固 C30 混凝土试件受弯时，荷载
—应变变化规律一致；荷载在 28kN 之前，EP 试件与 MPC1、MPC2 试件的荷载—应变变
化规律一致，之后随着荷载增加应变增幅较小。图 12 - 29（b）中，C50 试件受弯时，荷载
在 33kN 之前，MPC1 和 MPC2 变化规律一致，而 EP 试件的应变提前出现拐点。当荷载为
33kN 时，三种试件应变相同，之后随着荷载增加，EP 试件应变增幅较小，而 MPC1、
MPC2 试件继续增加。

5. 黏结界面破坏分析

由图 12 - 30 界面破坏形态统计可知，MPC1 黏结加固的试件，30 - MPC1 - 1、30 -
MPC1 - 2、50 - MPC1 - 1、50 - MPC1 - 2 均为试件底部 CFRP 失效。MPC2 黏结加固的试件，
30 - MPC2 - 1、50 - MPC2 - 1、50 - MPC2 - 2 也是底部 CFRP 失效；30 - MPC2 - 2 为混凝土剪
断，CFRP 与混凝土黏结牢固。EP 黏结的试件 30 - EP - 1、30 - EP - 2、50 - EP - 1、50 - EP -
2，均为 CFRP 与黏结混凝土剥离，表明 EP 对 CFRP 材料具有较好的浸渍性能，CFRP 未
出现分层。

按试件弯曲破坏后，CFRP、混凝土和黏结剂三者破坏界面位置的不同，将界面破坏形
态分为以下四类：①CFRP 黏结混凝土从基体中剥离；②CFRP 分层剥离；③黏结剂与混凝
土之间界面剥离；④试件斜向剪断，CFRP 黏结未失效。通过比较 MPC 和 EP 黏结剂试件
的破坏界面，可以看出两者分别存在如下特点：①由于 EP 能够充分浸渍 CFRP，破坏界面
均发生在混凝土基体处，表现为混凝土被黏结剥离；②由于 MPC1、MPC2 不能充分浸渍
CFRP，破坏界面存在 4 种形式：混凝土被黏结剥离，混凝土与 MPC1、MPC2 界面脱开，
CFRP 分层脱开，CFRP 与 MPC1、MPC2 脱开。

对 CFRP 加固的试件进行抗折试验，极限荷载为 F，弯矩为 M，对试件断裂状态进行受
力分析，断裂破坏时试件的受力可简化为如图 12 - 31 的单向剪切计算模型。

对于试件的左段，B 点混凝土受压，A 处为 CFRP 受拉点，A 点至支座的距离为 L，由
平衡方程式（12 - 10）、式（12 - 11）描述。

$$\frac{F}{2} \times 100 - 100N = 0 \qquad (12 - 10)$$

$$N = \frac{F}{2} \qquad (12 - 11)$$

由式（12 - 12）描述界面抗剪强度为：

$$\tau = \frac{N}{BL} \qquad (12 - 12)$$

式中　τ——界面抗剪强度，MPa；

　　　B——试件底部 CFRP 的宽度，$B = 100\text{mm}$；

　　　L——黏结失效长度，mm。

黏结剂位于 CFRP 和混凝土之间，表 12 - 14 中计算抗剪强度结果以及界面破坏形态的
对应关系表明，3 种材料黏结较好时，受剪出现第①种剥离，当 3 种材料黏结效果较差时出
现第②③种剥离，3 种剥离方式中第③种的界面强度最大，①居中，②最小。

图 12 - 30　混凝土梁黏结界面形态

（a）30 - MPC1 - 1；（b）50 - MPC1 - 1；（c）30 - MPC1 - 2；（d）50 - MPC1 - 2；（e）30 - MPC2 - 1；（f）50 - MPC2 - 1；（g）30 - MPC2 - 2；（h）50 - MPC2 - 2；（i）30 - EP - 1；（j）50 - EP - 1（k）30 - EP - 2；（l）50 - EP - 2

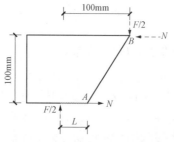

图 12 - 31　简化的单向剪切计算模型

试件	L/mm	N/kN	B/mm	τ/MPa	界面形态
30 - MPC1 - 1	20	17.3		8.65	①
30 - MPC1 - 2	10	20.0		20.00	③
50 - MPC1 - 1	50	21.0		4.20	②
50 - MPC1 - 2	10	25.0		25.00	③
30 - MPC2 - 1	55	17.2		3.13	②
30 - MPC2 - 2	100	15.39	100	∞	④
50 - MPC2 - 1	90	20.0		2.22	②
50 - MPC2 - 2	70	19.2		2.74	②
30 - EP - 1	20	18.5		9.25	①
30 - EP - 2	25	19.8		7.92	①
50 - EP - 1	15	19.1		12.73	①
50 - EP - 2	20	23.3		11.65	①

表 12 - 14　　　　试件界面形态及强度

表 12-14 中试验结果比较了不同界面破坏形态和抗剪强度之间关系。第①种形态时，抗剪强度可以代表混凝土材料的抗剪强度，由 EP 试件可知，C30 混凝土抗剪约为 7.92～9.25MPa，C50 混凝土抗剪强度为 11.65～12.73MPa；MPC1 黏结 C30 强度为第①种形态，能达到 EP 的黏结效果。第②种形态时，CFRP 被 MPC1、MPC2 黏结，黏结面的抗剪强度为 2.22～4.20MPa。第③种形态时，MPC1、MPC2 与混凝土界面的黏结抗剪强度为 20～25MPa。由于 30 - MPC2 - 2 试件破坏时为第④种界面形态，黏结界面未破坏，因此达到了较好的加固效果，构件被斜向剪断。通过比较各试件在破坏时界面的形态，可知各种破坏形态下，加固效果优劣依次是：④＞③＞①＞②。

综合分析试件破坏界面剪切强度的计算值以及破坏形态，发现 MPC1（未掺粉煤灰）黏结 2 层 CFRP 加固混凝土试件具有较好的加固效果，EP 黏结 1 层 CFRP 时具有较好的加固效果。MPC1 黏结 CFRP 加固 C30 混凝土时，抗剪黏结强度能达到 20MPa，高于 EP 试件的 9.25MPa；MPC1 黏结 CFRP 加固 C50 混凝土时，抗剪黏结强度也达到 20MPa，高于 EP 试件的 12.73MPa。

12.3　磷酸镁水泥黏结碳纤维增强复合材料加固砌块砖的应用

12.3.1　MPC 黏结 CFRP 加固砌块砖的试验

1. 原材料

砌块砖为普通黏土砖，尺寸 240mm×120mm×53mm，出厂强度合格等级为 MU10。MPC 所用原材料及 CFRP 同本章第 12.1 节试验用原材料。

2. 试件制备

MPC 浆体制备：磷酸二氢钾（KH_2PO_4）与镁砂的摩尔比为 1/4，硼砂（$Na_2B_4O_7$·

$10H_2O$）掺量为煅烧镁砂质量的 5％，水胶比为 0.14，将各种材料准确称量后混合慢速搅拌 60s，再快速搅拌 60s，得到 MPC 浆体，温度 20℃、相对湿度 50％±5％养护条件下，其物理力学性能如下：浆体凝结时间 15min，3d 和 28d 抗压强度分别为 36.2MPa 和 57.7MPa，抗折强度分别为 10.6MPa 和 11.7MPa。

选取外观质量一致的黏土砌块砖，水中浸泡 15min 后，控干水分保持砖块湿润，选取砌块砖用于以下三类试验：

选取 10 块砖，将每个整砖切成两个半截砖，按照《砌墙砖试验方法》（GB/T 2542—2012）一次成形制样的方法进行抗压试件的制备，两个半截砖之间的黏结材料为 MPC 浆体，该试件用于抗压试验（标注为试件 MPC-1）。

抗折强度试验分以下四类情况进行：①选取 10 块完整砖，每块砖一侧表面直接涂刷 MPC 浆体约 2mm 厚（标注为试件 MPC-2，作为对比试件用）；②选取 10 块完整砖，在每块砖表面涂刷 2mm 厚 MPC 浆体后再黏结 CFRP 布［标注为试件 MPC-3，见图 12-32（a）］；③选取 10 块砖，将每个整砖切成两个半截砖，然后用 MPC 浆体将两个半截砖在切缝处粘接［标注为试件 MPC-4，见图 12-32（b）］；④选 10 块砖先制备试件 4，然后在试件 4 的一侧表面涂抹约 2mm 厚 MPC 浆体，然后将 CFRP 布沿砖长方向顺纹平铺在 MPC 浆体表面，对黏结后的砖进行加固，MPC 浆体将砖和 CFRP 布黏结［标注为试件 MPC-5，见图 12-32（c）］。用 MPC 浆体将三块半截砖面一面黏结，制备试件如图 12-32（d）所示，用于抗剪切试验，标注为试件 MPC-6。

图 12-32　MPC 黏结 CFRP 布加固砖
(a) MPC-3；(b) MPC-4；(c) MPC-5；(d) MPC-6

3. 试验方法

本节对砌块砖进行抗压抗折及抗剪试验。使用全自动压力试验机，最大负荷为 2000kN，精密等级为 1％。试验均在试件制作完成后自然养护 28d 进行。按照《砌墙砖试验方法》（GB/T 2542—2012）对试件 MPC-1 进行抗压强度测试，如图 12-33 所示；按照《砌墙砖试验方法》（GB/T 2542—2012）对试件 MPC-2～MPC-5 进行抗折试验；按照图 12-34 的试验原理及方法对试件 MPC-6 进行均匀加载，加载速度为 3.0kN/s 至试件剪切破坏。

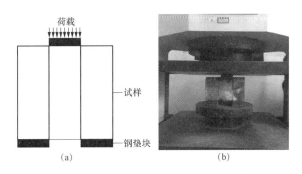

图 12-33　砌块抗压试验　　　　图 12-34　MPC 黏结砌块砖抗剪切试验

（a）抗剪试验原理；（b）抗剪试验

12.3.2　MPC 黏结 CFRP 加固砌块砖的试验结果和讨论

1. 抗压试验

10 个试件的砌块抗压强度平均值达到 11.69MPa，最大值为 12.05MPa，最小值为 10.89MPa，标准差为 0.75MPa，与砌块出厂试验强度等级吻合。各试件在受压过程中被均匀压碎，竖向剪切裂缝分布均匀，说明砌块受力均匀、两砌块砖之间黏结物质传力均匀。将破坏的试件敲碎后仍然可见 MPC 将两侧碎砖块牢牢黏结，表明 MPC 与砌块在受压状态下协同工作能力较好。试件 MPC-1 压碎状态见图 12-35。

2. 抗折试验

对各砌块砖试件进行抗折试验，抗折试验结果分布见图 12-36。图 12-36 显示了四组试件（每组 10 个）所测的抗折极限荷载结果，试件 MPC-2 抗折试验为整砖抗折，其抗折极限荷载与试件 MPC-4（两半砖经 MPC 对接黏结后）的结果大致相当。图 12-37 为试件 MPC-4 抗折后的断裂界面，从断裂位置可知裂缝在砌块砖一侧界面断裂，MPC 浆体黏结填充的缝隙未出现断裂，由此可知 MPC 的黏结强度很好，且与砖材料的黏结牢固。

图 12-35　MPC-1 压碎后的黏结状态

对比试件 MPC-2 与试件 MPC-3 的结果可知，单砖经过 MPC 黏结一层 CFRP 后，抗折强度提高约 3 倍，试件 MPC-2 破坏基本发生在中间作用点附近，产生竖向裂缝，破坏为脆性破坏 [图 12-38 （a）]；对于试件 MPC-3，由于 MPC 黏结 CFRP 产生的抗力作用将集中力重新分布，试件破坏时由作用点向支点附近产生斜裂缝 [图 12-38 （b）]，破坏具有一定延性，试件 MPC-3 破坏后 CFRP 并未断裂，CFRP 与砖之间黏结良好。

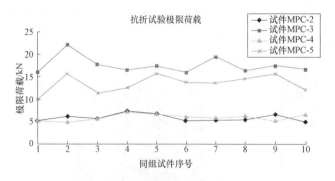

图 12-36 砌块砖抗折试验极限荷载

图 12-37 MPC-4 抗折断裂

(a)

(b)

图 12-38 MPC-2 与试件 MPC-3 抗折试验开裂

(a) MPC-2；(b) MPC-3

　　试件 MPC-5 的抗折试验结果表明，断成两段的砖经 MPC 浆体黏结、CFRP 加固后，其抗折强度是整砖抗折强度的 2 倍多，其抗折强度接近试件 3 的抗折强度，荷载达到极限荷载后，裂缝走向与试件 MPC-3 一致，CFRP 与砖的黏结良好（图 12-39），被 MPC 浆体修补的断裂处并未出现竖向裂缝。

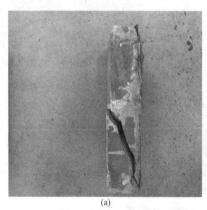

(a)

(b)

图 12-39 MPC-5 抗折试验破坏形态

(a) 破坏裂缝走向；(b) 破坏后 CFRP 黏结良好

3. 抗剪试验

对试件 MPC‐6 进行抗剪试验，试验所得极限荷载换算为黏结抗剪强度均值达到 0.62MPa，最小值为 0.49MPa，标准差为 0.17。而《砌体结构设计规范》（GB 50003）规定烧结普通砖砌体结构在砂浆强度等级大于 M10 时抗剪强度设计值取 0.17MPa，本试验研究的 MPC 与砖的黏结抗剪强度远大于该设计取值。试验中，中间砖块被均匀推出，破坏在 MPC 与砖黏结处，由于黏结强度较大，在剪切破坏前，局部砖体被压碎，MPC 浆体黏结片层未被剪切坏，剪切面出现在砖块内部约 1mm 厚处（试件 MPC‐6 破坏形态见图 12‐40）。

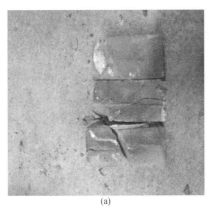 

(a)　　　　　　　　　　　　　(b)

图 12‐40　MPC‐6 抗剪破坏形态

（a）局部压碎；（b）砖表面均匀受剪

参考文献

［12‐1］ Hou，D.，et al.，Water transport in the nano‐pore of the calcium silicate phase：reactivity，structure and dynamics ［J］. Physical Chemistry Chemical Physics Pccp，2014，17（2）：1411‐1423.

［12‐2］ Shi，X.，et al. Replacing Thermal Sprayed Zinc Anodes on Cathodically Protected Steel Reinforced Concrete Bridges：Experimental and Modeling Studies ［C］. Transportation Research Board Meeting. 2013.

［12‐3］ 李元，无机胶凝材料在加固混凝土结构中的性能研究 ［D］. 哈尔滨工业大学：哈尔滨. 2011.

［12‐4］ H. G. Guo. Recycling of carbon fibers from carbon fiber reinforced polymer using electrochemical method ［J］. Composites Part A Applied ence and Manufacturing，2015（78）：10‐17.

［12‐5］ Gadve，S.，A. Mukherjee，S. N. Malhotra. Corrosion Protection of Fiber‐Reinforced Polymer‐Wrapped Reinforced Concrete ［J］. Aci Materials Journal，2010，107（4）：349‐356.

［12‐6］ Ji‐Hua，et al.，Dual Function Behavior of Carbon Fiber‐Reinforced Polymer in Simulated Pore Solution ［J］. Materials，2016，9（103）：1‐12.

［12‐7］ Sun，H.，et al.，Corrosion behavior of carbon fiber reinforced polymer anode in simulated impressed current cathodic protection system with 3% NaCl solution ［J］. Construction and Building Materials，2016，112（1）：538‐546.

［12‐8］ Sun，H.，et al.，Degradation of carbon fiber reinforced polymer from cathodic protection process on exposure to NaOH and simulated pore water solutions ［J］. Materials and Structures，2016（49）：

5273 - 5283.

[12 - 9] Lambert，P.，et al.，Dual function carbon fibre fabric strengthening and impressed current cathodic protection (ICCP) anode for reinforced concrete structures. Materials and Structures，2015，48 (7)：2157 - 2167.

[12 - 10] Nustad，G. E. Desalination - a review of research on possible changes in the steel - to - concrete bond strength [C]. International Conference on Repair of Concrete Structures. Norway：ARRB. 1997.

[12 - 11] Ismail，M. and B. Muhammad，Electrochemical chloride extraction effect on blended cements [J]. Advances in Cement Research，2011，23 (5)：241 - 248.